闫　磊　张海龙◎编著

地理信息系统
ArcGIS
从基础到实战

ArcGIS

 ArcGIS10.7最新教程

 163个配套操作视频

 99个工具详细讲解

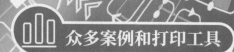 众多案例和打印工具

中国水利水电出版社
www.waterpub.com.cn
·北京·

内 容 提 要

本书主要以 ArcGIS 10.7 版本为讲解依托，90% 左右的内容适合 ArcGIS 10.0 以上的用户。内容共分 16 章，包括 ArcGIS 入门、数据库管理、坐标系统、数据转换、数据处理、数据建模、地图打印到 DEM 制作、三维制作和分析等。书中提供了大量的实际应用案例，并把很多案例做成了模型。书中附带了作者自己开发的接幅表生成和标准分幅打印工具软件，以及配套的数据资源和视频。

本书注重实用性，深入浅出，既适合 ArcGIS 初学者，也适合具有一定基础的 ArcGIS 专业人员，同时还可以作为高等院校的地理信息系统、测绘等相关专业的教材，并对 ArcGIS 二次开发的用户也有一定帮助。

图书在版编目（CIP）数据

ArcGIS 地理信息系统：从基础到实战 / 闫磊，张海龙编著 . —北京：中国水利水电出版社，2021.1 (2024.9 重印).

ISBN 978-7-5170-9185-1

Ⅰ. ① A… Ⅱ . ①闫… ②张… Ⅲ . ①地理信息系统—应用软件—教材 Ⅳ . ① P208

中国版本图书馆 CIP 数据核字 (2020) 第 218323 号

书　　名	ArcGIS 地理信息系统：从基础到实战 ArcGIS DILI XINXI XITONG： CONG JICHU DAO SHIZHAN
作　　者	闫磊　张海龙　编著
出版发行	中国水利水电出版社 （北京市海淀区玉渊潭南路 1 号 D 座 100038） 网址：www.waterpub.com.cn E-mail：zhiboshangshu@163.com 电话：（010）62572966-2205/2266/2201（营销中心）
经　　售	北京科水图书销售有限公司 电话：（010）68545874、63202643 全国各地新华书店和相关出版物销售网点
排　　版	北京智博尚书文化传媒有限公司
印　　刷	河北文福旺印刷有限公司
规　　格	190mm×235mm　16 开本　25 印张　517 千字
版　　次	2021 年 1 月第 1 版　2024 年 9 月第 7 次印刷
印　　数	20001—22500 册
定　　价	89.00 元

序

　　ArcGIS 作为全球领先的 GIS 平台，自 20 世纪 90 年代进入国内，已在国土、测绘、林业、农业、规划、城市管理、能源、智慧城市、智能交通和商业等 40 多个领域得到了深入而广泛的应用。该产品系列软件已成为国内用户群体最大、应用领域最广的专业 GIS 技术平台处理软件。使用 ArcGIS 产品作为解决方案能够迅速地提高政府部门和企业的服务水平，在每年业内评比获奖的优秀地理信息工程中，以 ArcGIS 为基础平台的项目占大部分份额。据不完全了解，在国内采用 ArcGIS 软件进行二次开发和定制应用的企业有上千家左右，含数万名开发者。同时，ArcGIS 软件具备完整严谨的地理信息科学理论体系，在国内被应用几十年，已经成为国内科研院校教师教学与学生学习的主要实践软件。

　　本书作者自 2000 年开始从事 ArcGIS 软件产品的二次开发应用工作，已有 20 年的 ArcGIS 软件产品的使用经验，对 ArcGIS 软件的各种产品功能、工作原理和产品底层结构等十分熟悉，且近 10 年来一直从事 ArcGIS 软件的培训工作，目前，作者已现场教学 400 多场次，面授学员已有 3 万余人，学员反映良好，培训效果突出，也为 GIS 在我国地理行业的应用和推广做出了积极的贡献。

　　作者结合其多年使用 ArcGIS 及其相关培训的经验，以及其长期实践工作中积累和形成的很多开发成果，花费巨大精力，精心编写了本书。该书结构体系完整，章节编排合理、科学，内容翔实全面，资料丰富，不仅有作者对相关概念的理解，还加入了功能操作的演示视频。本书注重实用性，深入浅出，不仅适合 ArcGIS 初学者，也适合具备一定基础的 ArcGIS 专业人员，同时还可以作为高等院校地理信息系统、测绘等相关专业的教材，对 ArcGIS 二次开发的用户也有一定帮助，特别值得各类 GIS 从业人员学习以及参考。

沙志友

前　言

　　随着信息技术的发展,地理信息系统(GIS)产业异军突起,在各个行业中的应用日益广泛,如物联网、智慧地球、云计算、大数据、人工智能和共享经济等很多领域都依托于 GIS 技术。ArcGIS 作为全球领先的 GIS 平台,发展迅猛。

　　我多年来一直从事 ArcGIS、Mapinfo、MapGIS、AutoCAD 和 Skyline 等 GIS 软件的开发工作,也从事过国土、水利、规划、电子政务和交通等相关行业,有 20 年的 ArcGIS 使用经验。近 10 年来,在开发 ArcGIS 软件的同时,也从事 ArcGIS 培训工作,与中科院计算技术研究所教育中心、中科地信(北京)遥感信息技术研究院、51GIS 学院、北京中科云图三维科技有限公司和北京中图地信科技有限公司等机构合作,在全国多个城市开展与 ArcGIS 应用相关的培训多次。

　　本书有配套数据和视频课程供读者学习。其中 MXD 和 TBX 文档的文件名中包含 10.1 的文件可供 ArcGIS10.1 以上版本使用,其他默认使用 ArcGIS10.7 版本。关注微信公众号:gisoracle,输入"从 0 到 1",可获得下载资料,也可以扫描下面二维码进行下载。

　　在本书的编写过程中,三亚市国土资源和测绘地理信息中心副主任张海龙负责了书稿的审阅和修订工作,本书得到了北京 51GIS 学院和中科云图领导的大力支持,在此表示衷心感谢。同时,我也对参加培训的学员表示感谢,我从学员那里学到了很多东西。本书部分内容来自 ArcGIS 和 ESRI 公司的官方技术文档,在此表示衷心感谢。易智瑞信息技术有限公司副总裁兼 CTO(首席技术官)沙志友为本书写序,在此表示衷心感谢。

　　由于作者水平有限且时间仓促,加之技术发展太快,书中难免有不妥和错误之处,敬请读者和同行批评指正。

闫　磊

数据下载二维码	视频下载二维码	QQ 群

目 录

第1章 ArcGIS基础和入门

ArcGIS 是美国环境系统研究所公司（Environmental Systems Research Institute, Inc.，简称 ESRI 公司，该公司是目前全球最大的地理信息系统技术提供商）研发的一组（套）地理信息系统产品，包括了桌面端应用产品（ArcGIS For Desktop）、服务端应用产品（ArcGIS Enterprise）、软件开发工具（Develop Tools）及在线服务产品（Online），如图 1-1 所示。该产品为用户提供了一个可伸缩的、覆盖了从空间地理数据生产、加工、存储、分析、管理及应用等环节，有全面解决方案的综合性 GIS 平台。ArcGIS 产品线的内容丰富、完整，软件功能强大，行业应用广泛。ArcGIS 产品自 20 世纪 90 年代进入我国后，已在国土、测绘、林业、农业、能源、水利、交通、公安和商业等领域或部门得到了深入的应用。由于 ArcGIS 产品具有层次多、可扩展、功能强大和开放性强的特点，使用 ArcGIS 产品作为解决方案已经迅速成为提高政府部门和企业服务水平的重要途径。全球 200 多个国家，超过百万用户单位正在使用 ESRI 公司的 GIS 技术和 ArcGIS 产品，以便提高他们组织和管理业务的能力。目前，该产品系列软件已成为中国用户群体最大、应用领域最广的 GIS 技术平台。

ArcGIS 产品自 1982 年 6 月 ARC/INFO 1.0 版本面世以来，历经 30 多年的不断研发和功能升级，ArcGIS 系列产品的功能体系越来越完备，软件各类功能越来越强大。2019 年 3 月，ESRI 公司已经正式推出 ArcGIS 10.7，该版本的 ArcGIS 产品体系组成如图 1-1 所示，其软件产品所包含的内容十分丰富，各部分软件的功能都有很强的针对性和适用性。为了让初次使用 ArcGIS 10.7 的爱好者更好地参考，本书在原版基础上进行了修订，大部分内容已按照 ArcGIS 10.7 下的操作重新进行了整理，以便向学习者提供更加直观的帮助。

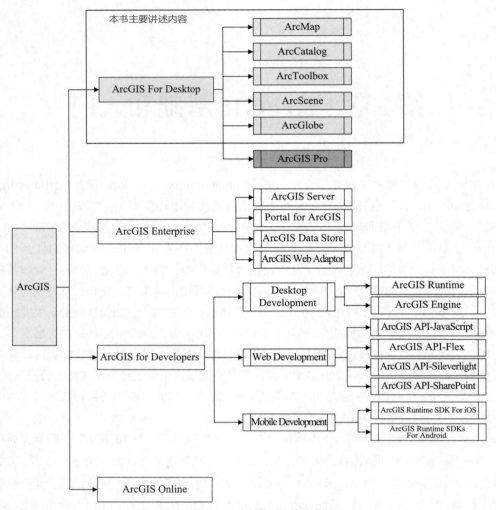

图1-1 ArcGIS产品体系组成分布图

1.1 ArcGIS 10.7 Desktop的安装

1.1.1 安装环境

在安装 ArcGIS 10.7 之前必须先确保系统中已经安装了 Microsoft .NET Framework 4.5。此外，ArcGIS 软件的安装对操作系统的要求如表 1-1 所列。

表1-1 ArcGIS 10.7对操作系统的要求

ArcGIS软件要安装受支持的操作系统	系统软件最低要求
Windows 10 家庭版、专业版和企业版（64位或32位[EM64T]）	
Windows 8.1 基础版、专业版和企业版（32位和64位[EM64T]）	
Windows 7 旗舰版、专业版和企业版（32位和64位[EM64T]）	SP1
Windows Server 2016 标准版和数据中心版（64位[EM64T]）	
Windows Server 2012 R2 标准版和数据中心版（64位[EM64T]）	
Windows Server 2012 标准版和数据中心版（64位[EM64T]）	
Windows Server 2008 R2 标准版、企业版和数据中心版（64位[EM64T]）	SP1
Windows Server 2008 标准版、企业版和数据中心版（32位和64位）	SP2

注：Microsoft不再支持Windows 8，请升级至Windows 8.1或更高版本。

总结：

（1）可以是 Windows 7（必须是 SP1）、Windows 8.1 或者 Windows 10，也可以是 Windows Server 版，但目前暂不支持安卓（Android）和 iOS 操作系统。

（2）由于 ArcGIS 10.7 Desktop 是 32 位程序，所以 Windows 系统可以是 32 位系统，也可以 64 位系统。

（3）需要安装 Microsoft Internet Explorer IE 9 以上的版本。

（4）如果已安装其他 ArcGIS 版本，须先卸载，同一个系统只能安装一个 ArcGIS Desktop 桌面版本，但不同版本的 ArcMap 和 ArcGIS Pro 可以放在一起。

（5）硬件要求：CPU 最低为 2.2GHz，建议使用超线程（HHT）或多核；内存 /RAM 最低为 4GB，推荐 8GB。

1.1.2 安装步骤

ArcGIS Desktop 是 ESRI 公司主推的 ArcGIS 商业化软件，该软件需要用户自行购买。为降低该软件的学习成本，ESRI 公司推出了该产品的个人版，购买网址为 http://zhihu.geoscene.cn/personaluse/，目前一年所需费用为 960 元，含 ArcMap 和 ArcGIS Pro 两个产品，各产品内均包括所有的功能扩展模块，但个人版软件不得作商业应用。安装 ArcGIS 软件，计算机系统的登录用户名一定要有管理员权限。

（1）安装 ArcGIS Desktop：ArcGIS_Desktop_107_zh_CN_167530.exe.安装过程：第一步，解压；第二步，正式安装，过程中唯一可能需要修改的是路径，默认安装在 C:\Program Files(x86)\ArcGIS\Desktop10.7\bin\ 下，也可以根据个人需要指定安装位置，但不建议修改，尤其安装路径中不能包括汉字。安装完成后 ArcGIS Administrator 向导已指定产品类型，分配许可管理器（如果使用浮动版产品）或授权软件（如果使用单机版产品）。单击如图 1-2 所示的"立即授权…"，找到对应授权的 *.prvc 文件，导入授权文件，与前期其他版本的安装不同，ArcGIS 10.7 安装不需要把 Not_Set 修改成

localhost(本机)。ArcGIS浮动版支持局域网多台机器使用ArcGIS，输入的名字就是安装ArcGIS许可服务器的计算机名称或IP地址。

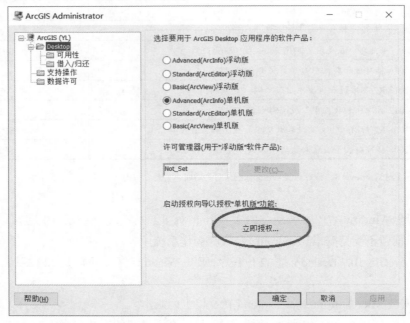

图1-2　ArcGIS Administrator个人单机版设置

在配置时，如果打开了ArcMap或ArcScene，ArcGIS Administrator界面是灰色的，无法操作；反过来，如果界面是灰色的，可能是因为已打开了ArcMap或者独立运行了ArcCatalog、ArcScene或ArcGlobe。要判断安装是否成功，在开始菜单ArcGIS中找到ArcMap并运行，ArcMap正常启动且打开，就说明安装成功了。

（2）安装数据交换模块：ArcGIS_Data_Interop_for_Desktop_107_167543.exe，ArcGIS内置的FME数据交换模块主要和CAD、Google Earth、倾斜测量以及BIM进行数据交换，根据自己的需要选择安装。

1.1.3　注意的问题

1. 可能出现的中文问题

（1）不建议安装在中文路径下。

（2）计算机名字不建议用中文。

（3）临时文件所在的temp文件夹不建议用中文。

2. 1935 错误

安装过程中提示 1935 错误，说明注册表内存太小，修改方法如下：

（1）在 Windows 命令行中运行 regedit.exe，找到对应位置修改注册表：HKEY_LOCAL_MACHINE\System\CurrentControlSet\Control；Key：RegistrySizeLimit；Type：REG_DWORD；Value 修改为：0xffffffff (4294967295)。

（2）需要重启计算机，该配置信息的修改才会有效。解决计算机问题的五大法宝：①重启——重启软件是最简单的方式，重启 ArcMap 就可以解决很多问题，当然重启操作系统更彻底；②杀病毒——安装杀毒软件，如 360 安全卫士，保证计算机不要有病毒；③重装系统；④备份——电子数据很容易丢失；⑤网上搜索。

3. 设置不对或无对应授权文件

出现如图 1-3 所示的问题，可能是因为没有对应授权文件，或者设置不对。

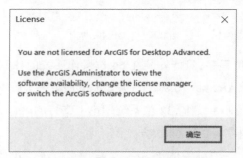

图1-3　没有ArcGIS高级浮动版授权的界面

1.2　ArcGIS概述

1.2.1　ArcGIS Desktop简介

桌面端产品（ArcGIS Desktop，也就是个人计算机端）产品有旧桌面产品和新桌面产品。旧桌面产品包括 ArcMap、ArcCatalog、ArcToolbox 和三维 ArcScene、ArcGlobe，其中以 ArcMap 为代表，也简称 ArcMap；新桌面产品是 ArcGIS Pro，ArcGIS Pro 是 ArcGIS Desktop 桌面的未来，目前集成了 ArcMap 90% 以上的功能，加入了很多新的功能，由于用户习惯等的原因，很多用户还是使用 ArcMap 做数据，这也是本书内容。不过 ArcGIS Pro 的很多思路和操作方式继承自 ArcMap，熟悉掌握了 ArcMap，ArcGIS Pro 也能很快上手，如果使用工具箱的工具，操作方式基本一致。ArcGIS Pro 的界面如图 1-4 所示。两者主要区别有以下 6 点：

图1-4　ArcGIS Pro界面

（1）ArcGIS Pro 是 64 位程序，只能安装在 64 位操作系统的计算机中，推荐机器配置内存为16GB；ArcMap 是 32 位程序，ArcMap 10.8 将是 ArcMap 最后一个版本最低内存4GB，可以安装在32 位或 64 位的 Windows 操作系统上，32 位系统理论上支持的内存为 4GB，因为 2 的 32 次方是4GB，64 位系统理论上支持内存为 2 的 64 次方。

（2）ArcGIS Pro 实现了二、三维一体化，在一个界面可以统一建二维地图、局部场景和全局三维工程；ArcMap 是二、三维分离的，ArcMap 是二维地图，ArcScene 和 ArcGlobe 是做三维地图的，ArcScene 是小范围三维，ArcGlobe 是大范围三维。

（3）ArcGIS Pro 界面是 Office 2007 风格的界面，所有操作（含菜单）大多为调用工具箱的工具；ArcMap 是 Office 2003 风格的界面，即按钮菜单和工具箱方式。如果都是使用工具箱工具，两者操作基本一致。

（4）ArcGIS Pro 的授权面向用户；ArcMap 的授权面向机器。

（5）ArcGIS Pro 主要用 Python 和 Arcade 语言开发，只有标注地方继续支持 VBScript；在ArcMap，可以用 VBScript 或 Python。

（6）ArcGIS Pro 不支持 MDB 个人数据库，加入了更多更强大的功能，支持如 BIM 数据和倾斜测量成果 OSGB 等。同样的操作，Pro 更快，Pro 支持多核 CPU 并行处理，效率更高。

ArcGIS Desktop 是 GIS 的基础软件，其功能有：收集并管理数据、创建专业地图、执行传统和高级的空间分析并解决实际问题。它将影响用户的组织、社区乃至世界，并为其增加有形资产的价值。

ArcGIS Desktop 是为 GIS 专业人士提供的用于信息制作和使用的工具。利用 ArcGIS Desktop，可以实现任何从简单到复杂的 GIS 任务。ArcGIS Desktop 包括了高级的地理分析和处理能力、提供强大的编辑工具、完整的地图生产过程，以及无限的数据和地图分享体验。

　　ArcGIS 访问网络数据有两种方式。

　　（1）文件主菜单文件→添加数据→添加底图，如图 1-5 所示。

　　该操作一定要连接网络和任务栏右下角 ArcGIS 登录图标　。ArcGIS 已连接到 ArcGIS Online，如图 1-6 所示。

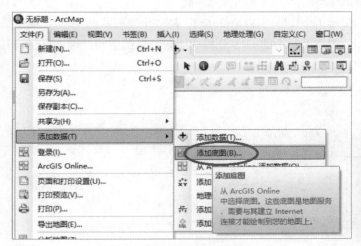

图1-5　ArcMap 访问外部数据

图1-6　任务栏右下角ArcGIS 连接ArcGIS Online

　　不然菜单都是灰色的，不能用。单击添加底图，任意选择一个选项（这里不要选择天地图，天地图从 2019 年开始访问方式发生了变化，需要用户名和密码）。

　　（2）标准工具条→按钮　→添加底图，如图 1-7 所示。

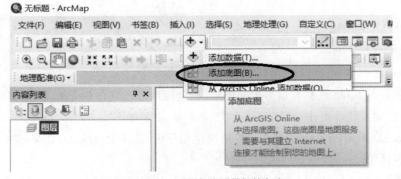

图1-7　第二种添加底图数据的方法

1.2.2 ArcGIS Desktop产品级别

ArcGIS Desktop 根据用户的需求，可作为三个独立的软件产品售卖，每个产品提供不同层次的功能水平，具体区别见图1-8。

（1）ArcGIS Desktop 基础版 (Basic，早期称 ArcView)：提供了综合性的数据使用、制图和分析，以及简单的编辑数据和空间处理工具，价格低一点。

（2）ArcGIS Desktop 标准版 (Standard，早期称 ArcEditor)：在 ArcGIS for Desktop 基础版的功能基础上，增加了对 Shapefile 和 Geodatabase 的高级编辑和管理功能。

（3）ArcGIS Desktop 高级版（Advcanced，早期称 Arcinfo）：是一个旗舰式的 GIS 桌面产品，在 ArcGIS Desktop 标准版的基础上，扩展了复杂的 GIS 分析功能和丰富的空间处理工具，价格高一点。

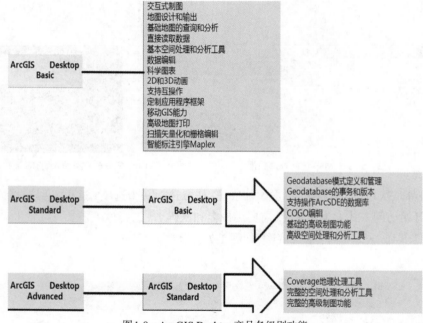

图1-8　ArcGIS Desktop产品各级别功能

无论高级版还是基础版，都有很多扩展模块。扩展模块的类别包括分析、数据集成和编辑、发布以及制图。部分扩展模块还可作为特定市场的解决方案。主要如下。

（1）ArcGIS 3D Analyst Extension（三维可视化和分析）：其中包括 ArcGlobe 和 ArcScene 应用程序。此外，还包括 Terrain 数据管理和地理处理工具。

（2）ArcGIS Spatial Analyst（空间分析）：具有种类丰富且功能强大的数据建模和分析功能；这些功能用于创建、查询、绘制和分析基于像元的栅格数据。ArcGIS Spatial Analyst extension 还用于对

集成的栅格 - 矢量数据进行分析，并且向 ArcGIS 地理处理框架中添加了 170 多种工具。

（3）ArcGIS Geostatistical Analyst（地统计分析）：用于生成表面以及分析、绘制连续数据集的高级统计工具。通过探索性空间数据分析工具，可以深入地了解数据分布、全局异常值和局部异常值、全局趋势、空间自相关级别以及多个数据集之间的差异。

（4）ArcGIS Network Analyst extension（网络分析）：执行高级路径和网络分析支持等，如果购买所有扩展模块，操作如图 1-9 所示，单击自定义菜单下的扩展模块。

图1-9　ArcGIS 扩展模块的位置

勾选如图 1-10 所示的扩展模块中的复选框。

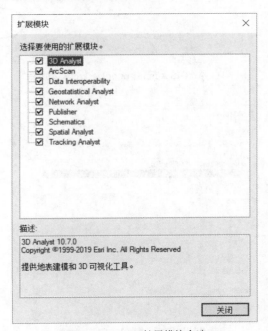

图1-10　ArcGIS 扩展模块全选

1.2.3 中英文切换

开始菜单中，在 ArcGIS 下找到 ArcGIS Administartor 并运行，单击"高级" 按钮，如图 1-11 所示。

高级配置中，需要英文时选"English"，需要中文时选择"显示语言（中文（简体）- 中国）"，如图 1-12 所示，该设置对下次启动 ArcMap 和 ArcScene 等软件有效。建议大家使用中文。

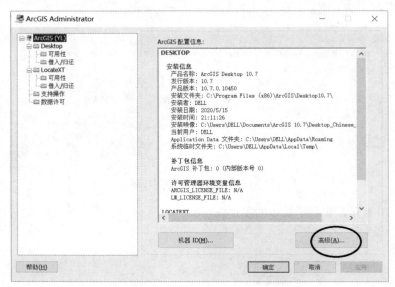

图 1-11　ArcGIS Adminstrator Desktop高级界面

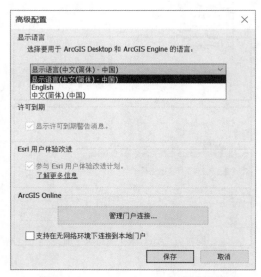

图 1-12　ArcGIS Adminstrator 语言设置

1.2.4　各个模块的分工

1. ArcMap

集空间数据显示、编辑、查询、统计、分析、制图和打印等功能为一体。ArcMap 有两个视图。

（1）数据视图：可对地理图层进行符号化显示、分析和编辑 GIS 数据集。内容表界面（Table of Contents）帮助用户组织和控制数据框中 GIS 数据图层的显示属性。数据视图主要是数据显示和编辑，尤其是数据编辑一定要在数据视图中。

（2）布局窗口：你可以处理地理数据视图和其他地图元素，比如比例尺、图例、指北针和参照地图等。通常，ArcMap 还可以将地图组成页面，以便打印和印刷。

总结：数据视图主要用于数据浏览和数据编辑，布局视图用于地图打印。不要在布局视图中编辑数据，不要在数据视图中打印地图。

2. ArcCatalog

ArcCatalog（目录）是一个集成化的空间数据管理器，类似 Windows 的资源管理器，主要用于数据创建和结构定义、数据导入导出和拓扑规则的定义、检查，元数据的定义和编辑修改等。ArcCatalog 集成在 ArcMap（ArcMap 最右边就是 ArcCatalog）、ArcSence 和 ArcGlobe 中，也可以独立运行，但一般很少独立运行它，毕竟集成在一起操作更方便。

3. ArcToolbox

用于空间数据格式转换、数据分析处理、数据管理、三维分析和地图制图等的集成化的"工具箱"。ArcGIS 10.7 有 923 个不同的空间数据处理和分析工具。在 ArcGIS 9.0 以后不是一个独立模块，ArcToolbox（工具箱）集成在 ArcCatalog 中。

4. ArcGlobe

采用统一交互式地理信息视图，使 GIS 用户整合并使用不同 GIS 数据的能力大大提高。ArcGlobe 将成为广受欢迎的应用平台，完成编辑、空间数据分析、制图和可视化等通用 GIS 工作。适合大范围制作三维（如几百千米以上的范围）。

5. ArcScene

一个适用于展示三维透视场景的平台，可以在三维场景中漫游并与三维矢量和栅格数据进行交互。ArcScene 是基于 OpenGL 的，支持 TIN 数据显示。显示场景时，ArcScene 会将所有数据加载到场景中，矢量数据以矢量形式显示，栅格数据默认会降低分辨率来显示以便提高效率。适合小范围制作三维。

1.2.5 扩展模块

ArcGIS 扩展模块有很多，如 3D 分析、空间分析和网络分析等，都需要单独购买和授权，如果购买了，安装成功后，同时需要选上扩展模块，如果没有则会出现如图 1-13 所示的现象。

图1-13　无法执行所选工具，　没有启动许可

有些错误不提示，或者菜单是灰色的，怎样操作也不能用，如图 1-14 所示。

图1-14　地统计向导灰色

类似现象很多，一般情况为扩展模块未能有效加载，使用前一定切记要把所有扩展模块选中，可通过选择"自定义→扩展模块"实现，如图 1-15 所示。这也是初学者经常犯的错误。

图1-15　扩展模块位置

要启用某个扩展模块，选中它旁边的复选框，如图 1-16 所示。

图1-16　扩展模块选中

成功启用扩展模块后，其复选框将处于选中状态，建议将所有扩展模块都选中。

1.3　如何学习ArcGIS 10.7

1.3.1　学习方法

ArcGIS 的学习方法：看帮助。ArcGIS 的"帮助"写得非常详细、全面；操作示例非常直观、清晰，便于理解。本书很多内容都来自帮助；本书未详细讲述的内容，请看软件帮助。在使用过程中，移动鼠标到每个工具条的按钮上，如图 1-17 所示，系统会自动弹出该功能的提示（ArcGIS 10.1 以后的版本，才有这个提示），该提示即为功能的使用帮助内容。更详细的内容，可以按 F1 键获得，都是在线帮助，看起来非常方便。

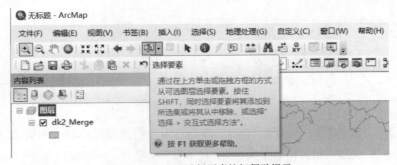

图1-17　ArcGIS选择要素按钮帮助提示

ArcToolbox（工具箱）中的工具，如相交工具，当然也可以是其他工具，如图 1-18 所示。

单击相交工具（也可以在主菜单地理处理中找到相交工具）后，所得界面如图 1-19 所示。

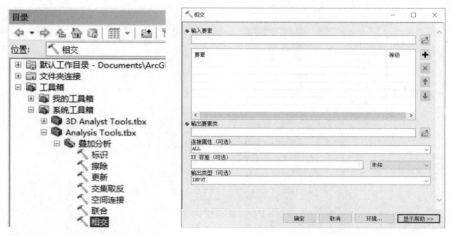

图1-18　ArcGIS 工具箱相交工具　　　　　　　图1-19　相交运行界面

　　此时要查看该功能的详细内容，可单击图 1-19 所示界面右下角的"显示帮助"按钮，所得结果如图 1-20 所示。

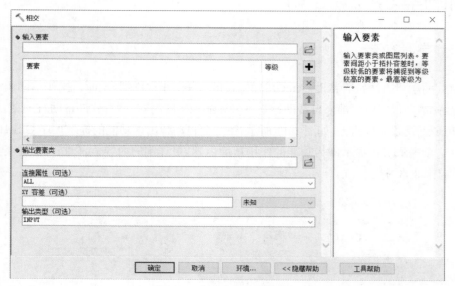

图1-20　相交右边的帮助界面

　　图 1-20 中，右边就是帮助，单击每个参数，界面右边就会出现每个参数的帮助，单击空白处，回到总的帮助。单击图 1-20 所示界面右下角的"工具帮助"按钮进入详细帮助，如图 1-21 所示。

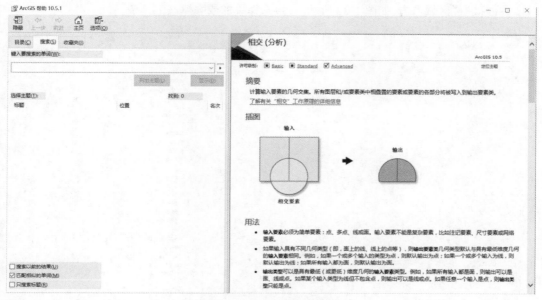

图1-21 ArcGIS相交的帮助信息

单击图1-21中的"了解有关'相交'工作原理的详细信息",会发现很多工具都有工作原理,很多应用非常值得我们学习。学习 ArcGIS 的工具,一定要了解工具的工作原理,只有了解工作原理,才能知道什么时候使用这些工具,每个工具有哪些应用。强调一下,最好不要使用 ArcGIS 英文版,专业英文比较难看懂。

1.3.2 主要操作方法

(1)右键操作:ArcGIS 很多操作都是依靠鼠标右键,只是不同的区域内右击,提示的右键菜单不一样,可以根据右键菜单做不同操作。

(2)拖动操作:ArcGIS 很多操作都可以拖动,如 ArcCatalog 选中一个或多个数据,可以拖动到 ArcMap 的数据窗口和工具的参数中;工具箱中工具加入模型构建器也是依靠拖动操作。

总结:学习方法是"看帮助",两个重要操作方法是"右键操作"和"拖动操作"。

1.4 ArcGIS 10.7 的界面定制

1.4.1 如何加载工具条

加载工具的三种方法如下。

（1）在标题栏区域右击，如图 1-22 所示。直接选择添加或去掉该工具条。

图1-22　标题栏区域右键菜单

（2）菜单：自定义→工具条，如图 1-23 所示。

图1-23　自定义→工具条菜单

（3）菜单：自定义→自定义模式，如图 1-24 所示，打开后如图 1-25 所示，直接勾选所需的工具条。

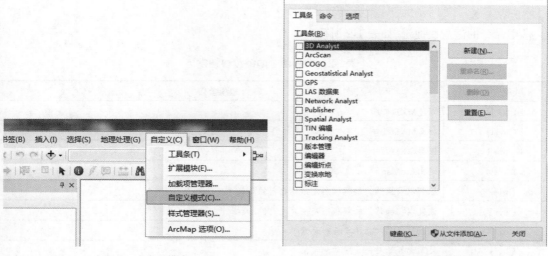

图1-24 自定义→自定义模式   图1-25 自定义中加载工具条和重置工具条

工具条中所有按钮都可以拖动位置，可以把自己需要的几个工具放在一起，不需要可以直接右击选择"删除"命令，如图1-26所示。单击自定义界面中的"重置"按钮，可以恢复到工具条的最初状态。

图1-26 自定义模式下按钮右键菜单

1.4.2　ArcMap中的键盘快捷键

常用命令的键盘快捷键，如表 1-2 所列。

表1-2　常用命令的键盘快捷键

快捷方式	命令含义
Ctrl+N	新建MXD文件
Ctrl+O	打开MXD文件
Ctrl+S	保存MXD文件
Alt+F4	退出ArcMap
Ctrl+Z	撤销以前操作，编辑状态是撤销之前的编辑
Ctrl+Y	恢复以前操作，编辑状态是恢复之前的编辑
Ctrl+X	剪切选择的对象（要素和元素）
Ctrl+C	复制选择的对象（要素和元素）
Ctrl+V	粘贴复制的对象（要素和元素）
Delete	删除选择的对象（要素和元素）
F1	ArcGIS Desktop 帮助
F2	重命名（在内容列表重命名图层名，在ArcCatalog重命名数据名）
F5	刷新并重新绘制地图显示画面
Ctrl+F	打开搜索窗口

导航地图和布局页面，按住以下按键可临时将当前使用的工具转为导航工具：

① Z——放大；

② X——缩小；

③ C——平移；

④ B——连续缩放 / 平移（单击拖动鼠标可进行缩放；右击拖动鼠标可进行平移）；

⑤ Q——漫游（按住鼠标滚轮，待光标改变后进行拖动，或者按住 Q 键）。

1.4.3　快捷键的定制

在如图 1-27 所示的自定义模式界面中，单击"键盘"按钮。

如图 1-28 所示，输入自己需要的命令，如全图。

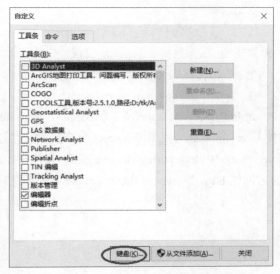

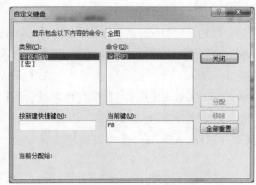

图1-27　自定义模式单击"键盘"按钮　　　　　　　　图1-28　定义快捷键界面

定制快捷键只适用于 Command 命令按钮，Command 命令按钮只有单击事件，不适合有地图的交互工具。

1.4.4　增加自己的工具条

如图 1-29 所示，单击"从文件添加"按钮，找到需要添加的 tlb 文件。

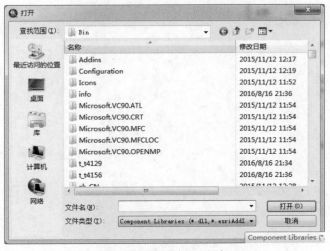

图1-29　增加自定义工具条

1.4.5　界面恢复

由于各种原因,如使用自定义模式定义工具、删除按钮、删除菜单、改变按钮位置等操作修改了系统默认界面,想放弃自定义界面效果,恢复最初界面,可以按照以下步骤:

（1）关闭 ArcMap。

（2）找到 C:\Users\Administrator\AppData\Roaming\ESRI\Desktop10.7 \ArcMap\Templates\Normal.mxt 文件（搜索文件可以使用免费开源软件 Everything.exe,使用 Windows 自带搜索文件,速度较慢。Voidtools 公司提供免费工具: 在 Chp1\everything 中,EverythingX64.exe 适合 64 位操作系统,EverythingX32.exe 适合 32 位操作系统,可在官方网站 https://www.voidtools.com/zh-cn/ 下载）。

（3）删除文件 Normal.mxt。

（4）再打开 ArcMap,就可以恢复默认界面了。

第2章　ArcGIS使用和数据管理

2.1　ArcMap简单操作

2.1.1　界面简介

如图 2-1 所示，左边是内容列表，右边是目录，中间是 ArcMap 地图窗口。

图2-1　ArcMap主界面

界面上面是主菜单，如图 2-2 所示。

文件(F)　编辑(E)　视图(V)　书签(B)　插入(I)　选择(S)　地理处理(G)　自定义(C)　窗口(W)　帮助(H)

图2-2　ArcMap主菜单

默认情况下，系统启动后会加载两个常用工具条：

（1）主菜单下面是停靠的系统标准工具条，如图 2-3 所示。

图2-3　ArcMap标准工具条

标准工具条的主要工具按钮介绍如表 2-1 所列。

表2-1　ArcMap标准工具条各按钮介绍

按　钮	名　称	功　能
	新建MXD文档	新建文档时，当前地图窗口所有数据都被清除了
	打开MXD文档	打开已有MXD文档，关闭当前MXD文档
	保存MXD文档	保存当前文档，如没有保存过，提示保存文件名，保存路径和数据的目录在一起。MXD内容见7.4
	添加数据	添加矢量或栅格，CAD数据和Excel表数据，更多内容见2.1.2
1 : 75, 560, 453	查看和设置地图比例尺	当地图缩放时，可以看到地图比例尺，也可以自己输入地图比例尺，如果是灰色的，原因在于数据框没有坐标系或者地图单位
	打开关闭地图编辑工具条	没有地图编辑工具条，打开地图编辑工具条，已打开，关闭地图编辑工具条
	打开内容列表	如果关闭内容列表窗口，打开内容列表窗口，已打开不做任何操作
	打开目录窗口	如果关闭目录（ArcCatalog）窗口，打开目录（ArcCatalog）窗口，已打开不做任何操作
	打开搜索窗口	如果已关闭搜索窗口，打开搜索窗口；已打开不做任何操作
	打开Python命令行窗口	如果关闭Python命令行窗口，打开Python命令行窗口，已打开不做任何操作
	打开一个新的模型构建器窗口	打开一个新的模型构建器窗口，单击一次新建一个模型构建器窗口

（2）标准工具条下面是（基础）工具条，如图 2-4 所示。

图2-4　ArcMap　（基础）工具条

（基础）工具条主要按钮介绍如表 2-2 所列。

表2-2 ArcMap（基础）工具条各按钮介绍

按 钮	名 称	功 能
	放大	通过单击某个点或拖出一个框，放大地图。比例尺变大，地图窗口看到的内容减少
	缩小	通过单击某个点或者拖出一个框，缩小地图
	平移	平移地图改变中心，比例尺不变
	全图范围	缩放至地图所有数据的全图
	固定比例放大	地图中心放大（地图中心点不变），放大1.25倍，原来比例尺是1：10000，放大后为1：8000
	固定比例缩小	地图中心缩小，缩小1.25倍，原来比例尺是1：10000，缩小后为1：12500
	上一视图	返回到上一视图，没有上一视图，是灰色的，不能用
	下一视图	前进到下一视图，没有下一视图，是灰色的，不能用
	选择要素	通过单击要素或者在要素周围拖出一个框，也可以采用图形方式选择要素"按面选择""按套索选择""按圆选择""按线选择"工具来选择地图要素，按Shift键，没有选中，添加选中，如已选中，则从选择集中移除
	清除所选内容	取消选择当前在活动数据框中所选的全部要素，没有选择要素，清除要素按钮是灰色的不能用
	选择元素	可以选择、调整以及移动放置到地图上的文本、图形、注记和其他对象
	识别	识别单击的地理要素、栅格或地点
	测量	测量地图上的距离和面积，如果是灰色，不能用，一般都是数据框没有坐标系，没有地图单位
	转到XY位置	可以输入某个XY位置，也可以输入经纬度并导航到该位置

2.1.2　数据加载

（1）在 ArcMap 中，单击"添加数据 ✛"按钮，弹出如图 2-5 所示的界面。

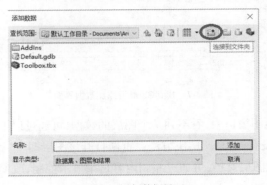

图2-5 添加数据界面

若该对话框内没有显示存放拟使用数据的文件夹，须先连接文件夹（单击添加数据界面右上方
按钮），找到测试数据，连接上级目录可以看下级目录的内容，如果连接 C 盘，C 盘下所有内容可
见。如果担心 C 盘根目录下的内容太多，影响使用过程中的路
径检索，看到过多其他数据，建议连接本书提供的示例数据的
根目录。连接方法是：在 ArcCatalog 目录下，右击连接至指定
的文件夹，如图 2-6 所示。关于连接文件夹的详细操作可参考
本书 2.2.2 小节中的内容。

加载数据的文件夹确定后，如图 2-7 所示，可单击选择单
个数据文件、按 Ctrl 键不连续选择多个数据文件，也可通过按
Shift 键或鼠标拖曳拉框的方式选择多个数据文件。选择后，单
击"添加"按钮，数据就添加到 ArcMap 的数据窗口中。选择加
载的数据类型如下。

① 矢量格式，如 SHP 文件、数据库中的数据（要素类和要
素数据集），不可以直接加数据库（主要考虑数据库中多个数
据的坐标系不一致）。

② 栅格数据，如 TIF、IMG。

③ AutoCAD，如 DWG、DXF。

④ Excel 中的数据表（单个 sheet），不可以直接选 xls 和 xlsx。

图2-6　连接到文件夹界面

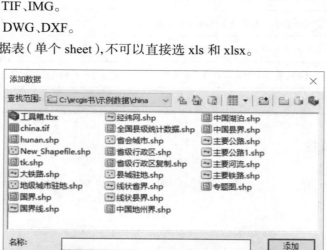

图2-7　找到China后添加数据界面

加载数据后，如果在地图窗口中，看不到某个图层的数据，可通过以下几种方法来处理：

① 该图层可能关闭，没有被打开。解决方法：重新打开该图层即可。

② 该图层可能被其他图层遮挡，可通过左侧内容目录显示控制，改变和调整图层的顺序即可达
到显示效果。

③ 图层数据可能不在当前窗口显示范围内。通过单击基础工具条中"全图 ●"按钮,显示全部数据的总范围。

④ 在左侧"内容列表"窗口中对应的图层,右击菜单→缩放至图层,系统会将该图层的范围显示在当前数据窗口位置。

⑤ 数据坐标系错误,即加载的数据,其坐标系或空间参考与原有系统正在使用的坐标系不一致,如属于数据框的坐标系和数据的坐标系不一致,详细操作可查看 3.5.1 小节的内容。

（2）通过 ArcCatalog 拖动指定目录下的数据,除上述数据外,也可以是 MXD、MPK（具体看第 7 章内容）,不能是整个数据库,不能是工具箱的工具,从 ArcCatalog 目录中直接拖动,没有连接文件夹,右击菜单→连接到文件夹,如图 2-8 所示。

图2-8　目录中右击菜单→连接到文件夹

2.1.3　内容列表的操作

使用测试数据：chp2\mydata.gdb\XZDW、jfb、DLTB 和 DGX,使用 ctrl 键不连续选择,添加这 4 个数据到 ArcMap 中。添加数据之前,必须先连接"china"文件夹；如果 ArcMap 中已经有数据,可先单击标准工具条中的"保存"按钮以保存原有的数据文档,再单击标准工具条中的"新建文档",然后再添加上述各数据。添加方法有以下两种：

（1）单击标准工具条中"添加数据"按钮添加数据；

（2）在 ArcCatalog 目录中选择多个数据,拖动到 ArcMap 地图窗口,如图 2-9 所示。

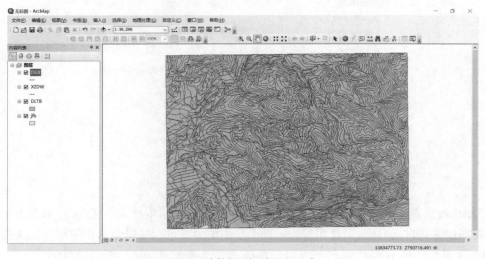

图2-9　将数据添加到ArcMap中

图 2-9 所示界面的左边是内容列表，如果界面上没有内容列表，也可以在主菜单窗口→内容列表打开。内容列表最上面图标依次为：▒▒（按绘制顺序列出）、▒（按源列出）、◈（按可见性列出：可以通过图层前面的方框设置可见，后面不再介绍）、▒（按选择列出）。

（1）单击按绘制顺序列出图标▒▒：查看地图内容，只列所有图形数据（含矢量、栅格、TIN），可用来改变地图中图层的显示顺序（拖动改变上下显示顺序）、重命名或移除图层以及创建或管理图层组；能列出地图中的所有数据框，但只有数据框名称为粗体的活动数据框才会显示在地图的数据视图中。

每个图层前面的☑，可以用来打开和关闭图层，再单击一下变成☐就是关闭图层。

（2）内容列表上部显示的图标▒▒ 图层 是数据框，可以有多个数据框，一个数据框中可以添加一个或多个数据，数据框有很多右键菜单，如图 2-10 所示，例如只看某个图层，可以关闭所有图层，只打开某个图层。

（3）单击按源列出▒：显示每个数据框中的所有数据，并将根据数据所引用的数据源所在文件夹或数据库对各图层进行编排。此视图还会列出已作为数据添加到地图文档的表，注意按源列出数据时，不能拖动改变图层顺序，因为数据源位置是固定的，况且有些只有属性表并非图形，上面数据显示结果如图 2-11 所示。

图 2-10　数据框的右键菜单　　　　图 2-11　按源列出界面

（4）单击按选择列出▒：根据矢量图层是否可选（栅格图层本身是不可选的）和是否包含已选要素来对图层进行自动分组。可选图层表示此图层中的要素可在编辑会话中使用交互式选择工具（例如基础工具条中的工具或编辑工具）进行选择，上面数据显示结果如图 2-12 所示。

图2-12 按选择列出界面

多于9（含9）条只列个数，小于9条有一个列表，单击按钮 ，设置不可选 ，再单击变成可选 ，单击按钮 清除当前图层选择。标准工具条中的 ，可清除所有图层的选择。

例如，只选等高线，有两种方法：①关闭其他图层，只打开"等高线"，只能选"等高线"数据；②都打开，只设置"等高线"可选，其他图层都设置为不可选。

2.1.4　数据表的操作

使用数据：china\ 省会城市 .shp、省级行政区 .shp、中国县界 .Shp，数据加载与前述方法相同。要打开任一图层的属性表时，在内容列表中，先选择图层，右击，弹出菜单如图 2-13 所示。

选择"打开属性表"，也可以使用组合键"Ctrl+双击图层名称"或"Ctrl+T"打开，如图 2-14 所示。

图2-13 打开属性表的操作

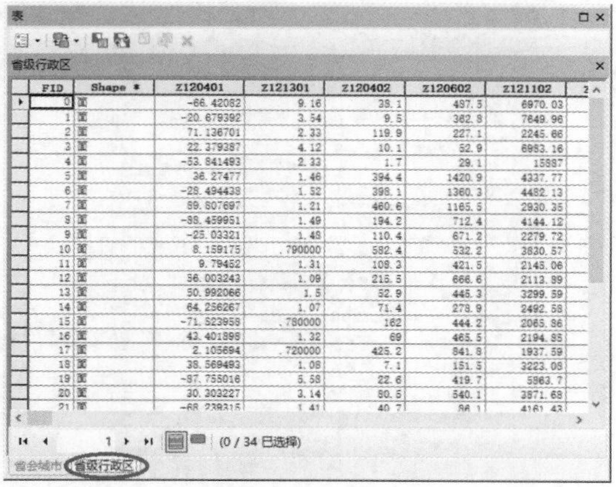

图2-14 查看属性表的操作

打开多个数据表时,可通过属性表窗口下面对应的标签页切换,如图 2-15 所示,拖动下面选中的标签可以改变前后顺序；单击最左边的表头区域,如果选择一条记录双击,选择的地图对象自动屏幕居中。

1. 字段操作

右击数据表中标题栏,如图 2-15 所示。

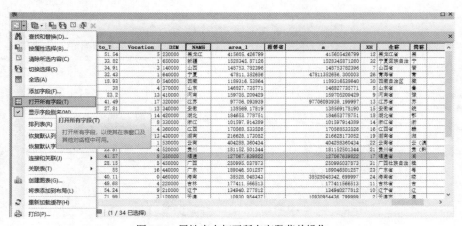

图2-15　属性表的标题栏右键内容

（1）排序：升序从小到大,降序从大到小,汉字排序按拼音顺序（a、b、c 顺序）,多音字按常用字的顺序排序。

（2）关闭字段：暂时隐藏不可见,可以在标题栏一个字段右击→关闭字段；打开字段操作在表格左上角,单击功能按钮的下拉菜单→打开所有字段,如图 2-16 所示。

图2-16　属性表中打开所有字段菜单操作

（3）删除字段：彻底删除字段,该操作不能恢复,一定要慎重操作,确定要删除后再删除。另外,在工具箱中有一个"删除字段（DeleteField）"工具,可以批量删除字段。

（4）冻结字段：在标题栏右击"冻结/取消冻结列",结果如图2-17所示。

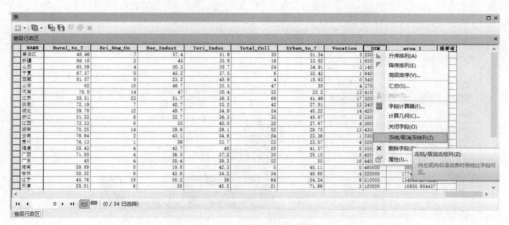

图2-17　属性表冻结字段

发现字段放在表格的最左边,拉滚动条,用户会发现它始终固定在最左边。

（5）字段属性：可以设置保留小数位数、显示格式等,数值型字段可设置1～15位小数。如保留字段area_1数值含1位小数,选中该字段的右键属性,弹出如图2-18所示界面。

单击"数值"后面的 按钮,设定有效小数位数为1,勾选"补零",如图2-19所示。

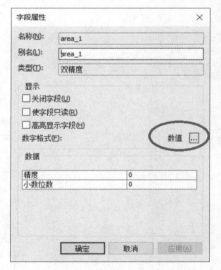

图2-18　字段属性

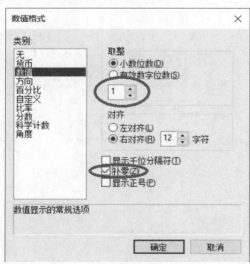

图2-19　字段保留一位小数

2. 表格中的统计和汇总

右击标题栏,右键菜单有统计和汇总功能,结果如图 2-17 所示。统计只能用于数字字段（整数和双精度）的统计,主要的统计功能包括：最大值、最小值和平均值、标准差等；如果使用该功能时有数据记录被选中,则只统计选择的记录,如图 2-20 所示。

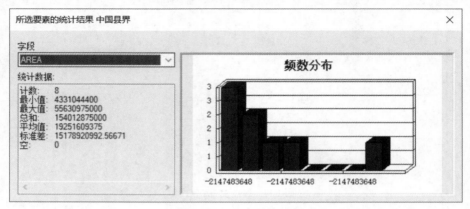

图 2-20　属性表统计结果

汇总主要用于字符型字段值的分类汇总,也可以是数字字段。在"中国县界"表格右键汇总（不要选择记录）,如图 2-21 所示。

确定后,将汇总输出表数据添加到地图中,打开对应的输出表,Count_Name 字段降序排列,如图 2-22 所示。

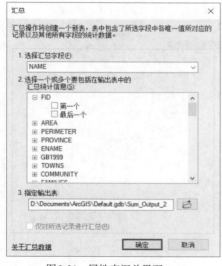

图 2-21　属性表汇总界面

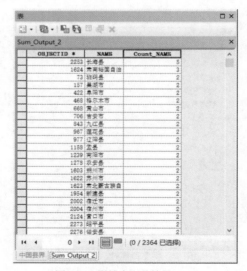

图 2-22　属性表汇总结果

可以看到 Count_Name 的内容：主要用于查看某个字段值是否唯一，如果该字段值都是 1（相同值的统计个数都是 1），说明被汇总的字段（Name）中的各记录的值唯一；如该字段值中有大于 1 的，则说明其对应字段值的记录有重复，且重复的总个数等于字段 Count_Name 的值。

2.2 ArcCatalog简单操作

ArcCatalog 是 ArcGIS Desktop 中最常用的应用程序之一，它是地理数据的资源管理器，是浏览、组织、分配、管理 GIS 数据的工具。其作用类似于 Windows 操作系统的资源管理器，主要是使用户通过 ArcCatalog 来组织、管理和创建地理信息数据。ArcCatalog 应用程序为 ArcGIS Desktop 提供了一个目录窗口，还可以集成在 ArcMap、ArcScene 和 ArcGlobe 中，用于组织和管理各类地理信息，是 ArcGIS 的资源管理器。ArcCatalog 用于新建 SHP 和地理数据库，在地理数据库新建要素类和要素数据集；对数据定义坐标系；加字段和修改字段；复制、粘贴和删除数据；创建拓扑和修改拓扑规则等。

2.2.1 界面简介

如图 2-23 所示，右上角的 ：单击变成自动隐藏，再单击 变成固定在右边，建议大家采用这种方式。

图 2-23 中的图标 ：转默认工作目录文件夹，关于默认工作目录见 7.4.1 小节；图标 ：转默认数据库，关于默认数据库见 2.6.3 小节；图标 ：切换内容面板。

图2-23 ArcCatalog目录界面

2.2.2　文件夹连接

ArcGIS 要访问数据，必须先连接到数据所在的文件夹，只有连接后才能访问。连接方法：右击"文件夹连接"连接到文件夹，如图 2-24 所示。

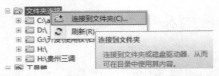

图 2-24　ArcCatalog文件夹连接右键菜单操作

2.2.3　切换内容面板

图标 用于切换内容面板：ArcCatalog 支持"只看目录树、同时查看目录树和面板、只看面板"三种模式的相互切换。

单击目录右上面的"切换内容面板"按钮，如图 2-25 所示，目录树和内容面板之间相互切换，有以下三种情况：

①只看目录树；

②同时看目录树和内容面板；

③只看内容面板。

如图 2-26，ArcCatalog 窗口比较窄时，显示内容变成上下分布；ArcCatalog 窗口比较宽时，则切换成左右显示方式，如图 2-27 所示，左边是目录，右边为坐标所选目录的下级内容面板，列出详细的数据内容。

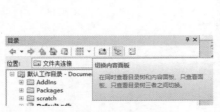

图 2-25　目录中切换内容面板位置　　　　图 2-26　目录树和内容面板上下分布

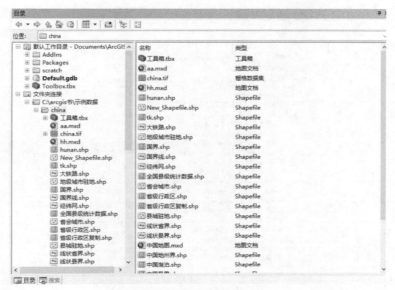

图2-27　目录树和内容面板左右分布

目录窗口上下分布或左右分布,都是上下级关系,左边选父目录,右边列的是下级目录,当没有下级目录时,就列出数据本身。目录树本身只能单选。

当上下分布时,可以从下面内容面板多选;左右分布时,可以从右边多选。多选方法:Shift 键连续选择,Ctrl 键不连续选择,也可以用鼠标拉框选择,选中多个数据,拖动到 ArcMap 地图窗口,或者拖动到工具输入数据参数中。

2.3　ArcToolbox操作

ArcToolbox,即 ArcGIS 工具箱,它是地理处理工具(Geoprocessing)的集合,其内部提供了极其丰富的地学数据处理工具,可以完成针对数据的空间分析、数据转换、数据管理、3D 分析、制图等功能。

ArcToolbox 集成在 ArcCatalog(目录)中,在目录下面,如图 2-28 所示。工具箱所有工具(含大部分菜单功能)的操作要点:如果选择要素,只处理选择要素的对象;如果不选择要素,处理所有要素。因此处理所有要素有两种方法:全部选择对象或者全部不选(清除选择的对象),通常要处理所有要素,一般都不选择要素,当然也可以选择所有对象,但比较麻烦。

在 ArcToolbox 中单击工具只是选中工具;要运行一个工具,鼠标双击即可,也可以使用右键菜单→打开。右键菜单→批处理,可以批量操作,所有工具箱内的工具都有右键菜单用于批处理。

图2-28   ArcToolbox工具箱的位置

一般很少直接使用标准工具条中的"工具箱"，如图 2-29 所示。其原因：使用标准工具条的"工具箱"，打开速度慢，且不能搜索工具。

图2-29   工具条中打开ArcToolbox

2.3.1   Toolbox界面简介

工具是工具箱中用于对 GIS 数据执行基本操作的。目前，ArcGIS 内的工具共分五种类型，如表 2-3 所列。不管工具属于哪种类型，它们的工作方式都相同：一是可以打开它们的对话框；二是可以在模型构建器中使用它们；三是可以在软件程序中调用它们。

表2-3   工具箱工具类型介绍

工具类型	描　述
	内置工具：这些工具是使用 ArcObjects 和像.NET 这样的编译型编程语言构建的
	模型工具：这些工具是使用模型构建器创建的
	脚本工具：这些工具是使用脚本工具向导创建的，它们可在磁盘上运行脚本文件，例如Python文件(.py)、AML 文件 (.aml) 或可执行文件（.exe或.bat）

工具类型	描　述
🔩	特殊工具：这些工具比较少见，它们是由系统开发人员构建的，它们有自己独特的用户界面供用户使用此工具。ArcGIS Data Interoperability 扩展模块中具有特殊的工具
🔧	工具集：在工具集中可以放很多工具、模型和脚本工具，本身不能运行

ArcGIS 10.7 版本下共有 923 个工具，其中：3D Analyst Tools 有 119 个，Analysis Tools 有 23 个，Cartography Tools 有 46 个，Conversion Tools 有 56 个，Data Management Tools 有 323 个，Spatial Analyst Tools 有 192 个。但有 31 个工具既在 3D Analyst Tool（三维）中，也在 Spatial Analyst Tools（空间分析）中，如坡度 (Slope)、重分类（Reclassify）、地形转栅格等工具，这同时说明这些工具都是重要的工具。

（1）3D Analyst Tools 是三维分析工具箱：用于创建、修改和分析 TIN、栅格及 Terrain 表面，然后从这些对象中提取信息和要素。可使用 3D Analyst 中的工具执行以下操作：将 TIN 转换为要素；通过提取高度信息从表面创建 3D 要素；栅格插值信息；对栅格进行重新分类；从 TIN 和栅格获取高度、坡度、坡向和体积信息。

（2）Analysis Tools 是分析工具箱：包含一组功能强大的工具，用于执行大多数基础 GIS 操作。借助此工具箱中的工具，可执行叠加、创建缓冲区、计算统计数据、执行邻域分析以及更多操作。当需要解决空间问题或统计问题时，应在"分析"工具箱中选取适合的工具。

（3）Cartography Tools 是制图分析工具箱：生成并优化数据以支持地图创建。这包括创建注记和掩膜、简化要素和减小要素密度、细化和管理符号化要素、创建格网和经纬网以及管理布局的数据驱动页面。

（4）Conversion Tools 是转换工具箱：包含一系列用于在各种格式之间转换数据的工具。

（5）Data Management Tools 是数据管理工具箱：提供了一组丰富多样的工具，用于对要素类、数据集、图层和栅格数据结构进行开发、管理和维护。

（6）Editing Tools 是编辑工具：可以将批量编辑应用到要素类中的所有（或所选）要素，是 ArcGIS 10 之后才提供的工具条。

（7）Geostatistical Analyst Tools 是地统计工具箱：可通过存储于点要素图层或栅格图层的测量值，或使用多边形质心轻松创建连续表面或地图。采样点可以是高程、地下水位深度或污染等级等测量值。与 ArcMap 结合使用时，地统计分析可提供一组功能全面的工具，以创建可用于显示、分析和了解空间现象的表面。

（8）Network Analyst Tools 是网络分析工具箱：包含可执行网络分析和网络数据集维护的工具。使用此工具箱中的工具，用户可以维护用于构建运输网模型的网络数据集，还可以对运输网执行路径、最近设施点、服务区、起始 - 目的地成本矩阵、多路径派发 (VRP) 和位置分配等方面的网络分析。用户可以随时使用此工具箱中的工具执行对运输网的分析。

（9）Spatial Analyst Tools 是空间分析工具箱：扩展模块为栅格（基于像元的）数据和要素（矢

量）数据提供一组类型丰富的空间分析和建模工具。

使用 3D Analyst Tools、Geostatistical Analyst Tools、Network Analyst Tools 和 Spatial Analyst Tools 需要扩展模块支持，具体操作：ArcMap →自定义菜单→选择对应扩展模块，具体操作见 1.2.5 小节。

建议将所有的扩展模块都选中，把它归结为 ArcGIS 四个常见问题的第一常见问题，如果不选择，系统可能提示，也可能不提示，导致无法正常使用。

2.3.2　查找工具

要打开搜索窗口，可执行以下操作之一：

① 单击主菜单"地理处理→搜索工具"；

② 单击"搜索 🔲" 按钮；

③ 单击主菜单"窗口→搜索"；

④ 按 Ctrl+F 组合键。

如图 2-30 所示，上面选择"本地搜索"，下面选择"全部"（最少选择工具），输入工具名称，直接按 Enter 键。查找过程中可以使用模糊搜索：中文状态下模糊搜索使用 "空格" 作为通配符，如查找"要素转线" 工具，输入"要素转 "（有空格，也可以输入"要 转 "），就可以查出所有以 "要素转" 字符开头的工具。由于中文本身是模糊查询，如果输入"要素 线"，也可以查出来；如果输入"要素线"，则查找不到，因为这三个字不连在一起。英文状态下模糊搜索使用通配符"*"，如搜索工具 FeatureToLine，完整输入可以找到该工具（不区分大小写），如果少输入一个字符，只能类似 Featur*ToLine 或 Featur*To*，也可同时加入多个 *。两种通配符只能在各自状态下适应，不可以相反，即中文输入 "*"无效，英文输入" "（空格）无效。另外，如果找到工具名称后面含有 Coverage 的工具，千万不能选择，因为 Coverage 工具只对 Coverage 格式有效，Coverage 是 ArcGIS 早期版本的格式；选择非 Coverage，选 投影 (Data Management)，如图 2-31 所示。

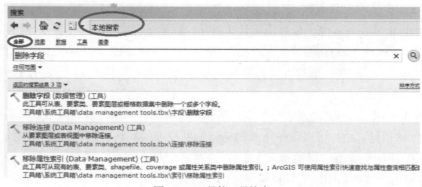

图2-30　工具箱工具搜索

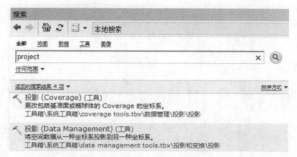

图2-31 搜索 "投影" 工具结果, 选择下面的投影 （非Coverage）

2.3.3 工具学习

每个工具都有帮助,学习方法就是"看帮助",单击每个参数也有帮助,在工具操作界面的右边显示。以"裁剪"为例子,凡是运行界面左上角有 🔧 图标的都是工具箱的工具,如图2-32所示。

图2-32有 ● 的输入项是必填的,没有 ● 的是可选填的,输入数据是原始的数据,输入数据必须已存在,可以通过以下方式选择输入要素:

① 可以在下拉框中选择数据,如果数据选择对象,则只处理选择对象,如果不选择对象,就处理所有对象;

② 可以从 ArcMap 中拖动数据到输入要素栏,效果和①一样;

③ 可以从 ArcCatalog 中拖动数据（一定处理所有数据）;

④ 通过单击 🗁 按钮,自己查找或加载指定的数据（一定处理所有数据）。

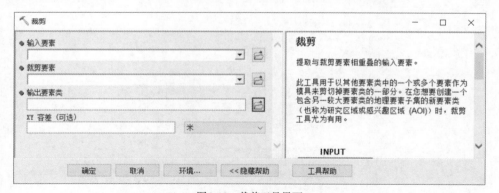

图2-32 裁剪工具界面

输出数据,通过该工具运行的结果,输出数据一般是不能存在的,除非设置主菜单→地理处理→地理处理选项,如图2-33所示。输出数据结果一般放在默认数据库中。

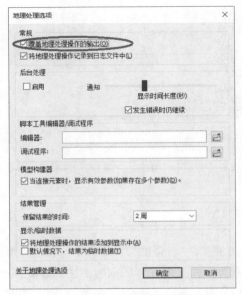

图2-33　裁剪工具界面

　　单击图 2-32 中的"工具帮助"按钮，有更详细的帮助，如图 2-34 所示。帮助中如果有工作原理解释，请仔细看该部分的文字说明。

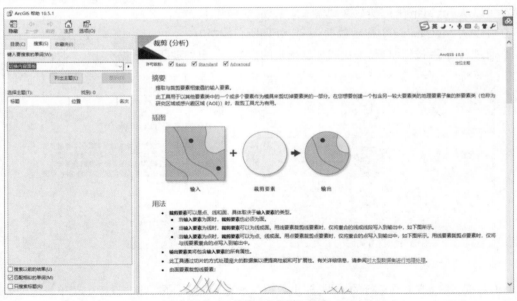

图2-34　裁剪工具的详细帮助

2.3.4 工具运行和错误解决方法

如果裁剪操作界面出现如图2-35所示的界面，出现⊗时，把鼠标移动到⊗处，这时系统会提示错误原因，就是解决问题的方法，以后出现类似错误，就按照这个方法解决。

如果运行过程中出现如图2-36所示的错误信息（ERROR），表示在执行该工具对指定数据执行裁剪处理时发生了错误。其中"ERROR 000210"表示该错误的错误号是000210，可以根据错误号提示，解决对应的问题。

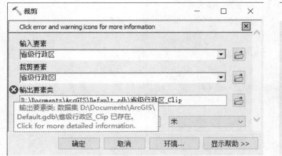

图2-35　裁剪操作界面错误

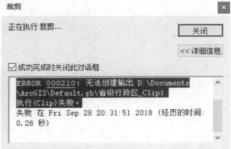

图2-36　裁剪运行错误

2.3.5 工具设置前台运行

要设置或改变工具的运行模式，可单击"地理处理"菜单栏→"地理处理选项"，如图2-37所示。

图2-37　地理处理选项菜单位置

单击"地理处理选项"后如图2-38所示，默认后台处理，勾选"后台处理"的"启用"就是后台运行，没有勾选"启用"就是放在前台运行，有对话框有进度条，可以完全看到运行过程，建议放在前台，有些线程放在后台操作经常会失败，放在前台就会操作成功。放在后台唯一的好处是多线程运行，可以同时做其他事情。如果运行 ARCGIS 的计算机是 64 位操作系统，且计算机性能较好，最好安装 ArcGIS_Desktop_BackgroundGP_107_ 167531.exe，安装后以 64 位方式运行，执行速度更快。

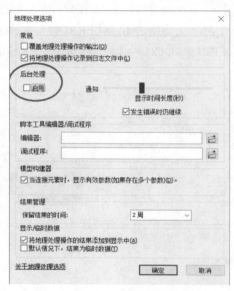

图2-38　地理处理选项后台处理去掉

2.3.6　运行结果的查看

要查看被执行工具的运行情况，可在 ArcMap 的"地理处理"菜单的"结果"中查看，如图 2-39 和图 2-40 所示。

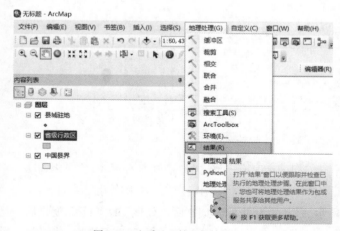

图2-39　查看地理处理的结果

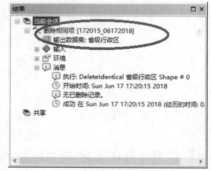

图2-40　查看地理处理的结果内容

每个工具后面加入工具运行的时间以及日期,可以看到具体的运行信息:什么时间运行、运行的过程信息和总的运行时间。

2.4 ArcGIS矢量数据和存储

矢量数据是通过记录空间对象的坐标及空间关系来表达空间对象几何位置的数据,主要是点、线、面数据,在 ArcGIS 中也称要素类。要素类是具有相同空间制图表达(如点、线或多边形)和一组通用属性列的常用要素的同类集合,例如,表示道路中心线的线要素类。地理数据库中最常用的四个要素类型分别是点、线、面和注记(地图文本的地理数据库名称)。

比较早的矢量格式是 Shapefile,由于文件扩展名为".shp",也简称 SHP,是 ArcGIS 最典型格式文件,也是目前基本要淘汰的数据存储格式。SHP 是一种用于存储地理要素的几何位置和属性信息的非拓扑格式,是可以在 ArcGIS 中直接使用和编辑的空间数据格式,目前 ArcGIS 建议和推荐的格式是 Geodatabase(地理数据库)。

2.4.1 Shapefile文件简介

Shapefile 格式是 ArcGIS 比较早的一种矢量数据格式,一个数据文件只能存储一种几何类型的数据,点层中只能存放点,面层只能存放面。一个 SHP 数据最少有三个文件,分别是:

① .shp:用于存储要素几何的主文件;必需文件。

② .shx:用于存储要素几何索引的索引文件;必需文件。

③ .dbf:用于存储要素属性信息的 dBASE 表;必需文件。

几何与属性是一对一关系,这种关系基于记录编号。dBASE 文件中的属性记录必须与主文件中的记录采用相同的顺序。各文件必须具有相同的前缀。例如,roads.shp、roads.shx 和 roads.dbf。

在 ArcCatalog(或任何 ArcGIS 程序)中查看 Shapefile 时,将仅能看到一个代表 Shapefile 的文件;但可以使用 Windows 资源管理器查看所有与 Shapefile 相关联的文件。复制 Shapefile 时,建议在 ArcCatalog 中或者使用地理处理工具执行该操作。但如果在 ArcGIS 之外复制 Shapefile,要确保完全复制组成该 Shapefile 的所有文件。

注意:在 Windows 复制文件,几个文件都要复制,少一个都不可以,也可以在 ArcCatalog 中复制。

Shapefile 文件由多个文件组成,每个文件均被限制为 2GB。因此,".dbf" 文件不能超过 2GB,".shp" 文件也不能超过 2GB(只有这两个文件的容量会很大)。所有组成文件的总大小可以超过 2GB。

总结:

① SHP 就是具体的点、线、面数据文件;地理数据库是仓库,可以存放多点、线、面和注记;

② SHP 文件不支持注记和高级功能，如拓扑检查；

③ SHP 字段名只有 10 个字符，汉字只能在 5 个以内（ArcGIS 10.2 以下版本，可以为 3 个汉字），文件最大 2GB；

④ SHP 字段没有别名，地理数据库的格式如 MDB、GDB 数据中字段有别名，要素类有别名；

⑤ SHP 文件不支持圆弧、弧段和复杂曲线，反过来把地理数据库中圆弧、弧段、复杂曲线转折线方法：导出成 SHP 格式，也可以使用"概化（Generalize）"工具，不过面积和长度会略有变化。

目前 SHP 格式已基本淘汰，在 ArcGIS 10.2 以上版本，汉字经常乱码，解决方法：做一个扩展名为 .reg 的文件，内容如下：

```
Windows Registry Editor Version 5.00

[HKEY_CURRENT_USER\Software\ESRI\Desktop10.7\Common\CodePage]
"dbfDefault"="936"
```

注意：对于其他版本，把 10.7 修改成对应版本，双击运行就可以，文件在：chp2\shp 乱码 .reg。ArcGIS 建议采用地理数据库（Geodatabase）格式，如果需要 SHP 文件，导出修改就可以了。

2.4.2 地理数据库简介

地理数据库是用于保存数据集集合的"容器"。ArcGIS 目前支持的地理数据库有 3 种类型。

（1）文件地理数据库：在文件系统中以文件夹形式存储。每个数据集都以文件形式保存，整个数据库最多可扩展至 1TB，单表的记录数可以超过 3 亿条记录，且性能极佳。建议使用文件地理数据库而不是个人地理数据库文件。由于文件夹扩展名为".gdb"，所以简称 GDB，是单机数据库的一种，只支持一个用户编辑使用，可以跨平台使用。

（2）个人地理数据库：所有的数据集都存储于 Microsoft Access 数据文件内，该数据文件最大为 2GB。若超过 250MB，性能严重下降，只合适小于 250MB 的文件，单表记录建议不要超过 10 万的小数据量。唯一的优点就是 Office 的 Access 可以打开。由于文件的扩展名为".mdb"，也简称 MDB，也是单机数据库。只能在 Windows 平台上使用。

（3）ArcSDE 地理数据库：使用 Oracle、Microsoft SQL Server、IBM DB2、IBM Informix 或 PostgreSQL 存储于关系数据库中。这些多用户地理数据库需要使用 ArcSDE（空间数据引擎），在大小和用户数量方面没有限制。

总结：在学习过程中，建议大家使用"GDB 文件数据库"，因为同样的数据放在 GDB 中存储空间更小，GDB 支持更大空间，速度更快，ArcGIS 对 GDB 支持更好。在 ArcGIS 软件使用中，更新字段出现错误时，在 MDB 中只会提示出错，而在 GDB 中则会告诉你哪个字段因为什么而出错。另外，ESRI 公司最新产品 ArcGIS Pro 软件已不再支持 MDB 数据格式，无法创建和打开 MDB 数据库。

2.5 数据建库

在数据建库之前,应先制定数据库标准。制定时一定要参考国家、省部和地方标准,在此基础上再完善和设计自己的数据标准。在数据库设计过程中具体应考虑以下内容:

(1)定义有哪些图层。即要解决空间数据的分层存储问题。

(2)每个图层有哪些字段。即每个图层的基本属性有哪些。

(3)图层属性字段的约束限制条件。即哪些字段是必填的,哪些是可填的;字段的值域范围等。针对不同行业或应用领域,其数据库标准也不一样,该部分内容可参照各类业务数据库设计有关内容。

2.5.1 要素类和数据集的含义

要素类具有相同空间类型,比如同是点,要素类就是矢量数据。最常用的四个要素类分别是点、线、面和注记(地图文本的地理数据库名称)。SHP不支持注记。

要素数据集(也叫数据集、要素集)是共用一个通用坐标系的相关要素类的集合。在ArcGIS中,同要素类比较而言,数据集是一个逻辑管理方面的概念,是将具有共同空间参考体系的多个要素类(图层)组织起来的一种管理方式。放在数据集中的要素类,用于构建拓扑、网络数据集、地形数据集(Terrain)或几何网络,如果认为要素类是文件,要素数据集就是文件夹目录。

一个数据库可以有多个要素类,数据集下可以存放一个或多个要素类,要素数据集下不能再放要素数据集。在使用时,用户一般先建数据库,后建数据集,最后是把数据放在要素数据集中,放在同一数据集下,多个数据(要素类)的空间参考(含坐标系、投影方式、XY容差)必须一致。

2.5.2 数据库中关于命名的规定

(1)要素类名称是标识要素类的唯一名称。为要素类命名时最常用的方式是英文大小写混写(不区分大小写)或使用下划线。

(2)创建要素类时,应为其指定一个名称,以指明要素类中所存储的数据。要素类名称在数据库或地理数据库中必须唯一,不能存在多个同名的要素类。也就是说,不允许在同一地理数据库中存在具有相同名称的两个要素类,即使这两个要素类位于不同的要素数据集中。

(3)名称可以以字母或汉字开头,但不能以数字开头。

(4)名称不应包含空格、*、%、$、@、#、!、~、^、()、?、&、-、=、+、<、>、'、"等特殊字符。如果表或要素类的名称包含两部分,则用下划线(_)连接各单词,如hunan_road。

(5)名称中不应包含SQL保留字,如select或add。

(6)要素类名称和表名称的长度取决于基础数据库。文件地理数据库中的要素类的最大名称长度为160个字符,可查阅DBMS文档以获知最大的名称长度。

（7）不支持具有以下前缀的表名或要素类名：

① gdb_；

② sde_；

③ delta_。

总结：在数据库中，要素类、要素数据集和字段名都必须满足 3 个不要：

① 不要使用数字开头，如 123，111；

② 不要有特殊字符，更不能是".shp"；

③ 不要使用 SQL 关键字和保留字，如 select、from、where、add、as、is、like、update、order、create、Table、delete 或 drop 等。

2.5.3 字段类型

在 ArcGIS 中，可支持的数据字段类型包括文本型（字符型）、日期型、整数、浮点数和双精度等数据库基本类型。整数包括短整数和长整数。短整数是四位数以内（因为最大是 32767，5 位数只有一部分），长整数只有 9 位（因为最大是 2147483647，10 位数只有一部分，所以在 Oracle 中如果定义 Number(20,0)，在 ArcGIS 字段转换为双精度），含小数的如面积、长度等字段务必定义成双精度（因为浮点数是单精度浮点数，支持小数位，在 ArcGIS 的 MDB 和 GDB 存储有问题，由于计算机芯片的原因，位数最长只有 6 位，如果到时位数不够用或者丢失小数值到后期也不好解决，精度也有问题），双精度（双精度浮点，也是浮点数的一种，后面简称双精度）最长是 15 位，含整数位和小数位，小数点是一位，GDB 和 MDB 在 ArcCatalog 中无法设置长度和小数位数，如图 2-41 所示。

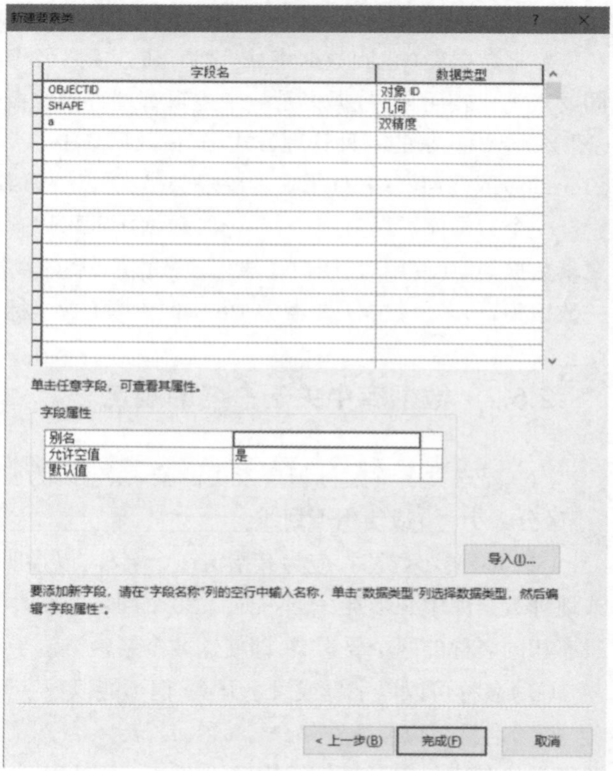

如果是 MDB 格式，可以在 Access 软件中设置，数据类型选择数字，字段大小选择小数，如图 2-42 所示。

Shapefile 文件可以定义双精度的长度和小数位数，如图 2-43 所示。

图 2-41　字段定义双精度无法定义小数位数

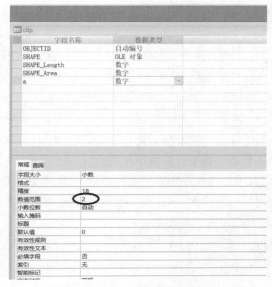

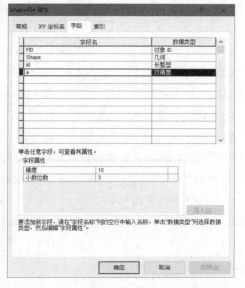

图2-42 MDB定义双精度字段小数位数　　　　图2-43 Shapefile定义双精度字段小数位数

文本就是字符串，需要定义其长度，SHP 文件最长为 254 个字段，SHP 中一个汉字是两位或三位（不同机器编码不一样），最多可以存放 127 个汉字，但计算字符串长度时汉字也是一位，MDB 和 GDB 文本长度最大为 2147483647，一个汉字是一位，如果定义长度为 2，可以存放 2 个汉字，MDB 中如果长度超过 255，在 Access 就变成了备注类型 (memo)。

2.5.4　修改字段

ArcGIS 中属性通过字段区分，所有字段都有字段名，字段别名（SHP 文件没有别名，别名就是字段名）、字段类型和字段长度，这些信息需要在创建表或者要素类时设置，也可以后面再修改。

关于字段名的规定和 2.5.2 小节数据库中命名的规定一致，不能使用数字开头，不能使用特殊字符，不能使用数据库 SQL 的保留字。对于 SHP 文件，字段名最长 10 个英文，汉字理论上是 5 个；ArcGIS 10.2 的版本实际测试字段名只能是 3 个汉字，ArcGIS 极力不推荐使用 SHP；而 MDB 和 GDB，字段名最长 64 个英文，汉字也是 64 个，MDB 中字段个数最多 255 个，GDB 的字段个数最多是 65534 个。字段别名最长都是 255 个。

根据使用需要可以自己增加、删除和重命名字段，系统字段是不能被删除的，操作方法如下：

（1）在 ArcCatalog 中，连接到包含要修改字段属性的表或要素类的地理数据库。

（2）选中要素类或表，右击要素类或表→属性。

（3）单击字段选项标签页。

（4）从字段名称列表中选择要修改的字段。

① 要重命名字段，可单击名称文本，然后输入新名称。该操作仅限于 ArcGIS 10.1（含 10.1）以后版本，SHP 文件修改字段见 2.5.5 小节。

② 要更改数据类型，可从相应的数据类型下拉列表中选择一个新类型。该操作仅限于 ArcGIS 10.1 以后的版本，要素类或表中没有数据记录时可以任意修改，如果表中有数据（记录数大于 0）时则无法修改，因为要避免数据丢失，如确实需修改，方法见 2.5.5 小节修改字段高级方法。

③ 要更改字段别名、默认值或长度，可双击字段属性列表中的值，然后输入一个新值，该操作仅限于 ArcGIS 10.1 以后的版本，对于文本字段，只能改长，如原来为 8，现在修改为 10，不能修改成 6。

④ 要更改字段的空值或关联属性域，可从下拉列表中选择一个新值。

（5）完成所有需要进行的修改后，请单击确定关闭表属性或要素类属性对话框，应用更改完毕。

（6）可以使用"更改字段（AlterField）"工具对字段重命名。该工具不能修改字段类型和字段长度，如图 2-44 所示。但只能对地理数据库中的要素类或表进行修改。

（7）可以使用"添加字段（AddField）"工具添加字段，如图 2-45 所示。

图2-44　字段重命名

图2-45　添加字段

（8）可以使用"删除字段（DeleteField）"工具，选中字段就是删除字段，可以用于批量删除字段，如图 2-46 所示。

图2-46　批量删除字段

2.5.5 修改字段的高级方法

在实际工作中,表中已经有了数据,如最终该要素类或表中需要存储很多条记录,就需要将个别字段从短整数修改为长整数,双精度类型修改成文本,文本字段长度缩短等。但切记有些修改是有条件的,如文本字段长度缩短,一定要确认字段内容不要超过定义的长度,如果超过定义的长度,要先更新表中的记录内容,让其长度满足修改后的字段存储要求;如文本字段修改成双精度,确保数据中不含数字外其他的字符;双精度改成文本类型,文本字段长度要大于等于最长数字长度。

操作方法:导入(出)单个要素类(或者表);

测试数据:chp2\mydata.gdb\DLTB 中 DLMC 字段由 60 修改为 32,字段内容不超过 32 个,操作步骤如下:

(1)在 ArcCatalog 中,选中 DLTB 要素类,重命名为 DLTB1,因为导出后的名字是 DLTB。

(2)右击 DLTB1,导出→转出至地理数据库(单个),如图 2-47 所示。

(3)导出位置,选择当前地理数据库,输出要素类是 DLTB,如图 2-48 所示。

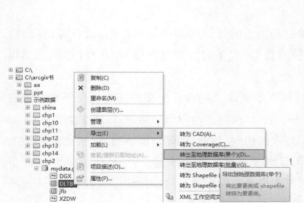

图2-47 使用导出修改字段类型和长度

图2-48 导出单个要素类界面

(4)找到 DLMC,右击选择"属性",输入长度为 32,如图 2-49 所示。如果需要修改字段类型,在类型中修改,选择其他类型,同时修改字段顺序。

(5)单击"确定"按钮。

图2-49　导出单个修改字段长度

2.6　数据库维护和版本的升降级

2.6.1　数据库的维护

（1）数据库备份：养成数据备份的习惯，做一些重要的操作前都要备份数据，做具体项目时，建议一天最少备份一次，重要修改前一定要先备份数据，重要的数据建议设置多个计算机交叉相互备份。

（2）数据库碎片整理：如图2-50所示，文件地理数据库以包含若干文件的文件夹形式存储在磁盘上，而个人地理数据库存储在单个"mdb"文件中。首次向这两种地理数据库添加数据时，每个文件中的记录是排列有序的，可由文件系统进行高效的访问。然而，随着时间的推移，会删除和添加记录，这样每个文件中的记录会变得排列无序，而且由于记录被移除，还会产生未使用的空间，而新记录又添加到文件的其他位置。这会导致文件系统在每个文件中执行更多的记录查找操作，从而降低了访问记录的速度。

如果频繁地添加和删除数据，则应每隔几天就对文件或个人地理数据库执行一次紧缩操作。而且，在执行了任何大规模更改后，也应对地理数据库执行一次紧缩操作。紧缩操作会通过对记录重新排序并消除未使用的空间来对存储空间加以整理。紧缩后，可以更高效地访问每个文件中的数据。紧缩还会减小每个文件的大小，可能会将地理数据库的大小缩减一半及其以上。

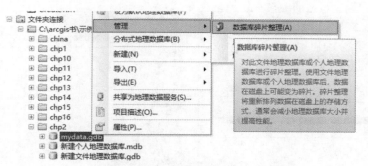

图2-50　数据库紧缩(数据库碎片整理)

除了紧缩地理数据库之外，Windows 用户还应偶尔运行磁盘碎片整理程序来维护整个文件系统的性能。同其他类型文件一样，此操作会提升文件地理数据库和个人地理数据库的性能。磁盘碎片整理程序是 Windows 操作系统随附的工具；有关详细信息，请参阅操作系统的"在线帮助"。

操作： 要紧缩地理数据库，请在 ArcCatalog 目录树中对其右击，选择"管理"命令，然后单击紧缩数据库。或者单击工具箱工具：数据库碎片整理（Compact）。数据库碎片整理是日常性工作，平时使用数据库，建议几天做一次。当然最好的方法是下面的新建数据库，然后全部导入。

（3）新建数据库的导入／导出：对数据库碎片清理最好、最彻底方法，是新建一个数据库，把原数据库的数据全部导出到新的数据库，不建议复制粘贴，复制粘贴会保留原来一些无用或错误信息，所以建议导入数据彻底重建。

复制数据和导入数据的区别：复制数据后原来的索引会保留（同时可能保留其他无用或错误的信息），导入数据索引要自己重建建立。

（4）对于 GDB 文件数据库，ArcGIS 10.4 以后有一个工具箱工具：恢复文件地理数据库（RecoverFileGDB），可以针对数据库意外情况（如不能打开）进行修复，只能用于 GDB，建议平时工作就使用 GDB 而不是 MDB。

2.6.2　版本的升降级

降级： 使用工具创建文件地理数据库（CreateFileGDB）或者创建个人地理数据库（CreatePersonalGDB）工具实现数据库存储版本的降级，该工具可同时实现存储类型的转换，以及需要文件数据库就创建文件数据库，需要个人数据库就创建个人数据库，如图 2-51 所示。

地理数据库位置：选择数据存放的文件夹，可以从 ArcCatalog 目录拖动一个文件夹，也可以选择一个文件夹，如图 2-52 所示。

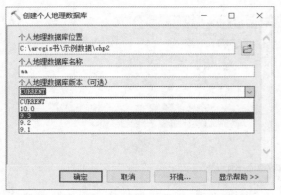

图2-51　创建其他版本的数据库

图2-52　选择数据库位置文件夹的正确方法

提示：不要进入一个文件夹内部进行选择（见图2-53），位置选择是明确存储的位置，一定要选择具体的文件夹名，否则工具生成或输出结果将无法添加任何信息。

个人数据库名称：输入一个名字就可以，不能加路径，如图2-54所示。

图2-53　选择数据库位置的错误方法

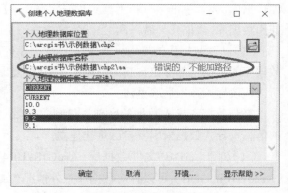

图2-54　创建数据库的名字加路径的错误方法

个人地理数据库版本：可以选择9.3、9.2、9.1或 CURRENT。CURRENT 就是当前安装的版本（本书讲解以 ArcGIS 10.7 为例）。由于10.0和10.7的数据库兼容，也就是10.0的版本，没有10.1、10.2等版本。因为这些版本的数据库是兼容的，所有在 ArcGIS 10.7 创建的个人地理数据库和文件地理数据库，ArcGIS 10.0 可以打开。

升级：新建地理数据库（就是当前版本），把数据导入新的数据库中。不建议使用数据的复制粘贴方式，导入数据比较可靠。或者使用"要素类至地理数据库（批量）（FeatureClassToGeodatabase）"工具，如图2-55所示。

图2-55中，上面选择多个要素类，下面输出为地理数据库，可以是个人数据库，也可以是文件数据库。

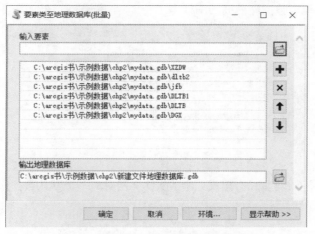

图2-55　批量把多个要素类转到新的数据库

注意：ArcGIS 10.0 和 ArcGIS 10.7 地理数据库，无论 GDB（文件数据库）和 MDB（个人数据库）都完全兼容，因此 ArcGIS 10.0 可以打开 ArcGIS 10.7 创建的数据库；但 ArcGIS 9.3、ArcGIS 9.2 数据库不兼容，ArcGIS 9.3 无法打开 ArcGIS 10.0 的数据库，ArcGIS 9.2 无法打开 ArcGIS 9.3 的数据库。

2.6.3　默认数据库的设置

ArcGIS 10.0 之后的版本都有一个默认的数据库，工具箱输出数据默认放在默认数据库中。要改变默认数据库的具体操作如下：新建一个数据库，建议是 GDB 数据库，右击选择"设为默认地理数据库"，如图 2-56 所示。

图2-56　设置默认数据库的方法

设置后，新建文件地理数据库前面的图标多了一个"小房子"符号，如图 2-57 所示。

图2-57　设置默认数据库后变化

默认地理数据库是不能删除的，建议一个 MXD 文档对应一个默认数据库。

第3章 坐标系

坐标系是地理信息系统 (GIS) 的基础，其主要作用是说明同一个坐标系下两个几何对象的空间位置关系，而对空间位置关系的处理是 GIS 技术及 GIS 软件系统最重要的管理范畴。因此，要掌握和熟练使用 ArcGIS 软件，必须熟悉坐标系的相关知识，不懂坐标系就不懂 GIS。由于很多人都是外行出身，不是测绘、地质、地理、地理信息系统等专业毕业，对坐标系相关知识缺乏了解。而在使用 ArcGIS 的过程中，很多问题都是由坐标系引起的，坐标系问题是 ArcGIS 常见问题之一，数据（含要素和栅格）要定义和使用正确的坐标系，数据框坐标系最好和数据坐标系一致。

坐标系统是 GIS 图形显示、数据组织分析的基础，所以建立完善的坐标投影系统对于 GIS 应用来说是非常重要的，坐标是根据坐标系统而来的，没有坐标系统就没有坐标。同一个点，测绘时设置不同的坐标系，点的坐标也不一样，总之坐标系直接影响到点的坐标、线的长度和面的面积。在日常工作中，空间数据使用的坐标系分为两类：一是地理坐标系数据，即常用的经纬度坐标，表示地理位置，这类空间数据无法计算线的长度和面的面积；二是投影坐标系，采用该坐标系的空间数据，不仅可描述其位置情况，还可以计算其长度或面积。

坐标是 GIS 数据的骨骼框架，能够将数据定位到相应的位置，为地图中的每一点提供准确的坐标。一般有以下两种方式：

① 如经纬度下的经度、纬度（L，B）；

② 平面中如 X 和 Y。

测绘地面上某个点的位置（平面及高程）时，需要两类起算参数：一是平面位置基准；二是高程基准。计算这两个位置所依据的系统，就叫作平面坐标系统和高程系统。人们平时说的坐标系主要是指平面坐标系，也是 ArcGIS 中的 XY 坐标系。

定义和描述一个坐标系的关键参数有以下三个：

① 采用球体模型（基准面）；

② 选定坐标系的坐标原点；

③ 规定坐标系的正方向和单位长度。

3.1 基准面简介

3.1.1 基准面分类

地球并非一个标准的球体或椭球体，地球表面也不是一个平坦的表面，而是一个高低起伏的不规则曲面。要想通过计算机实现对整个地球的数字化管理，首先需要建立一个近似真实地球的标准椭球体（参考椭球体）。当这个近似椭球体旋转到一定位置，使该椭球体的表面与地表某一区域无限逼近时，该椭球体所处位置相对于标准椭球地心位置的参数和控制情况，构成了在标准椭球体下最符合该区域地表实际的基准面。基准面给出了测量地球表面位置所需的原点、经线、纬线、方向等参数，这些参数组成了描述、解析该区域表面任一位置间的关系的数据基础。概括来讲，基准面是指用来准确定义三维地球形状的一组参数和控制点。

1. 地心基准面

在过去的十几年中，卫星数据为地球观测（测地学）提供了新的技术手段并积累了大量的测量成果，测量行业专家通过对这些测量成果的提炼和归纳，构建出一个用于定义与地球形状最吻合，且其表面坐标与地球质心相关联的旋转椭球体，这个椭球体曲面的基准面就称为地心基准面。此时，地球中心（或地心）基准面使用地球的质心作为原点。国际上使用最广泛的基准是 World Geodetic Datum 1984（简称 WGS 1984），WGS 1984 就是 GPS（全球定位系统）使用的坐标系，它被用作在世界范围内进行定位测量的框架。

除此之外，目前经常使用的还有我国的国家 2000 坐标系（CGCS 2000），自 2018 年 7 月 1 日，我国要求新做的数据都采用国家 2000 坐标系，我国北斗导航使用的就是国家 2000 坐标系。

2. 区域基准面

区域基准面是在特定区域内与地球表面极为吻合的旋转椭球体。旋转椭球体表面上的点与地球表面上的特定位置相匹配，该点也被称作基准面的原点。原点的坐标是固定的，所有其他点由其计算获得，如北京 54 和西安 80 就是区域基准面，只能在中国境内使用。

3.1.2 不同椭球体的比较

- 北京 54：长半轴 $a=6378245m$，短半轴 $b=6356863.0187730473m$；扁率 $f=1/298.3$；长短半轴差值 21381.9812269527m。
- 西安 80：长半轴 $a=6378140m$，短半轴 $b=6356755.2881575283m$；扁率 $f=1/298.257$；长短半轴差值 21384.7118424717m；西安 80 和北京 54，长半轴差 105m，短半轴差 107.73m。

● WGS 1984：长半轴 a=6378137m，短半轴 b=6356752.3142451793m；扁率 f=1/298.257223563；长短半轴差值 21384.685754821m；WGS 1984 和西安 80，长半轴差 3m，短半轴差 3m。

● 2000 坐标系：长半轴 a=6378137m，短半轴 b=6356752.3141403561m；扁率 f=1/298.257222101；长短半轴差值 21384.6858596439m；国家 2000 和西安 80，长半轴差 3m，短半轴差 3m；国家 2000 和 WGS 1984，长半轴一样，短半轴也基本一致。

注：扁率 f=(a-b)/a。

由于长、短半轴不一样，球体本身也不一样，有如下结论：

（1）不同坐标系如西安 80 坐标系与国家 2000 坐标系的转换，不存在精确转换统一的公式，所有转换都是近似转换。

（2）地球上同一个点，各个坐标系的经纬度是不一样的，如西安 80 和北京 54，一般差几秒之内，不同地方差值不一样；西安 80 和国家 2000，也差几秒之内；国家 2000 和 WGS 1984 可以认为完全一致。反之相同的经纬度获得的 XY 坐标也不一样（图 3-1 的 XY 和测绘规定的 XY 一样，但和 ArcGIS 的 XY 相反，一个是测绘坐标系，一个是数学坐标），一般规律是距离中央经线越远，纬度越大，XY 差值越大。

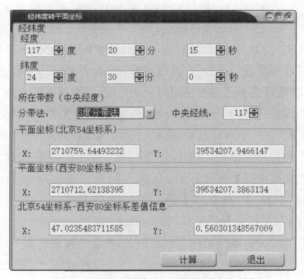

图 3-1　经纬度相同但在不同坐标系 XY 不同

3.2　坐标系的分类

坐标系分为两大类：地理坐标系和投影坐标系；无论北京 54、西安 80，还是国家 2000，都有地理坐标系和投影坐标系。

（1）全局坐标系或球面坐标系，如经纬度，通常称为地理坐标系。位于两极点中间的纬线称为赤道，它定义的是零纬度线。零经度线称为本初子午线。对于绝大多数地理坐标系，本初子午线是指通过英国格林尼治天文台的经线。经纬网的原点 (0,0) 定义在赤道和本初子午线的交点处。这样，地球就被分为了四个地理象限，它们均基于与原点所成的罗盘方位角。通常，经度和纬度值以十进制度为单位或以度、分和秒 (DMS) 为单位进行测量。纬度值相对于赤道进行测量，其范围是 –90°（南极点）~90°（北极点）；经度值相对于本初子午线进行测量，其范围是 –180°（向西行进时）~180°（向东行进时）。

（2）基于横轴墨卡托、阿尔伯斯等积或罗宾森等地图投影的投影坐标系，这些地图投影（以及其他多种地图投影模型）提供了各种方式将地球球面的地图投影到二维笛卡尔坐标平面上。投影坐标系就是平面坐标系。

3.2.1 地理坐标系和投影坐标系的比较

（1）地理坐标系以"度"为单位，地理空间坐标系（Geographic Coordinate system）使用基于经纬度坐标描述地球上某一点所处的位置，是球面坐标系。地理坐标系坐标经度范围（0°~180°）分东经和西经，纬度（0°~90°）分北纬和南纬；反之，如果经纬度不对就是坐标系不对。

（2）投影坐标系以"米"为单位，地理坐标系是经纬度坐标系，这个坐标系可以确定地球上任何一点的位置，如果我们将地球看成一个球体，而经纬网就是加在地球表面的地理坐标参照系格网，经度和纬度是从地球中心对地球表面给定点量测得到的角度，经度是东西方向，而纬度是南北方向，经线从地球南北极穿过，而纬线是平行于赤道的环线。需要说明的是，经纬度坐标系不是一种平面坐标系，因为度不是标准的长度单位，不可用其量测面积长度，因此在实际工作中用的大部分都是投影坐标系，投影坐标系就是平面直角坐标系，因为投影坐标系可以计算面积、长度和体积。

总之，地理坐标系和投影坐标系有以下 4 个区别：

（1）地理坐标系是球面，投影坐标系是平面。

（2）地理坐标系的单位为"度"，投影坐标系的单位为"米"。

（3）任意基准面如国家 2000，地理坐标系只有一个，投影坐标系有多个，采用不同投影方法和不同中央经线，结果都不一样。对于地球上的任意一点，在一个椭球体下经纬度是唯一的，而平面 XY 有无数个。

（4）投影坐标系是地理坐标系加投影方法、中央经线等参数构成，任意投影坐标系都有一个地理坐标系。

3.2.2 度和米的转换

严格来说，度和米无法转换，因为在不同的参考框架下所定义的椭球体和基准面是不同的。另外,由于地球是椭圆的,即使是同一坐标系下,如国家 2000,经线 1° 和纬线 1° 的长度也是不一样的。但两者之间有个大致的估算,大概计算如下。

以国家 2000 为例:长半轴 a=6378137m;短半轴 b= 6356752.314140356m;

经度:赤道是最大的一周。以赤道为例:1°(经)≈ 6378137×2×3.1415926/360/1000=111.32km。1° 是 60 分,合计 1 分大约是 1.85km,也是 1 海里;1 分是 60 秒,1 秒大约为 30.9m。通过地球的形状可知,越靠近两极(南北极),1° 所折合的长度距离数字越小。

总之,1° 大约是 100km。

3.2.3 投影坐标简介

投影坐标系统(Projection Coordinate System)使用基于 X、Y 值的坐标系统来描述地球上某个点所处的位置。这个坐标系是从地球的近似椭球体通过某种投影方法得到的,它对应于某个地理坐标系。平面坐标系统地图单位通常为 m,或者是平面直角坐标。

投影坐标系由两项参数确定。

(1)基准面确定:比如北京 54、西安 80 和 WGS 1984。

(2)投影方法:比如高斯—克吕格(Gauss-Krüger)、兰勃(伯)特等角圆锥(Lambert)投影。

兰勃(伯)特等角圆锥投影(Lambert):主要用于小比例尺的地图投影,如 1:500000,1:1000000,1:4000000 等小比例尺,经线为辐射直线,纬线为同心圆圆弧。指定两条标准纬度线 Q1 和 Q2,在这两条纬度线上没有长度变形,即 M=N=1,此种投影也叫等角割圆锥投影。适合大范围,如大于 600km,整个地球都可以使用,但面积计算误差比例大。

高斯—克吕格投影:是横轴墨卡托投影,也称等角横切椭圆柱投影,用于如 1:250000,1:100000,1:50000、1:10000 等大比例尺,适合 600km 以内,采用这种投影,投影后得到的面积计算比较精确,与实际情况误差较小。

总之比例尺以 1:500000 为分界线,比 500000 小(含 500000)的使用兰勃(伯)特等角圆锥投影,比 1:500000 大的比例尺采用高斯—克吕格投影,由于常用的比例尺一般大于 1:500000,所以用高斯—克吕格投影比较多,北京 54、西安 80 和国家 2000 大比例数据投影坐标都采用高斯—克吕格投影。

3.3 高斯—克吕格投影

高斯—克吕格投影是由德国数学家、物理学家、天文学家高斯于 19 世纪 20 年代拟定的,后经德国大地测量学家克吕格于 1912 年对投影公式加以补充,故称为高斯—克吕格投影,是地球椭球面和平面间正形投影的一种。

3.3.1 几何概念

高斯—克吕格投影的几何概念是，假想有一个椭圆柱与地球椭球体上某一经线相切，其椭圆柱的中心轴与赤道平面重合，将地球椭球体面有条件地投影到椭球圆柱面上。高斯—克吕格投影条件：①中央经线和赤道投影为互相垂直的直线，且为投影的对称轴；②具有等角投影的性质；③中央经线投影后保持长度不变。

3.3.2 基本概念

如图 3-2 所示，假想有一个椭圆柱面横套在地球椭球体外面，并与某一条子午线（此子午线称为中央子午线或轴子午线）相切，椭圆柱的中心轴通过椭球体中心，然后用一定的投影方法，将中央子午线两侧各在一定经差范围内的地区投影到椭圆柱面上，再将此柱面展开即成为投影面，此投影为高斯投影。

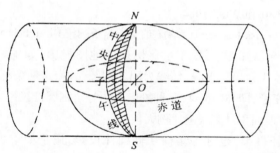 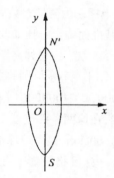

图 3-2 高斯—克吕格投影

3.3.3 分带投影

高斯投影 6 度分带：自 0 子午线起每隔经差 6° 自西向东分带，依次编号 1、2、3…具体分带方法如图 3-3 所示。我国 6 度分带中央子午线的经度，由 72° 起每隔 6° 而至 135°，共计 11 带（13～23 带），带号用 n 表示，中央子午线的经度用 L_0 表示，它们的关系是 $L_0=6n-3$。

高斯投影 3 度分带：它的中央子午线一部分同 6 度分带中央子午线重合，一部分同 6 度分带的分界子午线重合，如用 n 表示带号，表示带中央子午线经度，它们的关系为 $L_0=3 \times n$，我国共计 21 带（25～45 带）。

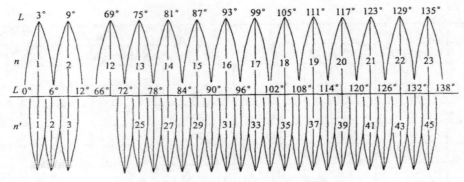

图3-3　高斯—克吕格投影6度和3度分带

总结：带号和中央经线的转换。

① 3度分带

中央经线 $L_0=3\times n$，n 为带号；

带号 $n=L_0/3$，L_0 为中央经线；

我国共包括 21 个投影带（25~45 带）。

② 6度分带

中央经线经度 L_0 的计算公式为 $L_0=(6\times n-3)$；

带号 $n=(L_0+3)/6$；

我国共包括 11 个投影带（13~23 带）。

3度分带和6度分带范围如表 3-1 所列。

表3-1　3度分带和6度分带范围

3度分带			6度分带			
带 号	中间经线	范 围		带 号	中间经线	范 围	
25	75	73.5	76.5	13	75	72	78
26	78	76.5	79.5				
27	81	79.5	82.5	14	81	78	84
28	84	82.5	85.5				
29	87	85.5	88.5	15	87	84	90
30	90	88.5	91.5				
31	93	91.5	94.5	16	93	90	96
32	96	94.5	97.5				
33	99	97.5	100.5	17	99	96	102
34	102	100.5	103.5				
35	105	103.5	106.5	18	105	102	108

3度分带				6度分带			
带　号	中间经线	范　围		带　号	中间经线	范　围	
36	108	106.5	109.5				
37	111	109.5	112.5	19	111	108	114
38	114	112.5	115.5				
39	117	115.5	118.5	20	117	114	120
40	120	118.5	121.5				
41	123	121.5	124.5	21	123	120	126
42	126	124.5	127.5				
43	129	127.5	130.5	22	129	126	132
44	132	130.5	133.5				
45	135	133.5	136.5	23	135	132	138

按国家规定：我国 1∶25000~1∶500000 地形图均采用 6 度分带；大于 25000（不含 25000），如 1∶10000 及更大比例尺地形图采用 3 度分带，以保证必要的精度。3 度和 6 度另外一个区别是，6 度覆盖的范围广一些，3 度覆盖的范围小，由于距离中央经线越远误差越大，6 度距离中央经线远的位置投影后与实际地物的误差大。而采用兰勃（伯）特投影不分 3 度和 6 度。

总结：带号大于 24 是 3 度分带，小于 24 是 6 度分带。例如带号是 20，由于小于 24，所以是 6 度分带；带号是 37，由于大于 24，所以是 3 度分带。

3.3.4　高斯平面投影的经纬网

赤道和中央经线：分度带投影后都是直线，其他经纬网是对称的曲线。

总结：在投影坐标系下，经纬网是曲线；同理，经纬网是曲线的，是投影坐标系；地理坐标系下平面地图经纬网是水平和垂直的，同理，经纬网是水平和垂直的，则是地理坐标系；如果有公里网（方里网）则是投影坐标系。

3.3.5　高斯平面投影的属性

1. 形状

等角：比较小的形状保持不变。例如，矩形投影，由于角度不变，投影之后还是矩形，以此类推，圆形投影之后还是圆形；较大区域形状（大于几百千米）的变形将随着距离中央经线越远而越来越明显。

2. 面积

变形程度随着距中央经线距离的增加而增大,在中央经线两侧最大。一个3度分带范围内最大误差为万分之 6.46(0.646‰),平均值为万分之 1.15(0.115‰);一个6度分带范围内最大误差为万分之 26.678(2.6678‰),平均值为万分之 4.6(0.46‰)。

3. 距离

长度有细微变化,有些变长有些变短,以一个6度分带为例,最大长度变形误差是万分之 4.6(0.46‰),平均值为负的万分之 2.2(0.22‰),所以长度变形比较小,可以忽略不计。

结论:高斯投影计算面积和长度都比较精确,所以无论使用北京54、西安80还是国家2000,大比例尺投影坐标系都使用高斯投影。

3.3.6 高斯投影的局限性

无法将中央经线 90° 以外的数据投影到椭圆体或椭圆体上。实际上,椭圆体或椭圆体上的范围应限制为中央经线两侧 10~12°;如果超过该范围,投影数据可能不会被投影到相同位置;球体上的数据没有这些限制。投影引擎中新增了一种名为"复杂横轴墨卡托(Transverse_Mercator_complex)"的实现方法,可在 ArcGIS 中找到它。它可以与横轴墨卡托之间准确地进行从中央经线算起的最大 80° 的投影。由于涉及的算法更为复杂,因此会对性能产生一定的影响。在实际工作中,使用的只是6° 范围内,这样精度更高一些。

3.3.7 高斯投影参数设置

如图 3-4 所示,可知具体参数设置如下。

① 东偏移量 False_Easting:500000,单位 m,即 500km;

② 北偏移量 False_Northing:0;

③ 中央经线 Central_Meridian:117.000000000000000000°;

④ 比例因子 Scale_Factor:1;

⑤ 起始纬度 Latitude_Of_Origin:0;

⑥ 最下面是地理坐标系的信息,主要是定义椭球体的长半轴和短半轴。

图3-4　高斯—克吕格投影参数设置

3.3.8　高斯平面投影的XY坐标规定

高斯—克吕格投影按分带方法各自进行投影，故各带坐标成独立体系。以中央经线投影为纵轴 (Y)，赤道投影为横轴 (X)，两轴交点即为各带的坐标原点。纵坐标以赤道为零开始算，赤道以北为正，以南为负。我国位于北半球，纵坐标均为正值。横坐标如以中央经线为零开始算，中央经线以东为正，以西为负，这样横坐标会出现负值，使用不便。

规定将坐标 X 轴东移 500km 当作起始轴，这样一个带内的所有横坐标值均加 500km。由于高斯—克吕格投影每一个投影带的坐标都是对本带坐标原点的相对值，所以各带的坐标完全相同，为了区别某一坐标系统属于哪一带，在横轴坐标前加上带号，如 (21655933m, 4231898m)，其中 21 即为带号。

3 度分带，是以中央经线为主，一边是 1.5°，在中央经线上，水平 X 是 500km。在一个 3 度分带范围内，左边最小近似 350km，右边最大近似 650km，以 m 为单位，整数位是 6 位，第 1 位是 3~6。

6 度分带，是以中央经线为主，一边是 3 度，在中央经线上，水平 X 是 500km。在一个 6 度分带范围内，左边最小近似 200km，右边最大近似 800km，以 m 为单位，整数位是 6 位，第 1 位是 2~8。

总之，坐标 X（水平方向）和 Y（垂直方向），在 ArcGIS 中 X 在前，Y 在后，X 坐标不加带号，是 6 位，加带号（平移带号 +500km）是 8 位；Y 是 7 位（纬度大于 10，我国陆地纬度大部分大于 10°）。

3.4　ArcGIS坐标系

北京 54、西安 80、国家 2000 和 WGS 1984 都有地理坐标系和投影坐标系，前三个投影坐标系是高斯—克吕格投影，有 3 度和 6 度分带，最后一个 WGS 1984 使用 UTM 投影 (Universal Transverse Mercator Projection，即通用横轴墨卡托投影)，是横轴等角割椭圆柱面投影，只有 6 度分带。

3.4.1　北京54坐标系文件

北京 54 坐标系的地理坐标系，如图 3-5 所示，地理坐标系是定义椭球体的长半轴和短半轴，扁率：$f = (a-b)/a$。其他国家 2000 地理坐标系类似，只是长短轴不一样而已。

图3-5　北京54地理坐标系

在"投影坐标系 \Gauss Kruger\Beijing 1954"目录下，如图 3-6 所示，可以看到以下 4 种不同的命名方式。

① Beijing 1954 3 Degree GK CM 102E.prj 的含义：3 度分带法的北京 54 坐标系，中央经线在东 102° 的分带坐标，横坐标前不加带号；

② Beijing 1954 3 Degree GK Zone 34.prj 的含义：3 度分带法的北京 54 坐标系，34 分带，中央经线在东 102° 的分带坐标，横坐标前加带号，分带确定，中央经线就能确定；

③ Beijing 1954 GK Zone 16.prj 的含义：6度分带法、带号16的北京54坐标系，分带号为16，横坐标前加带号；

④ Beijing 1954 GK Zone 16N.prj 的含义：6度分带法的北京54坐标系，分带号为16，横坐标前不加带号，这里N是Not的意思。

记忆方式：3度分带，前有3；无3：是6度分带。选中央经线得到的 X 坐标是6位，选带号得到X坐标是8位，Y默认是7位，下面西安80和国家2000大地坐标系是类似的。

Beijing 1954 3 Degree GK CM 102E.prj 和 Beijing 1954 3 Degree GK CM 105E.prj 的区别：前者中央经线是102°，后面是105°。

Beijing 1954 3 Degree GK CM 102E.prj 和 Beijing 1954 3 Degree GK Zone 34.prj 的区别：前者 X 平移了500km，后面 X 平移了34500km，34是带号。

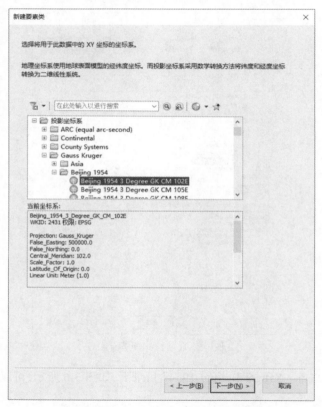

图3-6　高斯—克吕格Beijing_1954投影位置

3.4.2　西安80坐标系文件

在"投影坐标系 \Gauss Kruger\Xian 1980"目录中，可以看到四种不同的命名方式。

① Xian 1980 3 Degree GK CM 102E.prj 的含义：3 度分带法的西安 80 坐标系，中央经线在东 102° 的分带坐标，横坐标前不加带号；

② Xian 1980 3 Degree GK Zone 34.prj 的含义：3 度分带法的西安 80 坐标系，34 分带，中央经线在东经 102° 的分带坐标，横坐标前加带号；

③ Xian 1980 GK CM 117E.prj 的含义：6 度分带法的西安 80 坐标系，分带号为 20，中央经线 117，横坐标前不加带号；

④ Xian 1980 GK Zone 20.prj 的含义：6 度分带法的西安 80 坐标系，分带号为 20，中央经线 117，横坐标前加带号 20。

记忆方式：3 度分带，前有 3，无 3 是 6 度分带。

3.4.3　国家 2000 坐标系文件

在 ArcGIS 下，国家 2000 大地坐标系（简称 CGCS 2000）的坐标系文件命名样式同北京 54、西安 80 坐标系类似，也是以下四种。

① CGCS2000_3_Degree_GK_CM_96E：3 度中央经线，不加带号；

② CGCS2000_3_Degree_GK_Zone_32：3 度分带号，加带号；

③ CGCS2000_GK_CM_99E：6 度中央经线，不加带号；

④ CGCS2000_GK_Zone_21：6 度分带号，加带号。

CGCS2000_3_Degree_GK_CM_96E 和 CGCS2000_3_Degree_GK_Zone_32 的区别，东（False_Easting）平移不一样，CGCS2000_3_Degree_GK_CM_96E 平移 500km，CGCS2000_3_Degree_GK_Zone_32 平移 32500km，其他如中央经线（都是 96°），都一样。

3.4.4　WGS 1984 坐标文件

WGS 1984 坐标系（World Geodetic System 1984 Coordinate System），一种国际上采用的地心坐标系。坐标原点为地球质心，其地心空间直角坐标系的 Z 轴指向 BIH（国际时间服务机构）1984.0（1984 年 0 点 0 分）定义的协议地球极（CTP）方向，X 轴指向 BIH 1984.0 的零子午面和 CTP 赤道的交点，Y 轴与 Z 轴、X 轴垂直构成右手坐标系，称为 1984 年世界大地坐标系统。也是 GPS 使用的坐标系。

WGS 1984 地理坐标系的文件位置在：地理坐标系 \World\WGS_1984；投影坐标系在：投影坐标系 \UTM\WGS_1984，Northern Hemisphere 是北半球，Southern Hemisphere 是南半球，WGS 1984 只有 6 度分带，没有 3 度分带，带数 =（经度整数位 /6）的整数部分 +31。

3.5 定义坐标系

在创建数据前，用户可以自定义坐标系，对于已创建好的数据，在 ArcCatalog 右键菜单中定义，也可以使用工具箱的"定义投影（Define Projection）"工具，此工具对于数据集（可以是要素类、要素数据集，也可以栅格数据集）的唯一用途是定义未知或不正确的坐标系，不能用于把数据本身正确的坐标系定义成错误的坐标系。

3.5.1 定义坐标系

样例数据：chp3\ 矢量数据定义坐标系 \DLTB.shp，在 ArcMap，新建一个文档，加入这个数据，提示如图 3-7 和图 3-8 所示。

图3-7　数据没有定义坐标系提示

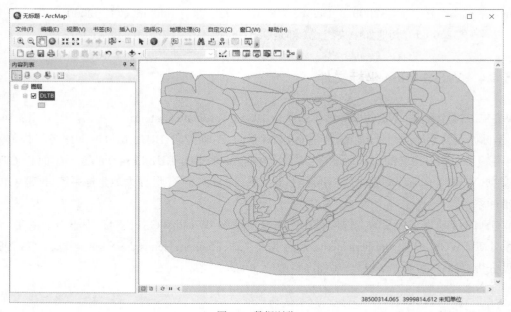

图3-8　数据浏览

仔细观察图 3-8 右下角的坐标,第一个 X 坐标是 8 位,前两位是 38,第二个 Y 坐标是 7 位,符合高斯投影的规律,所以假定加带号的数据是国家 2000(实际上无法判断是国家 2000、西安 80 还是北京 54 坐标系,我们只能假设或推测。根据我国不同时期坐标系的使用情况,最早以前的数据,可能是北京 54;前几年的数据,可能是西安 80;最近的数据,很可能是国家 2000;如果看到的是国外的数据,可能是 WGS 1984),要重新定义该数据的坐标系,具体操作如下:在 ArcCatalog 下选择该要素类→右击→属性→ XY 坐标系,选投影坐标系→ Gauss_Kruger → CGCS2000 下 CGCS2000_3_Degree_GK_Zone_38,即将该图层的坐标系设置成采用高斯—克吕格投影、3 度分带的第 38 带的国家 2000 大地坐标系,如图 3-9 所示。

该操作也可以使用工具箱"定义投影(Define Projection)"工具,可以是矢量数据,也可以是栅格数据,都是使用这个工具定义坐标系,如图 3-10 所示。

图3-9 数据定义坐标系

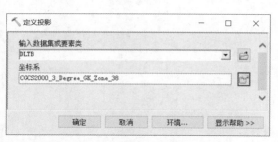

图3-10 定义投影工具定义数据坐标系

栅格数据定义坐标可以使用"定义投影(Define Projection)"工具,也可以在 ArcCatalog 右击,如图 3-11 所示。

图3-11　栅格数据定义坐标系位置

3.5.2　如何判断坐标系是否正确

样例数据：chp3\ 矢量数据定义坐标系 \XZQ.shp，在 ArcMap 中新建一个文档，加载这个数据，提示如图 3-12 所示（在有些版本的 ArcGIS 上，也许不提示）。

方法 1：在数据框右击，常规下显示设置为度分秒，如图 3-13 所示。

图3-12　数据错误坐标系提示　　　　图3-13　数据框右键显示 "度分秒" 设置

确定后看右下角的经纬度,如图 3-14 所示。可以看到纬度不在 0°~90° 范围内,所以坐标系是错误的;同样,如果经度不在 0°~180°,坐标系也是错误的。如果定义是 3 度分带,经度坐标应该在中央经线附近 ±1.5° 范围内;同样,如果定义是 6 度分带,经度坐标应该在中央经线 ±3° 范围内。

方法 2:和其他数据叠加,做中国境内的数据,和"中国县界"图层叠加(数据框要有坐标系),叠加那个县,就应该是做数据的县,不是对应县,则表示数据坐标系错误;做其他国家的数据和世界地图叠加,应该叠加对应国家,不能叠加对应位置,说明数据坐标系定义错误。此方法也是本书推荐判断数据坐标是否正确的方法。

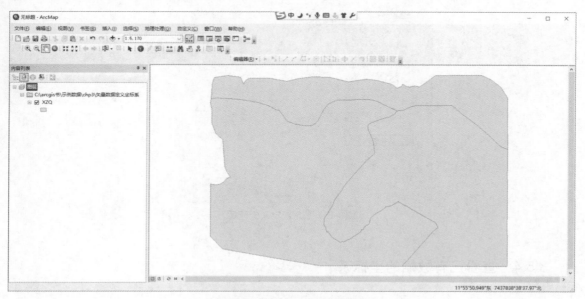

图3-14 数据右下角查看度分秒

3.5.3 数据框定义坐标

在新建文档后(文档内容见 7.4 节),数据框坐标系由第一个加入的数据确定,之后再加入数据,数据框的坐标系保持不变;除非在数据框右击,坐标系标签页专门去定义数据框的坐标系,如图 3-15 所示。但当数据编辑后,有数据处于编辑状态下时,数据框的坐标系只能查看,不能修改。

图3-15　数据框定义坐标系

3.5.4　查看已有数据的坐标系

在 ArcCatalog 中找到数据，找到 XY 坐标系标签页就可以了。

3.5.5　自定义坐标系

自定义一个中央经线 109°30′ 高斯投影，国家 2000 坐标系坐标。测试数据：chp3\kk.shp。

① 右击 ArcCatalog，选择"属性"，查看 XY 坐标系，如图 3-16 所示。

② 双击坐标系，修改名字、中央经线，如图 3-17 所示。

③ 单击"确定"按钮后，结果如图 3-18 所示。

④ 右击，另存为 CGCS2000_3_Degree_GK_CM_109.50.prj，后面使用时就导入对应坐标系文件。

图3-16　查看Shapefile数据的坐标系

图3-17　自定义坐标系

图3-18　坐标系另存

3.5.6　清除坐标系

清除坐标系有以下两种方法：

① 右击→属性→坐标系→ 下拉菜单→清除，如图 3-19 所示；

② 使用定义投影，定义成 Unknown，如图 3-20 所示。

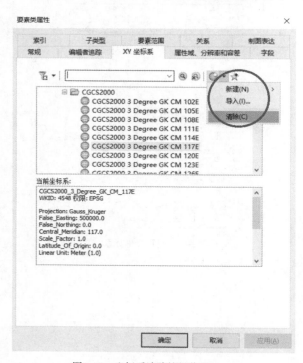

图 3-19　坐标系清除按钮位置

图 3-20　定义投影清除坐标系

3.6　动态投影

3.6.1　动态投影的含义

所谓动态投影，是指 ArcMap 中的数据框（Data Fame）的空间参考或对后加入 ArcMap 中数据的投影变换。ArcMap 的数据框的坐标系统默认为第一个加载到当前数据框的那个文件的坐标系统，后加入的数据，如果和当前数据框坐标系统不同，则 ArcMap 会自动做动态投影变换，把后加入的数据投影变换到当前坐标系统下显示，但此时数据文件所存储的实际数据坐标值并没有改变，只是显示形态上的变化，因此叫动态投影。表现这一点最明显的例子就是在输出数据时，用户可以选择是按照"数据源的坐标系统导出",还是按照"当前数据框的坐标系统"导出数据,数据的投影信息与数据框的投影信息有两个,不完全一致。

总之,数据有坐标系,数据框也有坐标系,新建一个文档后,数据框默认的和第一个加载的数据一致,以后再加数据,数据框坐标系不变,除非专门修改数据框坐标系。当数据的坐标系和数据框坐标不一致时,数据会动态投影到数据框上。

3.6.2 动态投影的前提条件

1. 数据框必须有坐标系

使用数据:chp3\ 动态投影 \ 动态投影 1.mxd,如图 3-21 所示,由于数据框没有坐标系,叠加对应县是错误的,看右下角经纬度坐标,也是错误的。

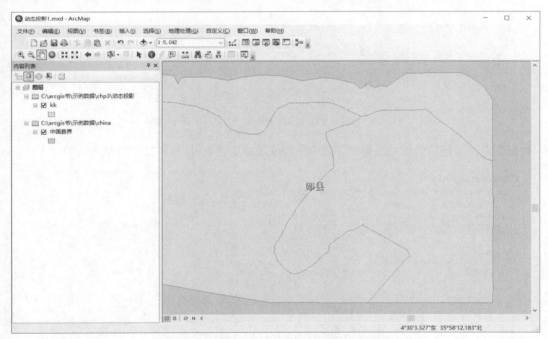

图3-21 数据框没有坐标系的动态投影查看结果

在数据框加载不同坐标系数据的情况下,在数据框定义坐标系时,最好选择和其中一个数据一致,在数据框属性下,坐标系标签页选择最下面的图层,如图 3-22 所示。

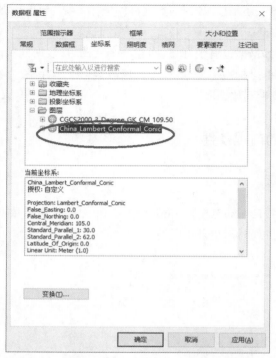

图3-22 数据框坐标系选择和其中一个图层坐标系一致

数据框设置坐标系后的结果如图 3-23 所示，位置是正确的，显示经纬度也是正确的。

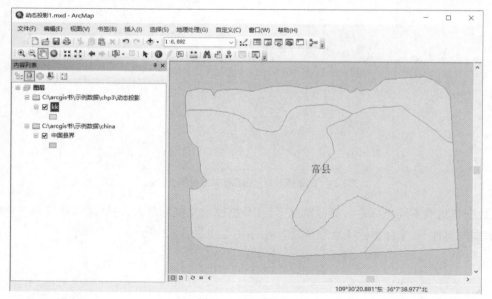

图3-23 动态投影正确位置

2. 数据必须有正确的坐标系

使用数据：chp3\ 动态投影 \ 动态投影 2.mxd，如图 3-24 所示，看不到数据。由于数据本身坐标系错误，数据的经度不在 0° ~ 180°，纬度不在 0° ~ 90° 之间，不能正确地动态投影，动态投影原理是经纬度不变。原始数据坐标系错误，经纬度也错误，就不能正确地动态投影。

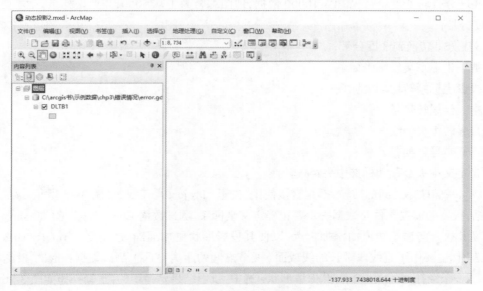

图 3-24　动态投影看不到数据

3.6.3　动态投影的应用

动态投影的基本原理：只要是同一个地方，数据（经纬度相同）就叠加在一起。为实现最佳性能，避免动态投影，源数据和数据框坐标系应一致。

当多个数据源的基准面（椭球体）不一致时，如一个是西安 80，一个是国家 2000，是以数据框基准面为准，能转换最好转换，不能转换时 ArcMap 数据框则认为不同基准面经纬度一致。我们知道同一点西安 80 和国家 2000 的经纬度有差值，差零点几秒，作为一个参考，可以忽略这个误差。

3.6.4　动态投影的优缺点

优点：同一个地方数据（经纬度相同）可以叠加在一起。

缺点：当数据框的坐标系和数据坐标系不一致，右下角看到平面 XY 坐标可能是不真实的，地图可能倾斜或变形，距离中央经线越远，倾斜或变形越大，但看到经纬度坐标保持不变。建议数据框坐标系和数据一致，此时显示的 XY 坐标是正确的，地图也不变形了。

3.7　相同椭球体的坐标变换

坐标变换将矢量数据从一种坐标系投影到另一种坐标系，同一基准面（椭球体，如国家2000）下的坐标变换形式有以下几种情况：

① 3度分带转6度分带，如1：10000数据，地图综合为1：25000，需要坐标系，就需要3度分带转6度分带；

② 6度分带转换到3度分带；

③ 地理坐标系转投影坐标系；

④ 投影坐标系转地理坐标系；

⑤ 中央经线转带号；

⑥ 带号转中央经线；

⑦ 不同带号转换；

⑧ 自定义中央经线和标准中央经线转换。

凡是同一椭球体之间的转换，都是直接使用"投影（Project）"工具，如图3-25所示。该工具使用矢量数据，投影的前提条件是数据一定要正确定义坐标系。测试数据：chp3\ 投影 \DLTB.shp。

保留形状：向输出线或面添加折点，以便其投影形状更加准确。这个是ArcGIS 10.3版本以后才有选项，主要用于直线线段很长的线或面（两节点间的距离很远）。测试数据：chp3\ 投影 \ 经纬网 .shp，是一条经纬网的线，如不把"保留形状"选中，投影结果是错误的，正确操作如图3-26所示。

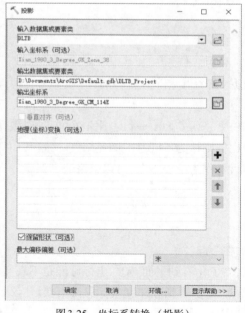

图3-25　坐标系转换（投影）

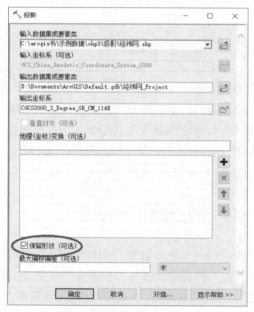

图3-26　投影时保留形状

"保留形状"未选中：不向输出线或面添加其他折点。这是默认设置，输出后的要素和以前一样。

"保留形状"选中：根据需要向输出线或面添加额外折点，以便其投影形状更加准确。

对于栅格数据的投影，请使用"投影栅格（ProjectRaster）"工具，如图 3-27 所示。投影的前提条件：数据必须已正确定义坐标系。如果投影出现"invalid extent for output coordinate system"错误或输出结果看不到图形，就是原始数据本身的坐标系不正确。

图 3-27　栅格数据投影转换

可以在图层右击选择数据→导出数据，当数据框坐标系和数据不一样时，选择"数据框"坐标系，就可以完成坐标转换，但缺点是不能自动加节点（保留形状），如图 3-28 所示。

单击"导出数据"后，在图 3-29 所示界面中，选择"数据框"，当数据框的坐标系和数据坐标系不一致时，就可以实现坐标系转换，如图 3-29 所示。

图 3-28　导出数据

图 3-29　导出数据选择数据框完成坐标转换

3.8　不同椭球体的坐标变换

　　根据前面所述的基准面概念可以看出，不同椭球体或基准面之间，由于存在参考椭球体、椭球体的旋转情况等因素的差异，要想获得准确的数据匹配，原则上不能直接使用 ArcGIS 内部的坐标系转换工具开展数据的坐标转换（除非是小于 1∶2000000 的比例尺，由于数据精度低，可以直接转换），主要原因在于椭球体长短半轴不一样、椭球的扁率不一样。不同椭球体或基准面下的数据，要进行坐标系间的转换，如需要将西安 80 转国家 2000，常用的转换方法有两种：①参数法转换，即采用三参数或七参数进行转换；②拟合法：对于小范围内的两个不同基准面下的坐标系，一般要求 5 个以上同名点（也称控制点，第 5 点是验证点）通过最小二乘法计算得到两者之间的数学变换关系，从而实现空间校正转换。

3.8.1　不同基准面坐标系的参数法转换

1. 参数转换含义

（1）参数法有三参数和七参数

　　三参数转换含义：X 平移、Y 平移和 Z 平移，即相当于在同一三维坐标系下的数据平移。三参数转换仅适用于小范围内的、不同坐标系间的转换，经验值为转换的数据区域范围最远点间的距离不大于 30km。

　　七参数转换含义：3 个平移因子（X 平移、Y 平移和 Z 平移），3 个旋转因子（X 旋转、Y 旋转和 Z 旋转），一个比例因子（也叫尺度变化 K），一般最远点间的距离不大于 150km。

　　不同地方如北京和上海的参数是不一样的，各个地方测绘局基本都有参数，但基本都是保密的。

（2）ArcGIS 中的参数转换法说明

　　如表 3-2 所列，表内使用的是 1、4、5，其中 1 是三参数，4、5 是七参数。

表3-2　ArcGIS的参数说明

序　号	方法名称	参数个数	含　义	说　明
1	GeoCentric_Translation	3	地心偏移	
2	MoloDensky	3	莫洛坚斯基公式简化方法，精度稍低	
3	MoloDensky_Abridged	3	莫洛坚斯基公式简化	
4	Position_Vector	7	布尔莎-沃尔夫七参数，旋转角度的定义不同	涉及投影变换基本用七参数法
5	Coordinate_Frame	7		

序 号	方法名称	参数个数	含 义	说 明
6	MoloDensky_Badekas	10	莫洛坚斯基公式	
7	Nadcon	1		美国本土使用
8	Harn	1		
9	Ntv2	1	格网变换	
10	Longitude_Rotation	0		

Position_Vector 和 Coordinate_Frame 两个七参数转换方法的比较,按 ArcGIS 帮助如下。

①坐标框架旋转变换(coordinate frame),美国和澳大利亚的定义,逆时针旋转为正;

②位置矢量变换(position vector),欧洲的定义,逆时针旋转为负。

如果角度采用的是数学角度,逆时针旋转为正,使用坐标框架旋转变换,实际工作大部分采用的都是这种七参数;如果角度是方位角,使用位置矢量变换。

2. 参数转换的操作步骤

(1)创建自定义地理(坐标)变换(Create Custom Geographic Transformation)七参数如下(不同数据参数不一样,ArcGIS 没有七参数计算工具)。

Dx 平移 (m):67.781

Dy 平移 (m):23.32

Dz 平移 (m):4.306

Rx 旋转 (s):0.821

Ry 旋转 (s):−1.518

Rz 旋转 (s):3.2

SF 尺度 (ppm):2.978

这里提供的参数是模拟参数(不做真实项目使用)。一旦定义好,可以用于西安 80 坐标系转国家 2000 坐标系,也可以用于国家 2000 转西安 80,如图 3-30 所示。

注意:由于测绘的 XY(测量坐标系)和 ArcGIS 的 XY(数学坐标系)表达方式相反,有些软件计算出的 DX、DY 和 ArcGIS 计算出的 DX、DY 也相反,一般的依据是在中国境内,DX 坐标的绝对值要大一些,可以通过这个方法区分 DX 和 DY。

(2)投影(Project)如图 3-31 所示。

图3-30　定义转换参数

图3-31　投影用不同椭球体坐标转换

3. 删除已有转换参数转换

找到 xian80to2000.gtf，全盘搜索文件，具体的搜索方法请查看本书 1.4.5 小节的内容。找到其位置在 C:\Users\Administrator\AppData\Roaming\ESRI\Desktop10.7\ArcToolbox\CustomTransformations\xian80to2000.gtf（不同的机器，该文件的位置可能会稍有差别），删除对应文件即可。

3.8.2　不同基准面坐标系的同名点转换

同名点转换使用 ArcGIS 中的空间校正，要求 5 个点（含 5 个点）以上，其中第 5 点就是验证点。样例数据：chp3\80 转 2000\80.gdb 和 2000.gdb，把西安 80 数据转成国家 2000，一定要先备份数据，具体步骤如下：

（1）定义坐标系（批量定义坐标系）

右击定义投影选择"批处理"（工具箱所有工具都有批处理的类似操作），如图 3-32 所示。

先把原始的西安 80 坐标系下的数据批量定义成国家 2000 坐标系，如图 3-33 所示，把所有西安 80 的数据加入（使用浏览或者在 ArcCatalog 全部选择，拖动到图 3-33 界面中），先定义国家 2000，定义好坐标系后，右击选择"填充"。

图3-32 定义投影批处理

图3-33 定义投影批处理右击选择填充

填充结果如图 3-34 所示。

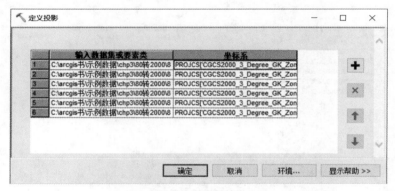

图3-34 填充后结果

（2）空间校正

步骤如下：

① 开始编辑，具体操作说明详见本书的 4.1.1 小节。

② 设置校正数据，在"空间校正"工具条中单击"设置校正数据"菜单，系统弹出如图 3-35 所示界面，此时选择需校正的数据图层（要素类）。

③ 设置校正方法，选择"变换 - 投影"，如图 3-36 所示。

④ 定义同名点变换关系。单击空间工具条中 ，新建位移链接，将变换前后的两个同名点建立起连线。选择 5 以上对应（控制）点，其中第 5 个点是验证点，少于 5 个同名点的校正，就无法获得本次校正的残差（所有的残差都为 0），这些点成四边形分布，最好均匀分布在转换区域内，点越远越好。空间校正工具条中，图标 可看残差（见图 3-37），单位是 m，残差越小越好，残差越小精度越高，而不是点越多越好。残差太大，后面校正会失败。当有多个点时，不同点的残差不一样，其中残差值比较大的，可能是有问题的点。

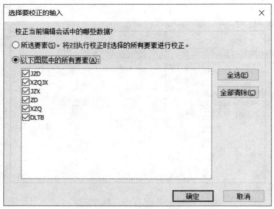

图3-35　设置校正数据

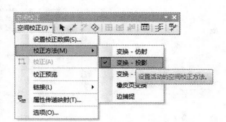

图3-36　设置校正方法为变换投影

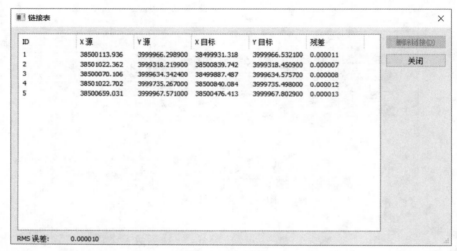

图3-37　查看残差

⑤ 校正：单击"空间校正"→"校正"菜单，前面所定义的几个数据图层即按照同名点的转换关系，自动执行数据的校正工作，校正后就叠加在一起了，如图3-38所示；反之，如果"校正"菜单是灰色、不可用的状态，原因可能是没有设置校正数据，也可能校正的控制点不足4个点，理论上最少4个点，建议至少使用5个点。此时，可以看校正过程的计算残差，有残差就可以看每个点的精度。

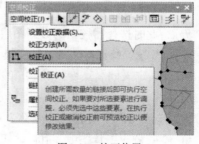

图3-38　校正位置

3.9　坐标系定义错误的几种表现

1. 加载提示错误

使用数据：chp3\ 错误情况 \error.gdb\DLTB1，加载该数据时，系统弹出如图 3-39 所示提示。此时说明所加载的数据坐标系有错误，需要重新定义为正确的坐标系。

2. 查看经纬度坐标错误

数据在加载和使用时，有时并不提示任何坐标系错误信息，但并不代表当前数据坐标系都正确。要检查此类错误，可在数据框右击显示"度分秒"（操作如图 3-13 所示），具体结果如图 3-40 所示。

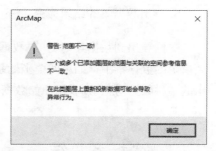

图 3-39　加载数据提示范围错误

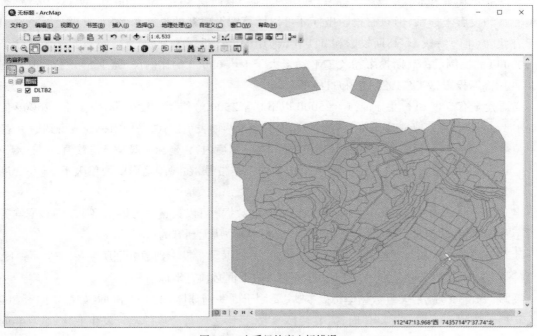

图 3-40　查看经纬度坐标错误

3. 有数据，看不到数据

当数据坐标系定义错误，而数据框的坐标和数据不一致时，ArcMap 无法实现动态投影，就可能看不到对应图层的数据；反之，看不到数据，可能是数据坐标系定义错误。

4. Project结果为空

当数据坐标系错误时,使用投影,得到的结果可能为空或运行投影工具直接操作失败。

5. 导出数据集的结果为空

数据导出到数据集时,如果数据的坐标系和数据集的坐标系一致,可顺利把需导出的数据导入到指定的数据集中;如果两个坐标系不一致,除了导出到数据集,同时完成坐标系转换,如果查看导出的结果数据为空,则表示原始数据坐标系错误,无法转换坐标系。

3.10 坐标系总结

坐标系分地理坐标系和投影坐标系。常用的北京 54、西安 80、国家 2000 和 WGS 1984 都有地理坐标系和投影坐标系,但只有投影坐标才可以计算图形要素的长度和面积。投影坐标系常用的投影有兰勃(伯)特投影、高斯投影和 UTM(通用墨卡托投影)。兰勃(伯)特投影一般适合小于1∶500000 的比例尺;高斯投影和 UTM 适合大于 1∶500000 的比例尺。北京 54、西安 80 和国家2000 使用高斯投影,WGS 1984 使用 UTM 投影。

高斯投影有 3 度和 6 度分带,1∶25000 以下(含 25000)使用 6 度分带,大于 1∶25000 使用3 度分带。ArcGIS 下高斯投影坐标系有带号和中央经线两种表示方式,采用中央经线得到的 X 坐标为 6 位数值,采用带号得到的 X 坐标为 8 位数值。在我国境内,Y 坐标一般是 7 位数值,反之 X 坐标6 位一定要选中央经线, 8 位一定选带号,8 位前两位是带号,在我国境内前两位大于 24 是 3 度分带,小于 24 是 6 度分带。

定义投影(DefineProjection)是对没有坐标系的数据(可以矢量也可以栅格)或者数据本身坐标系不正确的数据,定义正确坐标系,也叫定义坐标系,是从无到有的过程。

动态投影在数据和数据框的坐标系不一致时,将数据动态投影到数据框所使用的坐标系下,前提条件是数据本身的坐标系必须是正确的坐标系,数据框必须有坐标系。

投影(Project)就是矢量数据坐标变换,主要用于同一椭球体(也是基准面,如都是国家 2000)直接转换;当用于不同的椭球体时,需要转换参数。投影之后每个点的坐标发生变化,是真实的改变。动态投影看起来改变,但并不是数据坐标真实改变;投影的前提条件是矢量数据必须定义坐标系(定义投影),并且是正确的坐标系。

动态投影和投影都是以定义投影为前提条件的,没有定义投影,则不能投影也不能动态投影。

不同椭球体的坐标系不能直接转换;如果需要转换,可以使用参数转换,或者同名点空间校正。

第4章 数据编辑

数据编辑是 GIS 最基本的功能之一,平时数据建库最主要的工作也是数据编辑。数据编辑包括图形编辑和属性编辑。在编辑之前,一定要先创建数据库。在学习和工作中,建议大家把数据存放在文件地理数据库(GDB)下(不是 MDB,更不是 SHP 文件格式)。为了更好地实现对空间的管理,应在数据库中分类建立要素数据集,将所有同一地方坐标系的数据放在同一个要素数据集,创建要素数据集需要定义坐标系(一般情况下均使用投影坐标系);ArcGIS 下创建要素数据集时设定的 XY 容差就是将来数据质检的拓扑容差,一般是 0.001m,坐标精确到 1mm。

在建数据之前,应先制定数据库标准,有国家、省部和地方标准,一定要参考这些标准,在此基础上完善和设计自己的数据标准:有哪些图层,每个图层是什么类型;有哪些字段,哪些字段是必填的,哪些是可填的等内容。在同一要素数据集下按上面的数据库标准建立点、线、面和注记。

4.1 创建新要素

4.1.1 数据编辑

这里的编辑只能针对 ArcGIS 的矢量数据:点、线、面和注记,也就是 ArcGIS 的要素类。要编辑数据,必须先创建存储点、线、面和注记,不能是 CAD、Txt、Excel 数据或栅格数据(CAD、Txt、Excel 是只读属性)。编辑的数据只能来自同一个工作空间(可以是一个地理数据库或者同一个文件夹下的 SHP 文件),如果数据框来自不同的两个工作空间,一个是编辑,另一个是只读。编辑结束,一定要保存,ArcMap 没有自动保存功能。如果使用工具箱的工具,建议停止编辑,并保存数据,以免部分新增数据或被编辑、修改的数据未提交至数据库中,造成数据丢失。编辑器工具条的内容如图 4-1 所示。

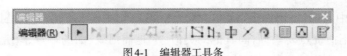

图4-1 编辑器工具条

一旦开始编辑数据，就不能再增加字段了（添加字段菜单是灰色的），数据框的坐标系不能修改，建议数据框的坐标系和数据的坐标系一致，同时其所在的数据库不能创建新的要素类，提示如图4-2所示。

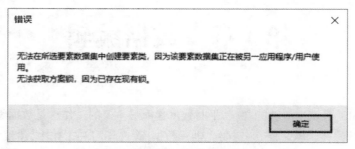

图4-2　编辑数据时不能再建要素类

4.1.2　捕捉的使用

在 ArcGIS 10.0 版本之后（含 10.0）使用捕捉，必须在"编辑器"→"选项"→"常规"选项中将其设置为"非经典捕捉"，如图 4-3 右图所示，一定不要勾选"使用经典捕捉"复选框，默认不勾选。

图4-3　编辑数据的非经典捕捉设置

在捕捉工具条中勾选"使用捕捉"菜单，默认是勾选，如图 4-4 所示；是捕捉点，单击之后去掉 ○ 前面的框，就不捕捉点要素，后面其他的类似。是捕捉线、面的端点，是捕捉线、面的折点，是捕捉线、面的边，这些默认是勾选的。

◈ 交点捕捉 捕捉多个线之间的交叉点、线面交叉点和面面交叉点，默认不勾选；如需要，单击勾选（或再次单击去掉），只有选中该捕捉功能才能使用。

捕捉到草图 正在画的还没有完成绘制的图形叫草图，勾选"捕捉到草图"和"捕捉端点"，就可以画一个闭合的线。

4.1.3 画点、线、面

图4-4 捕捉工具条和捕捉菜单

在画点、线、面之前，必须先创建点、线、面数据，用来保存数据编辑结果。加载点、线、面数据，单击编辑器下的"开始编辑"菜单，开始编辑时一定要关注比例尺，先设置一个适当的比例尺，假设做1∶10000，比例就应该在1∶10000附近；如果照着影像画，实际比例应该比1∶10000比例尺大一些，一般是5~10倍，就是1∶2000~1∶1000；画的数据应该在数据的坐标系范围内；如果是地理坐标系，X应该在−180°~180°，Y坐标在−90°~90°；如果是投影坐标，在3度分带，X坐标应该在中央经线附近−1.5°~1.5°，6度分带，X坐标应该在中央经线附近−3°~3°，Y坐标在−90°~90°，这个是最低要求，不要画到地球范围之外。

编辑数据一定要把创建要素窗口打开，可单击编辑器工具条最后一个 按钮。创建要素窗口，决定了我们的目标图层，需要创建点，单击点层，需要创建面就单击对应的面层，如图4-5所示。如果已开始编辑，在创建要素窗口中没有对应图层，原因如下。

① 该图层不可见，需设置可见状态（内容列表中设置）；

② 开始编辑后，后面才加入数据，停止编辑，再开始编辑；

③ 开始编辑数据，不是对应数据的工作空间，停止编辑，开始编辑选择对应数据即可以。

图4-5 创建要素窗口（编辑目标图层）

目标如果是点图层,只能画点;如果目标是线层,可以画折线、矩形线、圆线或椭圆线;如果目标是面层,可以画面、矩形、圆、椭圆和自动完成面。自动完成面:相邻边界不用画,只需画不相邻边界,但一定要和已有面交叉,构成闭合的环。中间带孔面(岛)操作:第一面完成,右击选择"完成部件",再画第二面,最后单击"完成草图"。更多具体操作请看 4.1.3 小节画点、线、面的 mp4 视频。

4.1.4 编辑器工具条中的按钮使用

1. 编辑工具 ▶

编辑工具有三个作用:①选择,可以单击(有重叠要素时,默认只能选择一个,使用 N 字母切换下一个,因为 N 是 Next 的首字符)和框选,有 Shift 开关键,可以添加选中和取消选中;②移动对象,选中一个或多个,拖动移动要素;③修改节点,双击一个对象,显示节点,可以拉动、删除和增加节点;单击草图属性,可以查看节点坐标,只能在双击时才可以看节点坐标。

例 1:不小心移动怎样还原。步骤如下:①先使用编辑器工具条 旋转按钮,改变锚点为一个特殊点(很容易找到对应点);②使用编辑工具移动对象,锚点会自动捕捉。

例 2:防止不小心移动。粘滞移动容差将设置一个最小像素数(可以设置一个比较大的数字,如 1000,就不能移动了),鼠标指针必须在屏幕上移动超过此最小距离,所选要素才会发生实际移动。设置粘滞移动容差的结果是延迟移动所选要素,直到指针至少移动了这段距离。此方法可用于在使用"编辑"工具单击要素时,防止要素意外移动较小距离。步骤如下:

①单击编辑器菜单,然后单击选项;
②单击常规选项卡,具体如图 4-3 所示;
③在粘滞移动容差框中单击,然后输入新值(以像素为单位);
④单击"确定"按钮。

2. 裁剪面 ✜ 工具

选择一个或多个面(可以来自不同图层),但不能选择线或点要素,单击裁剪面按钮后,在屏幕上临时画线,线一定会穿过面,就将穿过面分割。

3. 分割工具 ✁

选中一条线(不能是多条),单击分割工具,在线上单击,就将一条线分割成两段线。

4. 分割

在编辑器下拉菜单中,选中一条线(不能是多条),可以把一条线按距离分割,分成相同的几部分,按百分比分,如图 4-6 所示。

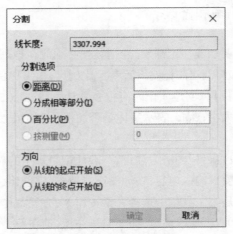

图4-6 线按距离分割

5. 合并

在编辑器下拉菜单中,可以把同一个图层的多个线和面合并在一起,不能选择一个对象,合并之后可以继承某个属性,就删除原始数据,保留合并结果。

6. 联合

在编辑器下拉菜单中,所选的多个要素(不能只选一个)可以来自不同图层,但图层的几何类型(线或面)必须相同,联合后原来的数据也保留,生成的数据所在图层由自己确定。

7. 裁剪

在编辑器下拉菜单中,选择一个面(只能是一个面),裁剪相交其他面,由自己确定丢弃相交区域(一般是这个)还是保留相交区域,如图 4-7 所示。

图4-7 面的裁剪

4.1.5　注记要素的编辑和修改

注记要素编辑之前，一定要创建注记图层，注记数据必须放在地理数据库中，不能使用 SHP 格式，因为 SHP 格式不支持注记。创建注记要设置参考比例尺，参考比例尺就是数据建库时的地图比例尺，也是最终地图打印的比例尺。创建注记时有很多默认字段：TextString 是注记内容；FontName 是字体名字；FontSize 是字体大小；Bold 表示字体是否加粗（是加粗）；Angle 是字体角度。可以直接修改这些属性，注记就被修改。

创建注记，开始编辑时，设置目标图层为注记，一般注记是水平的，构造工具设置水平，调整适当的地图窗口比例尺，注记构造窗口输入内容，在地图窗口单击，就创建一个注记。

编辑和修改注记，使用的是主工具条中选择元素按钮 ，有三个作用：①选择注记，可以框选多个；②拖动用于移动注记；③双击修改注记，需要竖排注记，请在每个字后面按 Enter 键。如需要分式$\frac{1}{2}$，注记中输入内容 <und>1</und> 后按 Enter 键，再输入"2"，如图 4-8 所示。

图4-8　分式注记

如果需要输入 $E=mc^2$，输入内容为 E = mc<SUP>2</SUP>，这里不区分大小写，但大小写需前后一致，< 是半角的，更多其他内容单击图 4-8 中"关于格式化文本"按钮，查看帮助。

4.1.6　数据范围缩小后更新

如果开始画的数据范围比较大，后面删除部分数据，当缩放至图层，图层范围还是原来的范围，地图范围不会自动缩小，有两种方法：① ArcCatalog 目录窗口，把原来的数据复制并粘贴；②在 ArcCatalog 右击导出一下，使用导出后的数据就可以了。

4.2　属性编辑

属性编辑一定要单击开始编辑按钮,打开属性表就可以输入,数字字段只能输入数字,不能输入字母和汉字;字符串可以输入任意内容,字符串有字段长度,如字段长度为 4,就可以输入 4 个汉字(数据库 GDB 和 MDB 是这样,SHP 文件只能输入 2 个汉字,有些只能输入 1 个汉字),不是 2 个汉字,英文和汉字都占 1 位,也可以查找替换。

4.2.1　顺序号编号

如需要顺序号 1、2、3 等,可以在 Office Excel 录入,录入后选择对应列粘贴到 ArcGIS 属性表中,只能粘贴一列数据,不能粘贴多列。也可以使用提供的工具,在"chp4\ 工具箱 .tbx\ 更新字段值为顺序号"下,如图 4-9 所示。

如需要顺序号 001、002、003 等,同样也可以在 Office Excel 录入,录入后选择对应列粘贴到 ArcGIS 属性表中,但字段必须是字段串(文本)类型,不能是数字类型。使用我们提供的工具,在"chp4\ 工具箱 .tbx\ 前面补零"下,如图 4-10 所示。

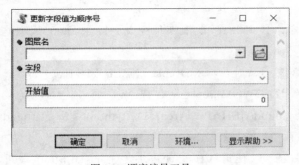

图4-9　顺序编号工具　　　　　　　　　　　　　　图4-10　前面补零工具

4.2.2　字段计算器

字段计算器的使用:打开属性表,在每个字段表头右击→字段计算器;也可以使用工具箱中的"计算字段(CalculateField)"工具,该功能可以在编辑之外使用(没有开始编辑),但在编辑状态之外使用时,不能撤销编辑。字段计算器可以是 VBScript 和 Python 脚本,但在 ArcGIS Pro 中仅支持 Python 脚本,另增加了 Arcade 脚本。在使用"字段计算器"功能过程中,当出现输入语法错误时,若看不出错误,可以将脚本信息复制到记事本去查看,主要观察所输入的内容是否半角,引号是否配对等,这也是一个重要的方法。

提醒事项:字段计算器中自身有"=",输入脚本中不需要再加"="。使用 VB 脚本时,字段名前后需要用中括号，中括号是配对的，如 [QSDWMC]。而字符串则需要加双引号，双引号当然是半角的，且前后都有，使用"&"连接字符串和数字，VB 脚本中不区分字符的大小写。

字段计算器使用 Python 脚本时，字段名前后需要加半角状态的"!"，如 !QSDWMC!。而字符串前后可以是半角的单引号，也可以是半角的双引号，且前后都有。另外，字符和数字不能直接相加，需使用"str"功能转换后连接使用，如"121"+str(1)，但 Python 脚本要严格区分字符的大小写。

注意：如果字段值是 NULL，不能进行任何数学运算，得到的结果还是 NULL，如果一个字段为 NULL，加另一个不为 NULL 的字段，相加得到的结果为空；NULL 字符串的获得长度为 NULL，不为 0。

1. 字段计算器的一般应用

使用数据：chp4\ 属性编辑 .gdb\DLTB。

例 1：取字段 ZLDWDM 的前 9 位，使用 VB 脚本可以输入：left([ZLDWDM],9)，也可以输入：Mid([ZLDWDM],1,9)，前者 left 是从左边取 9 位，后者 Mid 是从 1 位开始（VB 最小从 1 开始）取 9 位，而 right 函数则是从右边开始取；如使用 Python 脚本，则输入：!ZLDWDM![0：9]，意思是从 0 开始（Python 最小从 0 开始）的 9 位，如果输入：!ZLDWDM![9：]，则表示取该段从 10 位开始到结束（最小是 0），如果输入：!ZLDWDM![-3：]，表示从字段值得右边取 3 位。

例 2：空值，什么也没有，不等于字符串为空，VB 语法是 null，不区分大小写；Python 语法是 None，严格区分大小写。

例 3：替换操作。如需将 0 替换为 1，使用 VB 语法时应输入：Replace([ZLDWDM],"0","1")；而使用 Python 语法时，应输入的函数表达式应为：!ZLDWDM!.replace("0","1")。

例 4：面积字段保留一位小数，VB 语法是 round([SHAPE_Area],1)，Python 语法是 round (!SHAPE_Area!,1)，这里 VB 和 Python 函数一致。

例 5：获得字符串长度，如获得"DLMC"字段长度，使用 VB 时的语法是 Len([DLMC])，使用 Python 时语法是 len(!DLMC!)，这里 VB 和 Python 函数一致。

例 6：日期更新。如需将一个日期型字段的值更新为"2018 年 8 月 31 日"，使用 VB 时语法是 CDate("2018-8-31")，而使用 Python 时的语法是 datetime.datetime(2018，8，31)。注意不能输入为：datetime.datetime(2018，08，31)，8 前面不能加 0。

例 7：计算面积只能使用 Python 语法，写法是：!shape.area!，也可以为大写：!SHAPE.AREA!，这个面积是平面面积。计算几何对象的平面面积，空间数据的坐标系必须是投影坐标系。

例 8：椭球面积计算，只能使用 Python 语法：!shape.geodesicArea!，数据可以是地理坐标系，也可以是投影坐标系。

例 9：获得多部件要素，即一个空间对象由多部分组成，可以对其进行分解，但不是中间带孔的图形，此时只能使用 Python 语法，可输入：!shape.partcount!，如结果大于 1，表示该记录就是多部件。

2. 字段计算器的高级应用

下面的语法都是针对 Python 语法使用的介绍。

（1）更新字段值为顺序号，如图 4-11 所示。

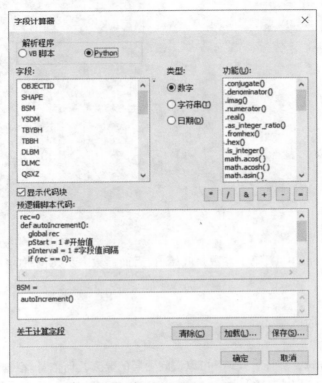

图4-11　字段计算器高级应用

上方的脚本代码区代码如下：

```python
rec=0
def autoIncrement():
    global rec
    pStart = 1          #开始值
    pInterval = 1       #字段值间隔
    if (rec == 0):
        rec = pStart
    else:
        rec = rec + pInterval
    return rec
```

（2）更新字段值为001、002等类似的顺序号。

代码段：

```
rec=0

def autoIncrement(s,n):
    mystr=n*'0'
    global rec
    pStart = s          #开始值
    pInterval = 1       #字段值间隔
    if (rec == 0):
        rec = pStart
    else:
        rec = rec + pInterval
    mystr=mystr+str(rec)
return mystr[-n:]
```

调用：autoIncrement(1,4)，第1参数是开始值，后面参数表示几位，如4位就是0001,0002…0010等。

4.2.3 计算几何

属性表标题栏右击选择"计算几何"可以访问图层的要素几何信息。根据输入图层的几何类型不同，处理内容也不一样。点层计算 XY 坐标值（三维点，可以计算 Z 坐标）；线层可以计算长度、线起点、终点和中点的 XY 坐标；面层可以计算面积、周长和质心坐标。仅当对所使用数据是投影坐标系的数据时，才能计算要素的面积、长度或周长。请牢记，不同投影具有不同的空间属性和变形，同一个数据，选不同中央经线计算面和长度时，都不一样。如果数据源和数据框的坐标系不同，那么使用数据框坐标系所计算的几何结果就可能与使用数据源坐标系所计算的几何结果不同，如图4-12所示。

比如，获得一个点的经纬度坐标，用度分秒表示，使用数据:\chp4\ 属性编辑 .gdb\point，由于度分秒必须是文本类型字段，采用"经度"字段，使用计算几何操作界面如图4-13所示。

图4-12 计算几何计算面积   图4-13 计算几何计算点的度分秒方式坐标

也可以使用工具箱中的"添加几何属性（AddGeometryAttributes）"工具添加有关属性，具体如下。

① AREA：添加用于存储各个面要素平面面积（只有投影坐标系才有）；

② AREA_GEODESIC：添加用于存储各个面要素测地线面积（椭球面积）；

③ CENTROID：添加用于存储各个要素质点坐标；

④ CENTROID_INSIDE：添加用于存储各个要素内或要素上中心点坐标；

⑤ EXTENT：添加用于存储各个要素范围坐标（最小 XY 和最大 XY）；

⑥ LENGTH：添加用于存储各个线要素长度（只有投影坐标系才有）；

⑦ LENGTH_GEODESIC：添加用于存储各个线要素测地线长度（椭球长度）；

⑧ LENGTH_3D：添加用于存储各个线要素 3D 长度（主要针对 3D 线；对于 2D 线，3D 长度和 2D 长度一样）；

⑨ LINE_BEARING：添加用于存储各个线要素线段起始—结束方位角，值范围介于 0°~360°，其中 0 表示北，90 表示东，180 表示南，270 表示西，以此类推；

⑩ LINE_START_MID_END：添加用于存储各个要素起点、中点和终点坐标；

⑪ PART_COUNT：添加用于存储包含各个要素的部分数量的属性；

⑫ PERIMETER_LENGTH：添加用于存储各个面要素周长或边界长度的属性；

⑬ PERIMETER_LENGTH_GEODESIC：添加用于存储各个面要素周长或边界测地线长度的属性；

⑭ POINT_COUNT：添加用于存储包含各个要素的点数或顶点数的属性；

⑮ POINT_X_Y_Z_M：添加用于存储各个点要素 X、Y、Z 和 M 坐标的属性。

4.3　模板编辑

样例数据：数据 chp4\ 模板编辑 .mxd，首先创建 MXD，具体看 7.4MXD 文档的使用。

开始编辑后，创建要素窗口中，就有了模板，如图 4-14 所示。

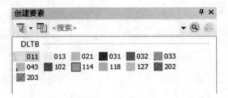

图 4-14　模板编辑窗口

单击其中一个模板，画一个面，可以看到，面的颜色就填充好了，之所以颜色变化是属性 DLBM 填写好了，模板编辑相当于画图的同时，属性也填写好。推荐的编辑就是模板编辑，先设置符号化，后编辑数据。

不需要一个模板，右击→删除就可以，双击修改模板，每个字段值都可以定义默认值，如图 4-15 所示。

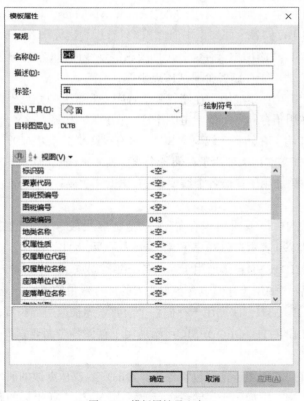

图 4-15　模板属性录入窗口

增加模板，如增加"012"，先在符号系统中增加"012"，设置颜色，单击创建要素中的  组织模板。该部分操作内容很多，具体看随书对应章节的视频。

4.4　高级编辑

高级编辑工具条如图 4-16 所示。

图4-16　高级编辑工具条

4.4.1　打断相交线

打断相交线 按钮主要有两个作用：一是在线相交的地方打断线；二是删除重复线，包括部分重叠和完全重叠。

操作要点：①线层必须可编辑；②选择一条或多条线，不能是同时来自多个图层的线（只能一个图层的线），不能同时选择线和面或者线和点。

操作步骤：先选择一条或多条线，输入拓扑容差（一般采用默认值，默认是数据的 XY 容差）；在容差范围内，所有线的公用节点或者公用边线，一般都是数据 XY 容差不做任何修改，再使用这个工具。

例 1：一个图层两条线不完全重合，有 0.5m 左右的距离，如图 4-17 所示。同时选中两条线，使用打断线输入拓扑容差，稍大于 0.5m，但不要太大，如 0.6m，否则其他节点坐标会变化，可看到线重合在一起。

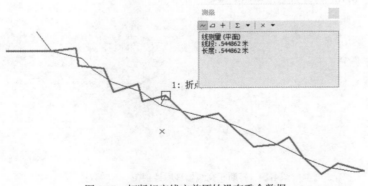

图4-17　打断相交线之前原始没有重合数据

97

输入拓扑容差 0.6m 后，数据自动修改，如图 4-18 所示。

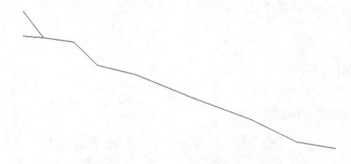

图4-18　打断相交线之后重合在一起的数据

例2：一个图层两条线端点不重合，有 0.8m 左右的距离，如图 4-19 所示。同时选中两条线，使用打断线输入拓扑容差，稍大于 0.8m，但不要太大，如 0.9m，否则其他节点坐标会变化，可看到线端点结合在一起。但该操作将修改数据的 XY 容差，此功能只建议在数据有错的状态下使用。

图4-19　打断相交线之前原始没有连接在一起的数据

输入拓扑容差 0.9m 后，修改结果如图 4-20 所示。

图4-20　打断相交线处理后连接在一起的数据

该操作推荐的方法是使用捕捉（SNAP）工具，如图 4-21 所示。

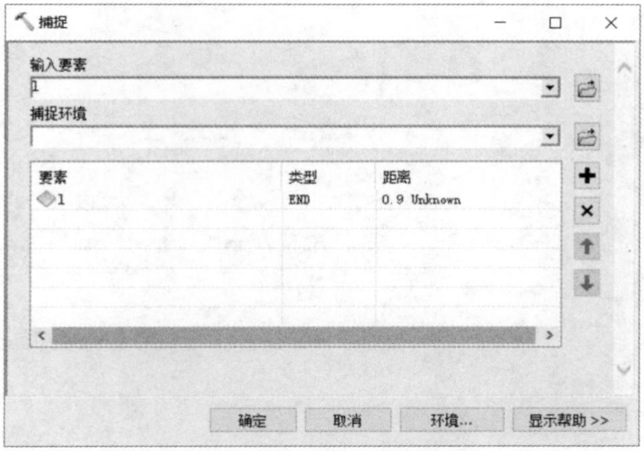

图 4-21　捕捉工具接线

4.4.2　对齐至形状

对齐至形状 ⫶⫶：主要用于多个面与线、线与面，线与线、面与面图层边界相互交叉，重新划定边界，实现边界完全重合。操作要点如下。

① 追踪公用边：公用边必须自己有线或面边界，可以一部分来自面，一部分来自线。

② 输入容差：有一个半透明缓冲区，在缓冲区范围内，所有节点都自动捕捉到你画的公用边，容差是满足条件的最小值，不是越大越好，较大的值会把其他点也调整到公用边。数据如：chp4\ 对齐至形状 .gdb\dd\a 和 1，打开如图 4-22 所示。

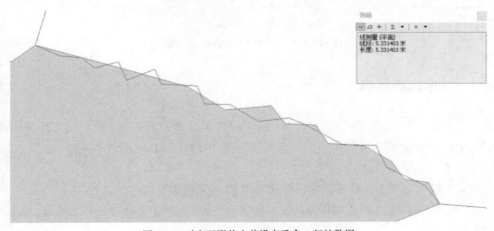

图 4-22　对齐至形状之前没有重合一起的数据

追踪公用边，并输入容差 7m，如图 4-23 所示。

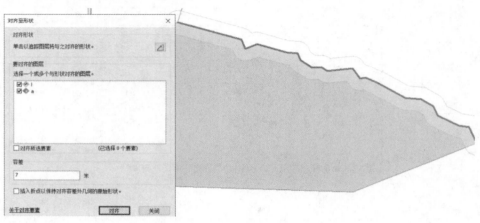

图4-23　对齐至形状追踪边和输入容差

结果如图 4-24 所示。

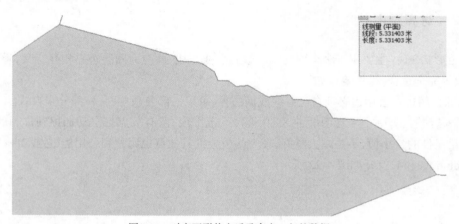

图4-24　对齐至形状之后重合在一起的数据

4.4.3　其他高级编辑

（1）拆分多部件要素 ：将所选多部分（线、面）要素分离为多个独立的组成要素，如果本身就是单部件，则什么也不做。也可以使用工具箱"多部件至单部件（MultipartToSinglepart）"工具，区别工具箱工具会生成新的结果。

（2）延伸工具 ：需先选择要将线延伸到的要素，然后单击要延伸的线。

（3）修剪工具 ：应选择要用作剪切线的要素，然后开始单击要修剪的相交线段，单击的线的部分将被移除。

（4）构造面：根据现有线或面的形状创建新面，选定的面和输出面不能来自相同的图层。

（5）概化：根据最大偏移容差来简化输入线和面的要素，节点之间距离小于容差范围内，减少节点。也可以使用工具箱"简化线（SimplifyLine）"工具或"简化面（SimplifyPolygon）"工具。

（6）分割面：选择要用于分割现有面相交的线要素或不同图层的面要素。分割中只使用与面叠置的要素。

4.5 共享编辑

共享编辑是拓扑编辑的一部分，要使用共享编辑，必须添加拓扑工具条，如图4-25所示。共享编辑是点、线和面多个数据同时修改，修改的前提条件是这几个数据有拓扑关系（也可以先建数据拓扑，见第6章，也可以地图拓扑），如点在线的折点上，点修改时线的节点也会一起修改；如线是面边界，线修改时面也会一起修改。

使用数据：chp4\ 共享编辑 .gdb\dd\a 和 l，线是面的边界，面的边界是线，操作步骤如下。

（1）加载数据，开始编辑，添加拓扑工具条。

（2）选择拓扑，设置两个图层同时参与拓扑，如图4-26所示。

图4-25 拓扑工具条　　　　　图4-26 选择拓扑参与图层

（3）使用拓扑编辑工具，可以单击（选择共用点时必须单击）或拖动拉框，也可以用鼠标按轨迹拖动，选择共用线后，双击修改，拖动节点、删除节点和添加节点。

（4）共用点的修改，单击选择共用点，右击"按比例拉伸拓扑"，将前面的方框去掉，否则其他节点会按比例拉伸。移动点时不要和已有数据交叉，如图4-27所示。

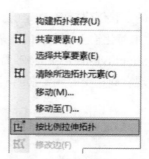

图4-27　选择不按比例拉伸

（5）整形边工具 ：先使用拓扑编辑工具，选择公用边，使用"整形边工具"画线，和目前公用边至少有两个以上的共用点，共用范围内按新画的边界。

（6）对齐边工具 ：先选择拓扑，设置哪些数据参与"拓扑编辑"，线和面首尾点重合，中间不交叉，可以是线和线，也可以是面和面。操作步骤如下。

① 在拓扑工具条上，单击对齐边工具 。

② 在地图上随意移动时，指针下的边将突出显示为洋红色虚线。单击想要对齐的边；一旦其处于活动状态，即会显示为洋红色实线。如果该边无法与其他任何边对齐，它将继续显示为虚线，以指示用户需要单击另一条不同的边。

③ 如果要查看哪些要素共享该边，单击拓扑工具条上的共享要素，取消选中不应更新的所有要素。

④ 单击要与选中边对齐的边。

⑤ 如果希望继续对齐要素，可立即单击其他边；如果单击了其他边，则可单击另一工具按钮。

第5章　数据采集和处理

5.1　影像配准

我们说的影像数据就是 ArcGIS 的栅格数据,栅格数据也就是栅格数据集,这一点和要素类、要素数据集是不一样的:要素类是具体的点、线、面和注记,要素数据集下可以放很多要素类。

影像配准在 ArcGIS 就是地理配准,是指使用地图坐标为影像数据指定空间位置。地图图层中的所有元素都具有特定的地理位置和范围,这使它们能够定位到地球表面或靠近地球表面的位置。精确定位地理要素的能力对于制图和 GIS 来说都是至关重要的。

ArcGIS 配准操作:首先要设置数据框坐标系,接着选择控制点,控制点可以是经纬网交叉点,可以是公里网交叉点,也可以是内图廓点四个角的经纬度。如果都没有,可以选明显的典型物,如道路和河流的交叉点,如果这些点坐标都不知道,可以实测,可以找已有数据的对应点,或者其他间接方法,如在 Google Earth 中查找,精度稍差。对于影像数据的配置,至少需要 4 个控制点,且控制点最好分布在影像的 4 个角,尽量做到均匀分布,以提高配准的几何精度。

测试数据:chp5\ 配准 \MY.jpg,在配准文件夹下有且只有这一个文件。具体操作步骤如下。

(1)打开 ArcMap,增加地理配准工具条。

(2)添加影像图,读取影像数据有关信息,如坐标系信息或比例尺信息,是否有公里网或经纬网,是否为标准分幅等。根据查看信息设置数据框的坐标系,通过打开 MY.jpg 文件,放大后观察左下角,如图 5-1 所示。

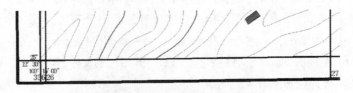

调查者：王天宝　调查日期：2014年08月14日

图5-1　图片放大后左下角内容

根据查看获得信息设置数据框的坐标系。通过查看影像数据信息,可看到该数据大致为 2014 年生产,并且有图廓点的经纬度坐标,因此,可初步判断其为西安 80 坐标系的可能性较大(依据我国不同坐标系的使用时间评估分析），比例尺为 1∶10000，公里网大数是 33，我们基本确定数据坐标系是 Xian_1980_3_Degree_GK_Zone_33。

（3）找控制点：取地图公里网的交叉点，单击影像选择交叉点，右击菜单输入 XY 坐标，可以继续选其他交叉点。

（4）单击内图廓的四个点中任意一点，右击输入经纬度坐标。

（5）和已有接幅表对应，单击影像，将该影像拖到该图幅所对应位置。

（6）选择 4 个以上控制点进行精确配准。即将每个选定的图廓点分别定位、连接到准确的位置坐标上。使用配准工具条链接表查看配准残差（即配准、纠正后该点的实际位置坐标和理论计算位置坐标间的距离），残差理论上是越小越好，而不是点越多越好，由于 1∶10000 数据精度是 1m（参见附录三数据精度概念），所以残差不要大于 1m，大于 1m 说明本配准有问题，我们的配准残差大约是 0.2m，小于 1m，如图 5-2 所示。

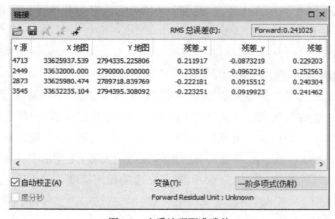

图 5-2 查看地理配准残差

(7) 更新地理配准，再次打开影像，影像数据就在对应配准的空间位置上，即赋值了准确的空间坐标，以后不用再配准了。

配准后，增加一个文件 MY.jgwx，这个文件和原文件 MY.jpg 之间的规律是文件名相同，扩展名不同，扩展名也是有规律的，取原来文件名的第一个字母和最后一个字母，再加 W（world 第一个字母）和字符 X（ArcGIS 10.0 以前不加 X，这一点和 Office 命名一致，以前是 doc，现在是 docx），如果知道这个规律，原始文件是 1.tif，配准后，增加的文件就是 1.tfwx。打开增加的文件，有六行文字，如图 5-3 所示。

第一行：影像 X 方向的分辨率。

第二行：影像按左上角 X 方向的旋转角度。

第三行：影像按左上角 Y 方向的旋转角度。

第四行：影像 Y 方向的分辨率，前面加一个负号，因为影像没有配准时，坐标原点（X=0，Y=0）在左上角，配准后原点在左下角。

第五行：影像左上角 X 坐标。

第六行：影像左上角 Y 坐标。

图5-3　配准文件内容

这个文件就是 ArcGIS 的配准原理，整个配准过程是如何获得和解算出这六个参数并把这六个参数写入到对应的文件中呢？如果已知配准所需的六个参数，也可以创建一个文本文件并将参数信息安置这个格式写六行信息到对应文件中，也可以实现对应影像数据文件的自动配准。很多软件能够自动配准的原因就在此。

5.2　影像镶嵌

影像镶嵌是指将两幅或多幅影像拼在一起，构成一幅整体影像的技术过程，也就是把几个影像镶嵌（或合并）成一个影像过程，使用"镶嵌至新栅格（MosaicToNewRaster）"工具，这个工具是将几个影像文件镶嵌成一个影像，镶嵌至新栅格后的数据正常打开使用。

镶嵌至新栅格和镶嵌（Mosaic）的区别是：前者生成一个新的影像，后者把多个输入影像镶嵌到现有影像数据中。

测试数据：chp5\影像镶嵌下 K1.tif 和 K2.tif，如图 5-4 所示，有黑边，两幅影像数据中间有交叉。

图5-4　镶嵌前的影像

两幅影像进行镶嵌至新栅格处理操作的界面如图 5-5 所示。

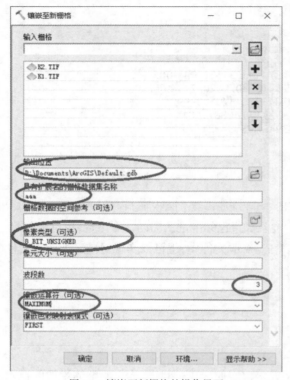

图5-5　镶嵌至新栅格的操作界面

　　输出位置：如果选地理数据库，就是数据库格式，下面栅格数据集名称一定不能加扩展名，如".tif"等，因为在数据库中小数点是特殊字符；如果选文件夹，就是文件格式，下面的栅格数据集名称默认需要加扩展名，用来区分文件格式，如".tif"和".img"。

　　像素类型：输出镶嵌数据集的像素类型，有 8_BIT_UNSIGNED：8 位无符号数据类型，支持的值为 0 ~ 255，默认就是这个；16_BIT_UNSIGNED：16 位无符号数据类型，取值范围为 0 ~65535 等（像素可存储的值）。如是 DEM 镶嵌合并，这里则根据需要修改。

　　波段数：三个波段数据就输入 3，一个波段就输入 1。这里波段三个，输入 3。

　　镶嵌运算符：用于镶嵌重叠的方法：两个图重叠的地方，有一个黑色的，另外一个是正常颜色，我们知道黑色的 RGB 为（0,0,0），而正常颜色的 RGB 大于 0，所以取最大值；反过来，如果有云、雪，白色的 RGB 为（255,255,255），就应该取最小值。我们这里选 MAXIMUM。

　　确定后，发现周围有黑边，勾上显示背景值，默认 (0,0,0)，黑色是背景（也可以按后面的裁剪，见 5.3.2 小节），设置如图 5-6 所示。

　　将上述两幅影像数据做镶嵌处理并且调整显示背景后的结果如图 5-7 所示。

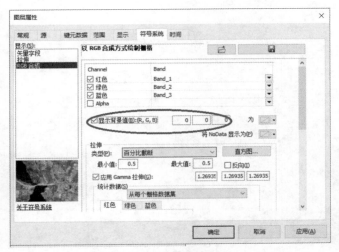

图 5-6 影像黑边去掉设置

图 5-7 影像黑边去掉后结果

5.3 影像裁剪

影像裁剪有四种方式,第一种:一个影像均等分成 n 行 m 列,或者指定大小,使用"分割栅格(SplitRaster)"工具;第二种:按矢量(或栅格)的范围裁剪,使用"按掩膜提取(ExtractByMask)"工具,需要有空间分析扩展模块许可,并勾选对应模块扩展;第三种:按矢量的范围裁剪,使用"裁剪(clip)";第四种:影像的批量裁剪,我们提供一个模型工具和 Python 脚本工具。

5.3.1 分割栅格

样例数据:chp5\ 裁剪 \KK.jpg 和 JFB.shp。

(1)把它分成大小为 2048×2048 的影像,操作界面如图 5-8 所示。

输出文件夹:选择结果输出的文件夹;输出基本名称:文件名采用开头字母;输出格式:TIF、IMG 等;X 坐标:水平方向的像元个数;Y 坐标:垂直方向的像元个数。

输出后影像名字从左下角开始的第一个 0,影像名称就是 KK0.TIF,水平方向的影像个数由原来影像的列数除以 2048,余数大于 0,再加 1,不够 2048 个像元时,就是剩余部分的影像,列数就是余数;垂直方向的影像个数由原来影像的行数除以 2048,余数大于 0,再加 1,如图 5-9 所示。

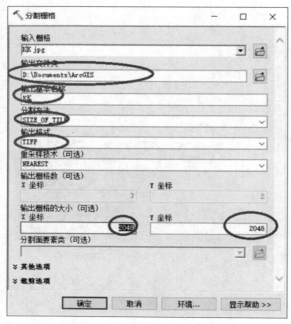

图5-8　影像分割按大小分割操作

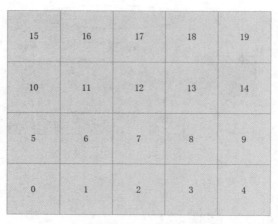

图5-9　影像分割后面名字的分布规律

（2）把它分成2行3列，6个影像，操作界面如图5-10所示。

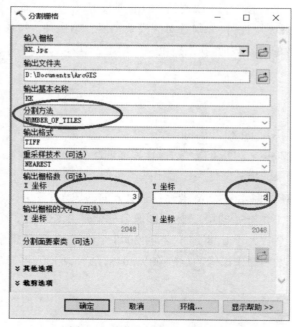

图5-10　影像分割按行列分割操作

分割方法：选择 NUMBER_OF_TILES，按数量分割。

X 坐标：水平方向分割个数，输入 3，影像像元个数不能被 3 整除，到时影像多取一个像元；Y 坐标：垂直方向分割个数。

输出后文件名和上面一致。

（3）按矢量数据批量裁剪影像，操作如图 5-11 所示。

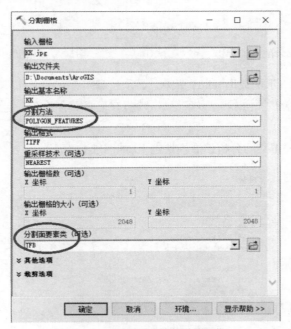

图 5-11　影像分割按图形分割操作

分割方法：选择 POLYGON_FEATURES，按面状要素批量裁剪。下面分割面要素类选择 JFB，输出影像名称从 0 开始，顺序和 JFB 记录顺序一致，个数和 JFB 记录数一样，按每个面要素范围进行裁剪，是批量裁剪，但名称不能自己自动指定，固定为 KK0.tif、KK1.tif 等。

5.3.2　按掩膜提取

样例数据：chp5\裁剪\KK.jpg 和裁剪面.shp，使用"按掩膜提取（ExtractByMask）"工具操作界面，如图 5-12 所示。

输出结果可以放在数据库，也可以指定为 TIF、IMG，但需要放在某个文件夹下，如图 5-13 所示。

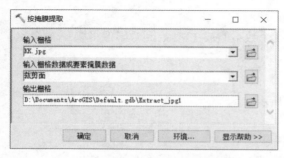

图5-12　影像裁剪结果存放到数据库

图5-13　影像裁剪结果存放成tif

注意："C:\arcgis 书 \ 示例数据 \chp5\ 裁剪"必须是真实存在的文件夹。

输入面：可以是任意形状，如果有多条记录，则所有记录面合并在一起裁剪，裁剪结果只有一个栅格数据。

注意：该操作一定要把空间分析扩展模块选上，如图 5-14 所示。

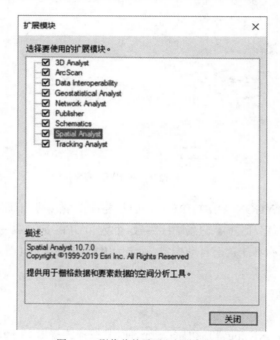

图5-14　影像裁剪需要空间分析扩展

5.3.3　影像裁剪

样例数据：chp5\ 裁剪 \KK.jpg 和裁剪面 .shp。采用"裁剪（clip）"工具（栅格处理下裁剪，不是提取分析下的裁剪），在参数设置界面中勾选"使用输入要素裁剪几何"复选框（没勾选，是按矩形范围裁剪），操作界面如图 5-15 所示。

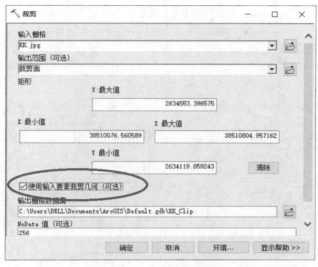

图 5-15　影像裁剪

比较："裁剪（clip）"工具和"按掩膜提取（ExtractByMask）"工具相比，裁剪工具执行效率要快一些，只是默认裁剪是矩形（最小、最大的 XY 坐标构成的矩形范围），勾选"使用输入要素裁剪几何（可选）"才是任意多边形的裁剪，但在数据建模中使用"裁剪（clip）"经常出错误，无法使用，推荐使用"按掩膜提取（ExtractByMask）"工具。

5.3.4　影像的批量裁剪

在 ArcGIS 下，对影像数据的批量裁减，有两个工具：一个是 Model Builder 构建的地理处理模型（在 chp5\ 裁剪 \ 影像裁剪 .tbx\ 影像批量裁剪），另外一个是 Python 脚本（在 chp5\ 裁剪 \ 影像裁剪 .tbx\ 影像批量裁剪 2）。

样例数据：chp5\ 裁剪 \JFB.shp 和 KK.jpg。

（1）影像批量裁剪运行界面如图 5-16 所示。

上面输入的矢量数据是按哪个数据裁剪，按字段分组，选择字段，就是裁剪后栅格数据文件名，符合文件名命名标准，要求是唯一值字段。路径放在文件夹，e 是扩展名（由于模型中：堆栈基本名称的长度不能超过 9，所以用了 e，代替扩展名），可以是 TIF、IMG 和 JPG 格式，推荐是 IMG 格式。

（2）Python 脚本的影像批量裁剪界面如图 5-17 所示。

裁剪后生成的数据格式只能是 TIF，字段值是裁剪后的影像文件名，符合文件名命名标准，是唯一值。

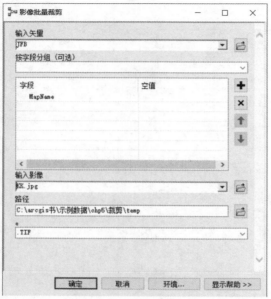

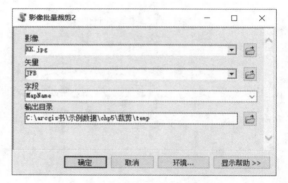

图 5-16　影像批量裁剪运行界面　　　　　　　图 5-17　脚本影像批量裁剪运行界面

5.4　矢量化

矢量化是栅格数据变成矢量数据的过程，这里栅格数据是以前的纸质地图扫描后的数据，需要先地理配准，矢量化用的是 ArcScan，其用到了扩展模块，在 1.2.5 小节扩展模块选中 ArcScan。栅格数据要矢量化，需转成黑白的，转换方法使用 PhotoShop 转灰度图，不能直接使用彩色的。

5.4.1　栅格数据二值化

栅格数据二值化也就是将当前栅格数据中各像元（像素）存储的值分成两类的过程。右击栅格数据选择"符号系统"，然后将显示框的内容选择为"已分类"，分成 2 类，中段值根据自己当前栅格数据的色调情况，进行多次尝试，设置合适的值，让所有需要的数据能正确显示出来，如图 5-18 所示。

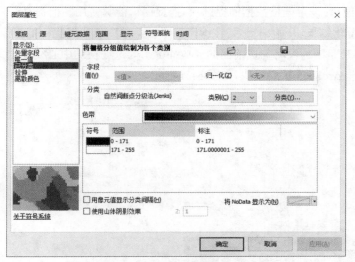

图5-18 矢量化前栅格数据二值化设置

5.4.2 捕捉设置

矢量化之前,需对系统的捕捉进行设置,具体的操作有以下三个要点:

(1)使用经典捕捉,在编辑器工具条下,在编辑器下拉菜单最下面的选项中设置,如图5-19所示。

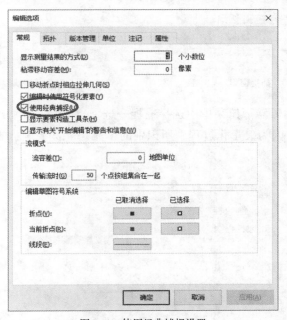

图5-19 使用经典捕捉设置

（2）打开捕捉窗口，设置栅格数据捕捉选项。捕捉窗口能够使用的前提是必须先创建一些点、线和面，用来保存矢量化结果。开始编辑后，在编辑器下拉菜单中选择捕捉→捕捉窗口，如图 5-20 所示（如果没有捕捉窗口，是因为没有勾选前面的经典捕捉），勾选栅格的中心线复选框，如果没有栅格选项，是因为没有勾选 ArcScan 扩展模块，如图 5-21 所示。

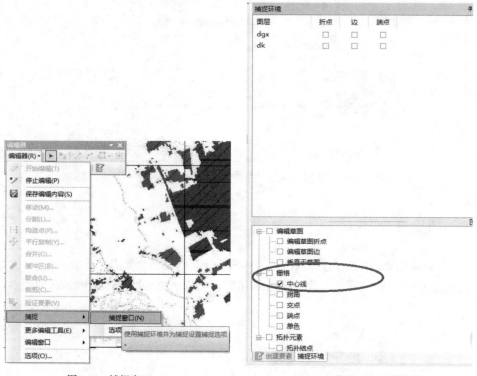

图 5-20　捕捉窗口　　　　　　　　　　　　　图 5-21　栅格捕捉环境设置

（3）捕捉选项，在编辑器下拉菜单中选择捕捉→选项，如图 5-20 所示，捕捉容差建议设置为 7~10，后面单位是像素，因为矢量化过程中所识别的单元是屏幕上显示的单元（以像素为最小单元），如图 5-22 所示。

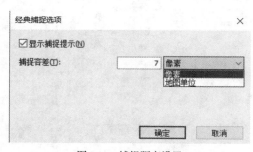

图 5-22　捕捉距离设置

5.4.3 矢量化

打开 ArcScan 工具,单击图 5-23 所示界面的"矢量化"→"生成要素"菜单,系统即开始执行当前栅格数据的全自动矢量化处理,整个处理过程的优点是速度快、效率高,但所有线变成一个图层,文字也变成线,超过一定宽度的线会变成面,后期处理的工作量大,实际工作中更多的是选择交互式矢量化(半自动矢量化)。

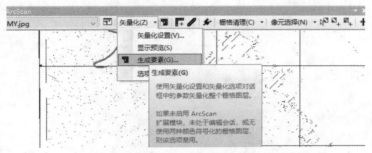

图 5-23 自动矢量化

先在创建要素中选择目标线层,然后单击 ▛ 按钮,就可以矢量化追踪。具体的操作方法是在栅格线上,单击开始一个点和结束一个点(栅格线不要和其他线交叉,如果有交叉,交叉点就是结束点),自动生成一条线,这就是半自动矢量化,生成结果放在目标线图层。选择不同的目标线图层,生成的结果就放在不同的图层,如何追踪一条线由用户依据对栅格数据的判断自己控制。重复此过程,即可完成对栅格数据的矢量化,同时还可以做到对矢量化结果的分层存储,但此种矢量化方法速度慢、效率低。

第6章 空间数据的拓扑处理

6.1 拓扑的概念

6.1.1 拓扑的含义

拓扑（Topology）是指空间数据的位置关系，空间关系简称为拓扑，如等高线不能相交，行政区不能重叠，界址点不能重复，行政区（面）必须是行政界线的边界等，这些都是拓扑。

正因为拓扑对于 GIS 的重要性，一个完整的 GIS 软件，基本都具有强大的拓扑管理功能，如 ArcGIS、MapGIS 和 SuperMap 等。而 CAD 软件没有拓扑，这主要是和软件的定位有关，CAD 顾名思义是计算机辅助设计软件，主要是解决图形的绘制问题，不同对象间的位置关系不是其考虑的重点，另外，CAD 属性管理比较弱，但 CAD 有强大的作图功能和数据编辑功能。所以数据建库一般都使用 GIS 软件。

6.1.2 拓扑的主要作用

拓扑主要用于确保空间关系并帮助进行数据处理。在很多情况下拓扑也用于分析空间关系，如融合带有相同属性值的相邻多边形之间的边界；裁剪时，两个数据自身不要有拓扑错误，否则裁剪结果就可能是错误的或者发生异常。

拓扑的主要功能就是保证数据质量。但进行数据的空间拓扑检查时，拓扑会按照一定的规则处理空间数据，拓扑检查数据会发生变化，所以拓扑检查前一定要备份数据。

使用拓扑检查空间数据的位置关系时，不符合约定规则的图形之间以拓扑错误反映出来。其中，拓扑错误也是四个常见错误之一，初学者要注意以下几点。

（1）确保 ArcGIS 是高级版：一定把所有扩展模块都选中。

（2）坐标系问题：数据要有正确的坐标系，数据框的坐标系和数据坐标系最好一致。

（3）版本问题：软件有版本，地理数据库有版本，文档 MXD、SXD、3DD 有版本，工具箱 TBX 文件有版本，TIN 数据有版本。

（4）拓扑问题：在计算、打印各种图件资料和统计表资料成果前，切记保证数据没有拓扑错误。树立一个正确观念：做数据，尽可能保证数据没有拓扑错误，而不是先做数据，暂不考虑数据间的拓扑关系，认为系统有拓扑检查功能，待检查出数据存在拓扑错误后再修改，这种指导思想就是极端错误的。

6.1.3 ArcGIS中拓扑的几个基本概念

（1）拓扑容差（Tolerance）：拓扑容差是要素折点之间的最小距离，落在拓扑容差范围内的所有折点被定义为重合点，并被捕捉在一起，大于拓扑容差检查出来的是错误，小于等于拓扑容差时，数据会自动被修改修正。由于 XY 容差也是 XY 坐标之间所允许的最小距离，如果两个坐标之间的距离在此范围内，它们会被视为同一坐标，所以一般的拓扑检查拓扑容差就是 XY 容差，不做任何修改，一旦修改拓扑容差，数据实际的 XY 容差也会被修改。

（2）脏区（Dirty Area）：在初始拓扑验证后，如果数据或者拓扑规则被修改，会产生新的变化，叫脏区，也就是参与拓扑创建时被修改（增、删或改）的地理要素所形成的区域。所以拓扑规则或数据被修改了，一定会使部分数据也随之被修改，因此，要使新的拓扑规则发生作用一定要验证拓扑。当我们修改所有拓扑错误后，建议马上删除拓扑，因为拓扑会锁定数据，使这部分数据无法完成重命名、移动位置和删除等修改操作。同时会产生其他问题，如使用字段计算器时必须通过"开始编辑"使该图层处理编辑状态，即影响软件的正常使用。

（3）拓扑规则（Topology Rule）：定义地理数据库中一个给定要素内或两个不同要素类之间所许可的要素关系指令，一个拓扑最少一个拓扑规则。ArcGIS 内部已定义了"面不能重叠""线不能相交"等 32 种常见拓扑关系规则。

（4）要素等级：等级越高，移动要素越少，最高等级为 1，最低级别为 50；有多个要素图层时，等级低向等级高的靠拢，此时修改等级低的数据。当有个多数据时，由要素等级确定哪个数据修改。

6.1.4 建拓扑的要求

ArcGIS 的拓扑都是基于 Geodatabase（mdb，gdb，sde），SHP 文件不能直接进行拓扑检查，只有转换到地理数据库中的要素数据集下，才能进行拓扑检查。要进行拓扑检查，首先建立要素数据集（Feature Dataset），把需要检查的数据放在同一要素集下，要素集和检查数据的数据基础（坐标系统、XY 容差，坐标范围）要一致，直接拖入数据即可。如果拖出数据集，有拓扑时要先删除拓扑。

一个拓扑中可以有多个要素类数据，但一个要素类数据只能参加一个拓扑，不能参加多个拓扑；一个拓扑只能在同一个要素数据集内检查，不能在多个数据集中进行。拓扑经常会锁定数据，当有拓扑时，数据重命名、删除和移动位置都无法操作，字段计算器和计算几何必须在开始编辑之后才可以使用（原来没有拓扑，可以直接使用），拓扑检查和修改完错误后，请把拓扑删除。

注意：ArcGIS for Desktop 基础版没有拓扑检查的功能，只有标准版和高级版才有，注记要素不能进行拓扑检查。

6.2 常见拓扑规则简介

拓扑规则介绍，根据要素的数量，分为两大类。

（1）一个图层自己拓扑检查：可能是点、线或面的一种，数据内部检查。

（2）两个要素之间的拓扑检查：数据类型可能不同，有点点、点线、点面、线面、线线和面面六种，两个面层分为检查前"面"或是检查后"面"，共12种。

重点说明： 拓扑检查的前提是，必须在同一个要素集（Feature Database）下，放在同一个要素数据集下，要进行两个图层拓扑检查一定先保证一个图层本身没有拓扑错误。

6.2.1 一个要素的拓扑规则

（1）点的重复检查：如界址点不能重复，规则为不能相交，重复是特殊的相交。

（2）线层拓扑错误，最主要的两个拓扑规则如下。

① 不能有悬挂点：要求线要素的两个端点必须都接触到同图层的线。没有连接到另一条线的端点称为悬挂点。当线要素必须形成闭合环时（例如，由这些线要素定义面要素的边界），就是多个线之间是否闭合，如行政区界线要构成行政区时，必须先检查线"不能有悬挂点"，否则存在悬挂点的位置无法构建起面，从而造成有些地方少构造面或无法构造面。

② 不能相交：同一图层中的线要素不能彼此相交或重叠。线可以共享端点。此规则适用于绝不应彼此交叉的等值线，或只能在端点相交的线（如街道和交叉路口）。

（3）面层拓扑错误主要有以下两个规则。

① 不能重叠：面的内部不重叠。面可以共享边或折点。当某区域不能属于两个或多个面时，使用此规则。在面要素存在重叠时，计算总的图斑面积，重叠的地方会重复计算，面积就多算了。

② 不能有空隙：此规则要求单一面之中或两个相邻面之间没有空白。所有面必须组成一个连续表面。所有面合并后最外面始终存在错误，可以忽略这个错误或将其标记为异常。此规则用于必须完全覆盖某个区域的数据。例如，地图图斑不能包含空隙或具有空白，这些面必须覆盖整个区域。

6.2.2 两个要素之间的拓扑检查规则

注意： 在检查两个要素之间的拓扑错误前，应先检查一个要素的拓扑错误。

（1）点线之间

① 端点必须被其他要素的端点覆盖：要求一个要素类中的点必须被另一要素类中线的端点覆盖，如界址点（JZD）必须是界址线（JZX）的端点，如图 6-1 所示。

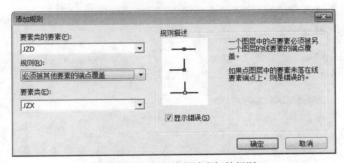

图6-1　点必须是线的端点拓扑规则

② 端点必须被其他要素覆盖：要求线要素的端点必须被另一要素类中的点要素覆盖，界址线（JZX）的端点必须是界址点（JZD），如图 6-2 所示：

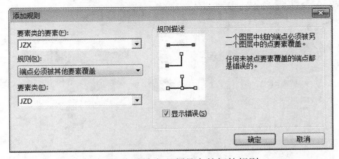

图6-2　线的端点必须是点的拓扑规则

（2）线面之间

① 线必须被其他要素的边界覆盖：要求线被面要素的边界覆盖。如界址线（JZX）必须与地块（DK）面要素边界线重合，如图 6-3 所示。

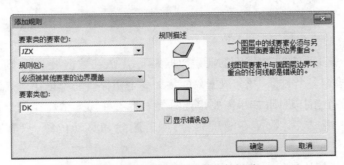

图6-3　线必须是面的边界拓扑规则

② 边界必须被其他要素覆盖：要求面要素的边界必须被另一要素类中的线覆盖。此规则在区域要素需要具有标记区域边界的线要素时使用。通常在区域具有一组属性且这些区域的边界具有其他属性时使用。例如，宗地或者地块（DK）的边界必须是界址线（JZX）所覆盖，如图 6-4 所示。

图6-4　面边界必须被线覆盖的拓扑规则

面必须被其他要素覆盖：要求一个要素类的面必须包含于另一个要素类的面内。如地块 (DK)不能跨行政区 (XZQ)，如图 6-5 所示。类似图形数据要求很多，如村级行政区不能跨乡镇，乡级行政区不能跨县，县级行政区不能跨省。

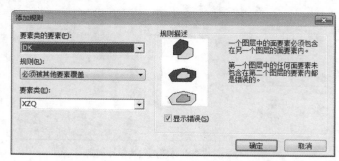

图6-5　面必须另一个面覆盖的拓扑规则

6.3　建拓扑和拓扑错误修改

建立拓扑需注意的事项如下。

（1）拓扑检查数据必须放在数据库的要素数据集下，不放在数据集中，否则无法进行拓扑检查。一个拓扑可以设置检查多个数据，一个数据只能参加一个拓扑；一个拓扑检查最少一个拓扑规则，一个数据可以添加多个拓扑规则。如果需要检查两个图层之间，先检查一个图层拓扑。

（2）数据被拓扑检查后，数据不能重命名，如若删除和移动位置，只有删除拓扑后才可以执行。

在 ArcGIS 下新建拓扑过程中，如果出现图 6-6 所示的情况，原因可以有以下两个：

（1）要素数据集下真的没有要素类。

（2）数据集下所有要素类都已参加拓扑。

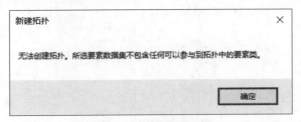

图6-6　无法创建拓扑错误

6.3.1　建拓扑

（1）右击要素数据集（要素数据集下一定要有要素类），如图 6-7 所示。

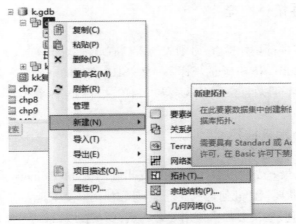

图6-7　新建拓扑第一步操作

（2）设置拓扑名称和拓扑容差，也可都使用系统默认值。

（3）添加规则，对 dgx 添加"不能相交"规则；对 dltb 添加"不能重叠"规则。保存规则可以把现有的规则保存成 rul 文件，下次单击加载规则，如图 6-8 所示。

（4）验证拓扑。创建完成拓扑后，需要对该拓扑进行验证。

（5）查看拓扑错误，拓扑创建完成后，会自动增加一个拓扑图层，在数据集下右击，在"拓扑属性"页中，单击生成汇总信息，可以查看错误，如图 6-9 所示。在"规则"中可以添加和删除规则；"要素类"中可以添加当前数据集下其他要素类。

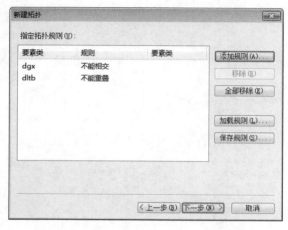

图6-8 拓扑添加规则

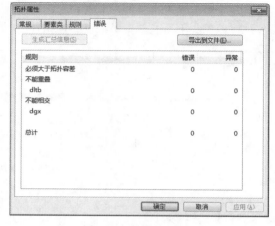

图6-9 拓扑错误汇总

6.3.2 SHP文件拓扑检查

SHP 文件不能直接进行拓扑检查，必须先导入已有地理数据库的要素数据集下，已有数据集的坐标系、XY 容差为 0.001，和 SHP 的坐标系一致，SHP 文件的 XY 容差是 0.001m（投影坐标系下）；若没有要素数据集，可以自己建，坐标系导入 SHP 文件的坐标系。

6.3.3 面层拓扑检查注意事项

面层拓扑检查之前，最好先使用工具箱中"修复几何 (RepairGeometry)"工具修复几何，以保证该图层内各图斑符合面状要素的几何构成规范。但是在使用修复工具之前一定要备份数据，因为有些数据可能无法修复几何。解决方法：使用要素转点，要素转线，最后要素转面，如图 6-10 所示的模型。

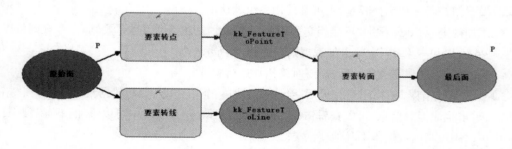

图6-10 无法修复几何面的处理

"修复几何"工具把面的外多边形自动修改成顺时针，内多边形则自动修改成逆时针。面的多边形方向不对是一个严重的拓扑错误。在 ArcGIS 中无论你怎样画，ArcGIS 本身自动纠正成正确的方向，但在其他软件中，如 MapGIS 等平台转成 SHP 数据，不一定是 ArcGIS 要求的方向，可以使用"修复几何"工具自动纠正，具体方法是右击选择批处理，可以批量处理多个要素类。

6.3.4 拓扑错误修改

在 ArcGIS 中没有一键修改所有拓扑错误的方法，不同的拓扑错误，修改方法不一样。在错误检查器的错误列表中，不同的错误右键处理的方法也不一样。

例1： 面不能重叠，测试数据：chp6\kk.shp。拓扑检查、错误修改步骤如下：

① 备份数据。

② 使用"修复几何"工具完成该图层数据的几何类型规范性处理。

③ 建地理数据库、要素数据集，数据集的坐标系和 kk.shp 一致，XY 容差为 0.001，把数据导入数据集下。

④ 建拓扑，拓扑容差为 0.001，拓扑规则为不能重叠。

⑤ 查看拓扑错误，有三个。

⑥ 新建一个 MXD 文档，把拓扑图层和数据一起加过来。

⑦ 开始编辑。

⑧ 把拓扑工具条加过来。

最后一个错误检查器 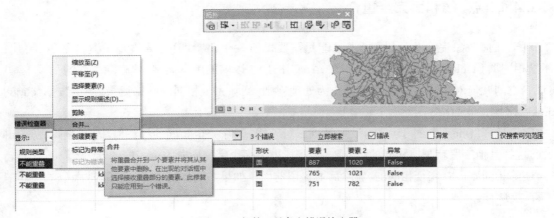，如果是灰色，可能的原因有两个：一是当前数据没有处于编辑状态；二是拓扑和拓扑对应的数据没有一起加过。如果可正常使用，单击错误检查器按钮，可查看当前拓扑中存在的错误信息，如图 6-11 所示。在错误检查器浏览窗体上，单击"立即搜索"按钮可立即搜索当前的拓扑错误，而最后一个"仅搜索可见范围"，可勾选则表示只是搜索当前可见范围内的拓扑错误，不勾选则是搜索所有的拓扑错误。

图6-11　拓扑工具条和错误检查器

⑨ 右击图 6-11 所示列表中的"不能重叠"，系统弹出对该错误的处理操作菜单。一般选合并，也可以根据数据的情况，选其他类型，如剪除、创建要素等。

例 2：线不能有悬挂点，测试数据：chp6\ 线的悬挂 .gdb\dd\dd_Topology 和 t1，有 171 个拓扑错误，在错误检查器的错误列表中，选择多个相同错误项，在弹出的操作菜单中选择"捕捉"，输入捕捉容差，如 1m，可以解决 70 多个错误，再输入较大的值，继续循环。

如想单独保存拓扑检查的错误数据位置，在 ArcGIS 10.7 工具箱的"导出拓扑错误 (ExportTopologyErrors)"工具上面选择拓扑图层，如图 6-12 所示，即可将该拓扑错误全部按类型导出。

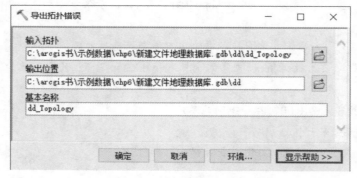

图6-12　导出拓扑错误工具

将错误从地理数据库拓扑导出到目标地理数据库，所有的点、线和面分别导出一个图层。

6.4　一些常见拓扑错误的处理

6.4.1　点、线和面完全重合

对于几何对象完全相同的要素，可能只需要保留一个要素即可，要去掉重复的数据，可使用"删除相同项（DeleteIdentical）"工具，在 ArcGIS 10.5 以前的版本名字是"删除相同的"。该工具可实现以空间几何对象或者以属性字段值为处理规则，删除完全相同的数据记录。测试数据：chp6\k.gdb\kk\ 宗地，如图 6-13 所示。

字段选择"Shape"，对于点，删除重复点；对于线，删除完全相同的线；对于面，删除完全相同的面。选择其他字段就是值相同的，选择多个字段就是多个字段同时完全相同的。

删除相同原理：完全相同的，删除后面保留前面；如果需要保留前面，使用"排序（Sort）"工具物理改变顺序。

图 6-13 删除完全重复的面

6.4.2 线层部分重叠

对于线状数据图层中存在部分重叠或相交的状况,可使用"打断相交线"功能,在高级编辑工具条中(ArcGIS 10.0 版本以前,在拓扑工具条中),具体介绍见 4.4.1 小节。该工具可以删除完全重叠的线,也可以删除部分重叠的线。测试数据:chp6\k.gdb\kk\ 线重叠。

6.4.3 面层部分重叠

面层部分重叠使用"联合 (Union)"工具,该工具在工具箱中,也在地理处理菜单下,把部分重叠转换成完全重叠,操作如图 6-14 所示,后面可根据自己的需要修改,如果需要把完全相同的删除则按 6.4.1 小节方法;如果需要合并,开始编辑,选择合并,如果很多这种情况,可以使用"消除(Eliminate)"工具,参考本书 11.4.4 小节。测试数据:chp6\k.gdb\kk\ 部分重叠。

6.4.4 点不是线的端点

测试数据:\chp6\ 点线不重 .gdb\ds 下 JZD 和 JZX。

对于点不是线的端点的拓扑错误,要修改或者调整点或线的端点位置,使用工具箱中的"捕捉(SNAP)"工具。该功能主要适合于点和线、点和面、面和点、线和点或者点和点的简单情况,概括为:一(个点)对多(线和面多个折点),或多对一;不适合于线和线、线和面或者面和面等多(面或线有多个折点)对多的复杂情况,操作界面如图 6-15 所示。

图6-14　联合处理部分重叠的面

图6-15　捕捉让JZX的端点和点重合在一起

捕捉（SNAP）中输入的要素是需要修改的要素，选 JZX，修改的要素就是 JZX，如果想让 JZD 修改，输入要素就选 JZD。捕捉环境的类型选项如下。

① END：将输入要素折点捕捉到（捕捉环境）要素末端。

② VERTEX：将输入要素折点捕捉到要素折点。

③ EDGE：将输入要素折点捕捉到要素边。

距离—输入要素折点被捕捉到此距离范围内的最近折点，满足条件的最小值，大于该值的输入要素，不做处理。如目前线到点的距离，2.8m 多，所以输入 3m。实际工作可能需要多步操作，先输入一个小的值，再输入比较大的值，如果开始就输入比较大的值，会引起数据混乱。

6.4.5　面线不重合

面与线不重合，需要的是修改面，前面所讲的对齐边工具和对齐形状工具，前一小节提到的捕捉工具，处理起来工作量都很大。只要线闭合，没有"不能有悬挂点"的拓扑错误，线在交叉地方打断，生成面的边界就和线重合。测试数据：chp6\ 面线不重合 .gd\ds 下 xzq 和 xzqjx，方法如下。

（1）面生成点：使用"要素转点（FeatureToPoint）"工具，勾选"内部"复选框，如图 6-16 所示。一个面生成一个点，点在面内部，点的属性和面属性一致。

注意：要素转点的要素可以是面或线。一个面就得到一个点，勾选内部选项，表示生成点在面内部，线则默认是线长度的中点；不勾选"内部"复选框，则是获得图形要素的几何中心，几何中心不一定在面内和线上。但无论怎么操作，生成点的属性和输入要素的属性要一致。

图6-16 要素转点，需要面的属性

（2）线生成面：使用"要素转面（FeatureToPolygon）"工具，输入要素就是原始的线 (XZQJX)，下面的"标注要素"选上面要素转点得到的点要素，勾选"保留属性"复选框（默认是勾选，不要去掉），如图 6-17 所示。该工具确定后生成的面，其图形来自线，属性取最早的面。

注意：该操作面不要有多部件要素，如果存在多部件要素先使用"多部件至单部件（MultipartToSinglepart）"工具转成单部件；也只适合面线边界稍微不重合的情况，由线生成面的记录数和最早的面记录数一致。

如果不考虑最早面的属性，直接使用要素转面操作就可以，下面标注要素不需要。

图6-17 线要素转面要素

6.4.6 面必须被其他面要素覆盖

测试数据：chp6\ 不能跨行政区 .gdb 下 DLTB 和 XZQ。"DLTB" 不能跨"XZQ"，拓扑检查后发现,有 29 个拓扑错误,如图 6-18 所示。

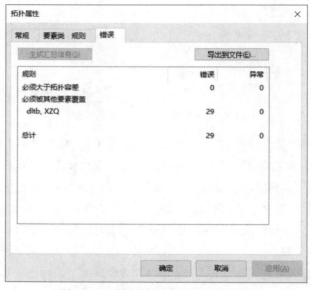

图6-18　必须被其他要素覆盖的拓扑错误

解决方法：两个图形相交,跨行政区自动分解,拓扑错误就自动解决了,后面再根据自己的情况解决碎图斑和属性问题,如图 6-19 所示。

图6-19　相交解决拓扑错误

第7章 地图制图

7.1 专题图的制作

地图制图是将空间数据的可视化和表达输出的过程。专题图制作就是地图数据的可视化,通过借助符号、颜色和标注等各种方式来表示图层。制作好的专题一定要保存为 ArcMap 文档 MXD 文件,本章大部分操作都在 ArcMap 中。

使用数据:chp7\ 测试数据 .gdb\ds\ 各大洲,放在数据集 DS,坐标系是投影坐标系,首先把数据添加到 ArcMap 中。

专题图的操作:在 ArcMap 在内容列表中,右击或者直接双击图层,切换到"符号系统"标签页。

7.1.1 单一符号

(1)右击图层,切换到符号系统标签页,如图 7-1 所示。

图7-1 单一符号设置

（2）单击符号区域，界面如图7-2所示。

（3）图7-2中，左边列表有一些样式，可以根据需要选择，单击右边填充颜色，下拉颜色组合框，可以进行选择。

（4）单击右下更多颜色。可以选择 RGB 色彩模式，通过对红 (R)、绿 (G)、蓝 (B) 三个颜色通道的变化以及它们相互之间的叠加来得到各种颜色，如图7-3所示。

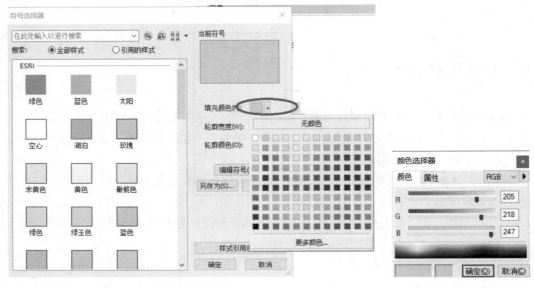

图7-2　单一符号颜色设置　　　　　　　　　　图7-3　RGB颜色设置

也可以选择印刷的四原色 CMYK，C：Cyan＝青色，又称天蓝色或湛蓝；M：Magenta＝品红色，又称洋红色；Y：Yellow＝ 黄色；K：Key Plate(black)＝ 定位套版色（黑色），K 指代 Black 黑色。

（5）单击当前符号区域编辑符号，修改轮廓宽度，右边单位修改成 mm，轮廓宽度输入 1（1mm，在任意比例尺下打印出来线宽都是 1mm，ArcGIS 所有符号默认都不随比例尺改变，除非设置数据框的参考比例尺），如图 7-4 所示。

注意：在 Windows 和 ArcGIS 中，很多默认单位为磅（英文 point，简称 pt），我国标准是 mm。mm 和 pt 两个计量单位之间的转换，是以英寸（in）作为中间换算单位，1in=25.4mm，1in=72pt，1mm=72/25.4 (pt)= 2.83464566929133pt，由于接近整数 3，很多时候也认为是 3pt。

当一个面层有重叠面，数据是按记录先后顺序显示的。当有一大一小的面重叠，如果大面在后，小面在前，两个都会正确显示，否则只显示大面，小面不显示（被遮挡），请使用"排序（Sort）"工具，按面积降序（DESCENDING）排列，如图 7-5 所示。

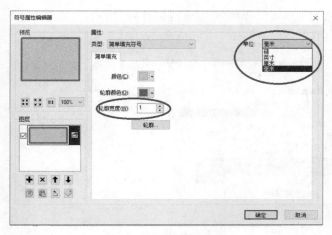

图7-4 轮廓宽度设置

图7-5 面积降序排列重新输出

7.1.2 类别专题

（1）使用某些特定字段的不同值作为显示特征的类别专题,在内容列表中右击需要符号化的图层→属性,切换到"符号系统"标签页,在左边显示"类别"中选"唯一值",值字段选"座落单位名称"。单击设置窗体下面的"添加所有值"按钮,系统会将该字段值逐个显示在窗体中间的符号化显示界面中。可选择"色带"选项下的下拉框,根据自己对色谱的需要任意选择,如图7-6所示。

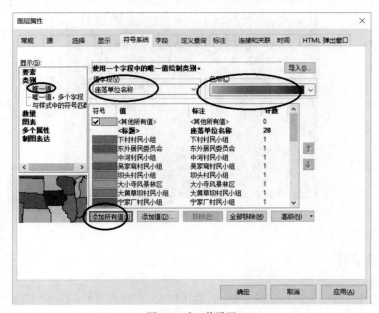

图7-6 唯一值设置

（2）双击图 7-6 中的其中一个或多个，右键菜单可以合并"分组值"，如图 7-7 所示。

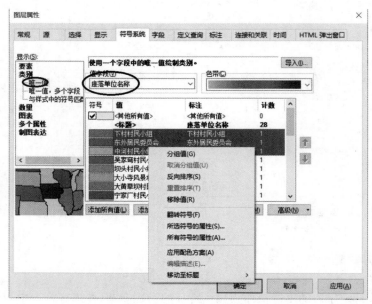

图 7-7　唯一值分组值设置

此时，可以进行分组值（合并分组）、反向排序等很多操作。

（3）符号化参数设置确定后，ArcMap 中地图的显示结果如图 7-8 所示。

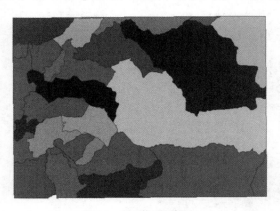

图 7-8　唯一值设置结果

7.1.3　数量专题

（1）如需要使用以数量为特征值的专题图，右击图层，切换到"符号系统"标签页，左边的"数量"选项中选择"分级色彩"，字段选择 shape_area，分类是设定基于该数值型字段拟分类的数量，应依据数值的量及拟分类显示的需要选择,色带是设定最终显示出的效果,具体想使用的色系可以自己调整,如图 7-9 所示。数量专题只是支持数字字段(短整数、长整数和双精度字段),针对该字段的专题,面积越大,颜色越深。

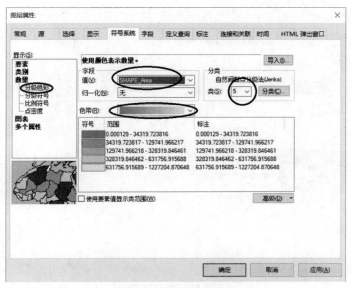

图7-9 数量分级专题设置

(2)基于数量专题的相关参数设置确定后,ArcMap 下看到的地图显示效果如图 7-10 所示。

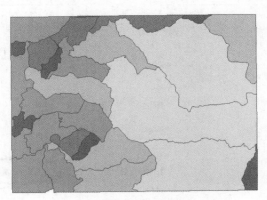

图7-10 数量分级专题结果

7.1.4 柱状图(直方图)

(1)右击图层,切换到"符号系统"标签页,左边的"图表"选项选择"条形图 / 柱状图",字段选择 shape_area,使用 > 将该字段移动到右边的配置栏。配色方案的使用同前面介绍的色带使用方法一致，根据需要可以自己调整，如图 7-11 所示。颜色可以双击修改，这个专题只支持数字字段（短整数、长整数和双精度字段），不支持字符和其他类型。

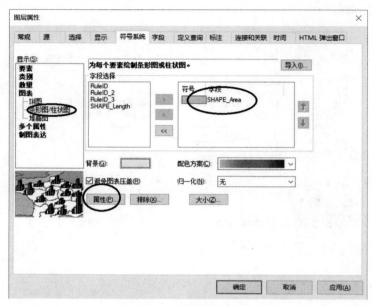

图7-11　柱状图设置

（2）单击"属性"按钮，设置如图 7-12 所示，勾选 以 3-D 方式显示(D)：☑ 。

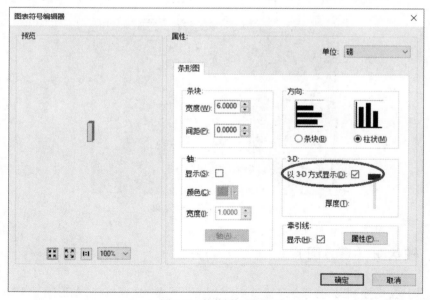

图7-12　柱状图3D设置

（3）设置参数选择确定后，地图在 ArcMap 中的显示效果如图 7-13 所示。

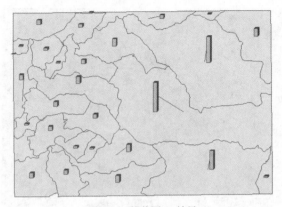

图 7-13　柱状图 3D 效果

7.1.5　符号匹配专题

测试数据：chp7\ 测试数据 .gdb\DLTB，添加到 ArcMap 中。

（1）右击图层，切换至"符号系统"标签页，左边的 "类别" 选项选择"与样式中的符号匹配"，值字段选择 "地类编码"，单击 浏览(B) 按钮找到本章下的 fh\land.style 文件（ArcGIS 中的符号库文件），单击"匹配符号" 按钮，如图 7-14 所示。

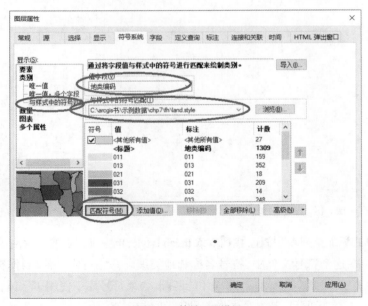

图 7-14　符号匹配设置

（2）设定按符号库匹配显示后，该图层的显示效果如图 7-15 所示。

图7-15　符号匹配效果

（3）要查看当前使用的符号库，在系统的主菜单中依次单击"自定义"→"样式管理器"，如图 7-16 所示。

（4）如要新增符号库，在"样式管理器"窗体中，单击"样式"按钮，出现如图 7-17 所示效果。

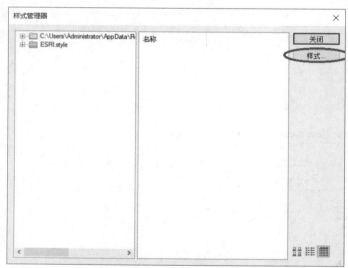

图7-16　样式管理器

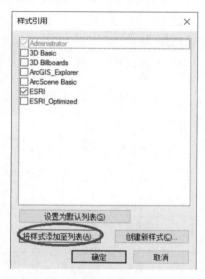

图7-17　添加已有样式

（5）单击"将样式添加至列表"按钮，找到本章 fh\land.style，单击"确定"按钮后，结果如图 7-18 所示。

（6）可以看到，在这个符号文件中，符号名称和地类编码一一对应，所以制作符号库，每个符号名字一定要和表中关键字段值一一对应，这样才能匹配。如果符号库中使用了字体，一定要把字体文件安装到 Windows 中。实际项目，基本是先做符号库，再进行符号化。

图 7-18 查看已有符号

7.1.6 两个面层无覆盖设置

两个面层无覆盖显示效果,有以下两种方法:

(1)设置上一图层的透明度,如设置为 50%,半透明,减小数据遮挡能力,增加透视度。

(2)设置上一图层为无色填充,上面图层按无色透明化显示处理。

测试数据:chp7\ 山体阴影 .mxd,直接打开"山体阴影 .mxd" 文件,或者从 ArcCatalog 中把数据拖动到 ArcMap 中显示。具体操作如下:

(1)看到数据如图 7-19 所示,有三维立体感。

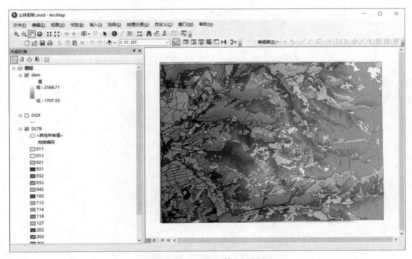

图 7-19 三维立体图展示

（2）右击 DEM 查看属性设置，透明度为 50%，半透明，如图 7-20 所示。

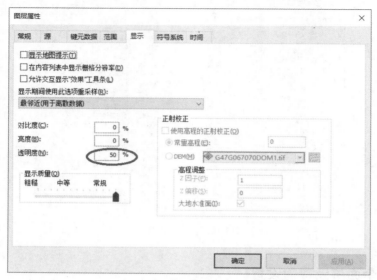

图 7-20　DEM透明度设置

（3）关闭 DEM 图层，打开下面的"测试数据 DOM.tif"图层。

（4）设置 DLTB 图层属性，在左边选择"要素"分类下的"单一符号"选项，设置界面如图 7-21 所示。

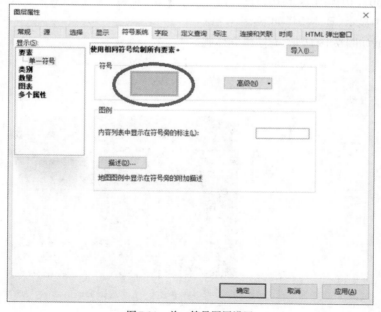

图 7-21　单一符号图层设置

（5）单击符号，填充颜色选无颜色，如图 7-22 所示。

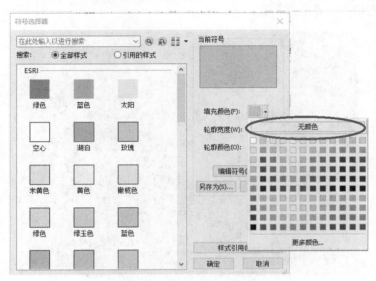

图 7-22　单一符号无颜色填充设置

（6）轮廓颜色设置为红色或其他比较鲜艳的颜色，如图 7-23 所示。

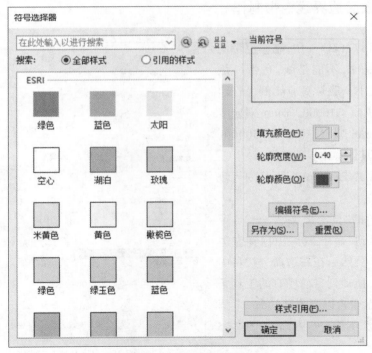

图 7-23　单一符号的轮廓设置

（7）结果如图 7-24 所示，可以看到矢量数据是根据影像边界勾画出来的，反之，可以用来检查矢量数据和影像地物的边界是否一致。

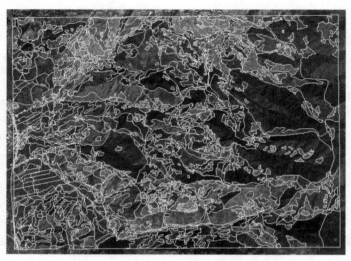

图7-24　单一符号无色填充两个图层覆盖效果

7.1.7　行政区边界线色带制作

使用数据：chp7\XZQ.SHP，制作色带使用的数据，格式是面，不能是线。色带一般3~5 圈，每圈的大小一般是对应比例尺打印出来 2mm 左右，如 1：10000，1mm 对应实际距离为 10m，2mm 就是 20m，1：50000，2mm 就是 100m。具体操作步骤如下。

（1）加载数据 XZQ.shp，即面状的行政区划数据。

（2）在主菜单的"自定义菜单"→"自定义模式"下，切换到"命令"标签页，在左边类别中选择"工具"，然后在右边命令栏目中找到"缓冲向导"，拖动到目前已有的工具条中。也可以在"显示包含以下内容的命令"框中输入"缓冲向导"字符进行查询，如图 7-25所示。

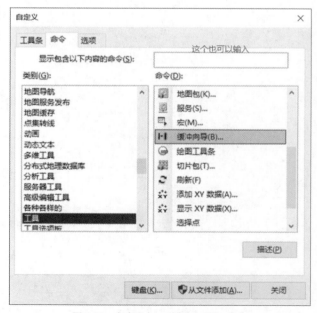

图7-25　自定义加"缓冲向导"命令

（3）单击"缓冲向导"，在"缓冲向导"界面中输入缓冲的数目及缓冲区间隔。假定按 1∶50000 比例尺输出图件，则 2mm 宽度就是实际的 100m，界面如图 7-26 所示。

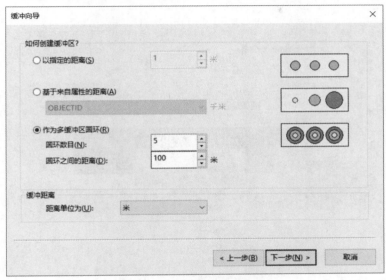

图 7-26　缓冲向导多缓冲圆环设置

（4）在图 7-26 中完成参数设置后单击"下一步"按钮，系统显示如图 7-27 所示，在融合缓冲区之间的障碍的选项中，融合类型选择"是"，并设置创建的缓冲区位置"仅位于面外部"，输出结果保存在数据库中，数据库可以是 GDB 或 MDB（已建），也可以是 SHP 文件，SHP 文件放在输入框中指定的文件夹下。

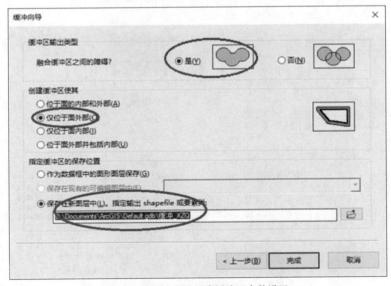

图 7-27　缓冲向导创建缓冲区参数设置

141

（5）设置生成的缓冲区结果数据（"缓冲 _XZQ"）样式。去掉面状填充符号的边界颜色。"色带"颜色也可以自己修改，选择所有符号，右击选择"所选符号的属性"，如图 7-28 所示。

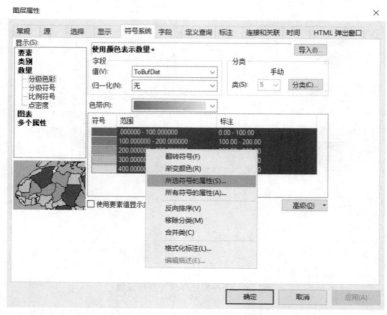

图 7-28　所选符号去掉边界线

（6）设置填充符号样式。将符号的轮廓颜色设置为无颜色，或者轮廓宽度为 0，如图 7-29 所示。

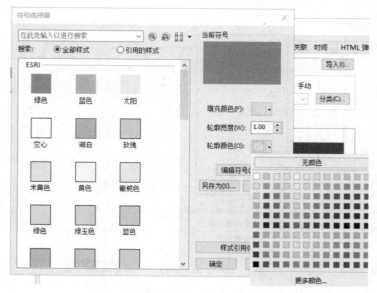

图 7-29　去掉边界线

（7）去掉填充符号的轮廓线后，行政区划数据显示效果如图 7-30 所示。

图 7-30　色带效果显示

7.2　点符号的制作

例如，制作，类似一个圈中有字的符号。方法如下。

（1）查看符号，单击主菜单自定义→样式管理器。

（2）在"样式管理器"窗体中单击"样式"，出现如图 7-31 所示的对话框。

（3）在"样式引用"对话框中，单击"创建新样式"按钮，自己确定一个保存符号库的位置和文件名，如保存 fh\ss.syle，单击"确定"按钮后，在"样式管理器"对话框的左边双击"标记符号"，在右边区域右击选择新建→标记符号，如图 7-32 所示。

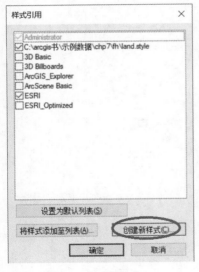

图 7-31　创建新样式

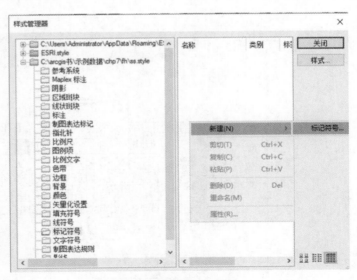

图 7-32　创建标记(点)符号

（4）按如图 7-33 所示设置符号的类型选字符标记符号,然后在下方的图标中选择圆圈字符。

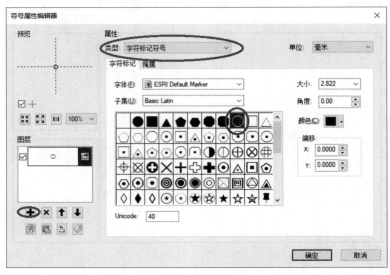

图7-33　符号属性编辑器字体标记符号设置

（5）增加标注文字,单击图 7-33 左侧下方的 ✚ 按钮,出现如图 7-34 所示的界面,字体选择宋体（或者黑体）等,在字体显示区域选择拟放入作为标注符号的汉字"宅",在下面的 Unicode 输入框中输入 23429;调整字体"大小"数值,设置文字在圈内显示（也可以把外面的圈调整大一些）。"角度"参数设置用于标注的当前字体的旋转角度,依据需要可自定义,默认为 0.00;"颜色"参数是设置当前用于标注字体的颜色的。

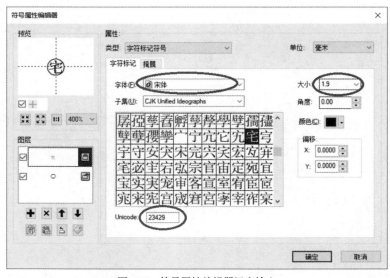

图7-34　符号属性编辑器汉字输入

（6）关键是如何获得一个汉字的 Unicode 编码，使用本章的"获得 unicode.exe"程序，输入一个或多个汉字，单击"获得"按钮就可以得到该文字的 Unicode 编码，如图 7-35 所示。

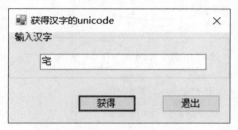

图7-35　获得汉字的Unicode工具

（7）复杂的点符号一般都是定义的特殊字体，需要使用时，可使用 FontCreator.exe 字体创建工具创建。ArcGIS 下要使用的字体文件一定要安装到 Windows 字体库文件夹中，在 Windows 7、Windows 10 操作系统中找到对应的 ttf 文件，右击安装。

7.3　线面符号的制作

线、面符号制作都在 ArcMap 中操作，没有相应的符号库时，需先创建符号库。用到新的点符号，需要先创建点符号；用到新的字体，需要先安装字体。

7.3.1　线符号制作

例1：制作第三次土地大调查中，农村道路的线符号，如图 7-36 所示。左边是线型设置：实线 4mm，中间间隔 1mm，线宽 0.2mm，注意：我国标准，线宽和字体单位都是 mm。右边是颜色设置值：RGB（170,85,80）。

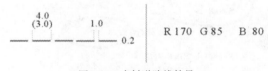

图7-36　农村道路线符号

要制作该线型符号，在符号编辑器中，如图 7-37 所示，类型有：①简单线符号，只能制作简单线符号；②制图线符号，可以制作一定间距的虚线；③混列线符号，可以制作一定角度线，如垂直线；④标记线状符号，线中可以加点符号。

这里在类型项中选择"制图线符号"，可以定制虚线模板，"单位"选择毫米，在制图线中，根据 R170、G85 和 B80，设置颜色和线宽。

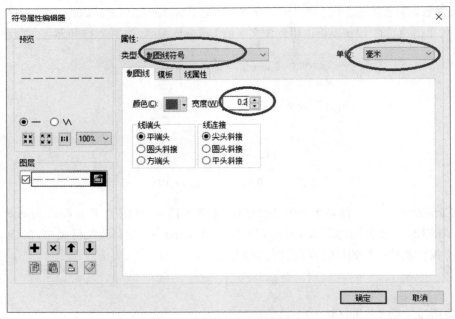

图7-37　农村道路颜色和线宽设置

如图 7-38 所示，间隔和线样式的计算单位为磅，黑点表示实线，空白表示间隔，1 毫米是 2.83 磅，也可以设置近似值 3。复杂的需要增加多个图层，不同类型之间的间隔通过计算来设置。

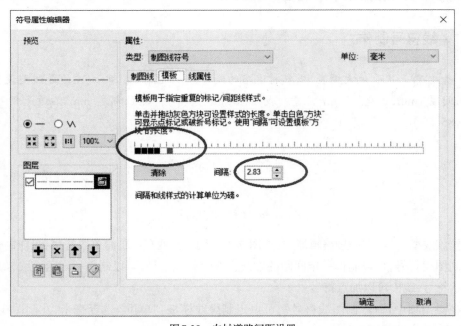

图7-38　农村道路间距设置

例2： 管道运输用地符号制作。

管道运输用地符号如图7-39所示，左边是线型设置：实线线宽0.3mm，有时也可以是0.2mm，20mm加一个点（中心为空心），大小是1.2mm。右边是颜色，为RGB（235，130，130）。

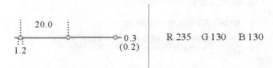

图7-39 管道运输用地线符号

多个符号图层，单击➕增加图层，点层应该在上面，线层在下。因为点是空心的，可以使用⬆⬇调整图层上下顺序，点符号图层移到最上面。线中带点，选择"标记线状符号"，模板间距20毫米（56.6磅），设置如图7-40所示。

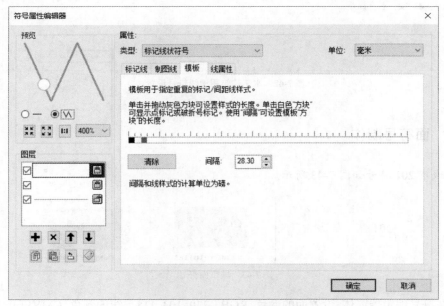

图7-40 管道运输用地线中点符号的设置

例3： 水工建筑用地符号如图7-41所示。

图7-41 水工建筑用地线符号

该线中有垂直线，在类型选项中选"混列线符号"，设置其间距1毫米，2.83磅。线宽是0.15毫米，RGB值为（230，130，130），设置如图7-42所示。

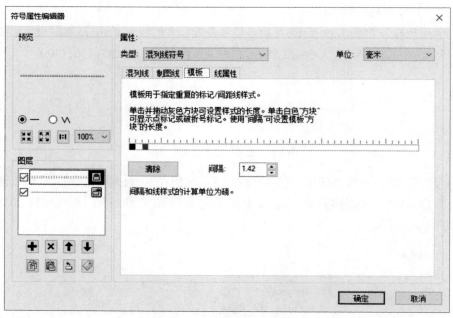

图7-42　水工建筑用地线符号设置

7.3.2　面符号制作

例1： 城市201符号如图7-43所示。

图7-43　城市面符号

同理，在符号编辑器窗体，设置面的颜色 RGB（230，103，118），线的颜色 CMYK（0，70，35，0）。面中填充线，其类型选择"线填充符号"，间距4毫米，交叉线通过两个线符号图层实现，一个角度为 −45°，如图7-44所示；另一个角度为45°，如图7-45所示。

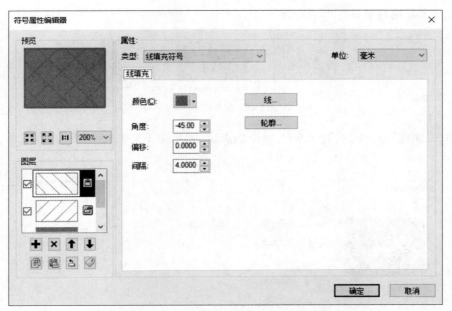

图7-44 城市线方向-45° 设置

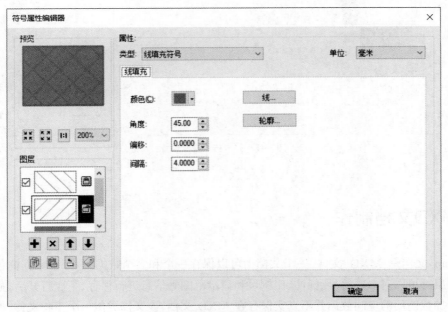

图7-45 城市线方向45° 设置

例2： 乔木林地符号如图7-46所示。

| 0301 | 乔木林地 | R50G150B60 | C70M10Y90K0 |

图7-46 乔木林地符号

设置面的颜色 RGB(50,150,60)，面中加点，点大小为1.5毫米，间距为10毫米，如图7-47所示。

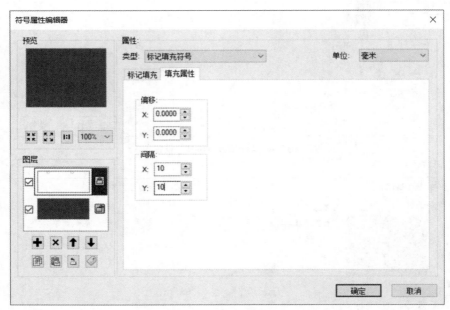

图7-47 乔木林地符号设置

7.4 MXD文档制作

ArcMap 文档是 MXD 文件，一个文档中可以保存一个和多个数据框，一个数据框包含几个图层，每个图层都可以对专题符号、标注、比例尺和显示范围等信息进行保存，下次打开后，显示上次所有设置。但加载使用的空间数据并不真实保存在 MXD 文档，该文档类似一个工程文件，将某时间点下的工作成果进行了快照保存，真正的数据仍然在加载的数据库或文件夹下，这是同常用的文件存放机制是不一样的。

为了操作方便，要求 MXD 文档和数据尽量保存在同一文件夹中。

7.4.1 保存文档

（1）打开 ArcMap，单击文件菜单下的"新建"，或者单击标准工具条的"新建"（文档），系统新创建一个空白的 MXD 文档。

（2）自己加入一个或多个图层（这些数据来自同一个路径），设置专题。

（3）单击文件菜单下"地图文档属性"，如图 7-48 所示。

（4）单击后，如图 7-49 所示，勾选"存储数据源的相对路径名"，设置为相对路径。设置 MXD 文档的保存方式为相对路径时，只要文档和数据相对位置不变就可以。切记不是绝对路径；如果选择绝对路径位置，则 MXD 文档数据间的位置关系不能做任何改变。

图 7-48 地图文档属性位置

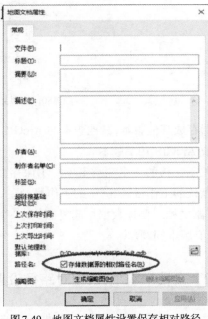

图 7-49 地图文档属性设置保存相对路径

（5）单击文件菜单下的"保存"，或者标准工具条下的"保存"，保存文件到数据所在文件夹（目录）。

（6）图 7-48 中文件菜单下，选择"另存"可以对 MXD 改名，同时可以减小 MXD 文件的大小，MXD 使用一段时间会变大，另存可以减少文件大小，同时提高性能。

注意： MXD 文档有版本之分，ArcGIS 各个版本并不完全兼容，高版本软件可以打开低版本的文档，低版本软件却不能打开高版本的文档。

要改变 MXD 文档的版本，在文件菜单中选择主菜单→保存副本，单击后，在"保存类型"中可选择保存成其他版本，如图 7-50 所示。

图7-50 地图文档保存副本为其他版本

可以保存成其他版本，其他版本的 ArcGIS 就可以打开；但其他版本在 ArcMap 10.7 中保存后，将自动转成 ArcGIS 10.7 版本。

总结关于文档的 4 个注意事项：①保存文档 MXD，文档和数据在同一个文件夹下，文档所在路径就是默认的工作目录，默认的工作目录在 ArcCatalog 的最上面，非常方便地可以找到和添加数据。注意复制文档时要连数据一起复制，少一个都不可以。②一定保存成相对路径。③文档会产生碎片。④文档有版本问题。

7.4.2 文档MXD默认相对路径设置

MXD 一定要保存相对路径，可以把相对路径设置为默认，设置方法如下：

（1）单击自定义菜单下的 ArcMap 选项，如图 7-51 所示。

图7-51 ArcMap选项的位置

（2）在"常规"选项下勾选"将相对路径设为新建地图文档的默认设置"，如图 7-52 所示。

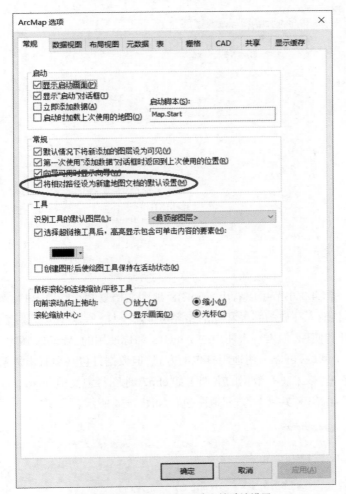

图 7-52　相对路径作为新建文档默认设置

注意：只对新建地图文档有效，以后新建地图文档都是自动保存为相对路径的；对已有文档无效，已有文档按原来的设置不变，是相对就是相对路径，不是相对路径就是绝对路径。

可以使用我编写的一个小程序检查文档的路径设置情况，该程序在本书第 7 章中，程序名为：chp7\mxdcheck\mxdcheck.exe，运行后，如图 7-53 所示，该工具可以把一个目录含子目录下所有的 MXD 自动保存为相对路径，可以去掉□ 检查是否为相对路径，自动保存为相对路径 选项，只检查数据有效性，检查数据是否存在，并报告检查结果。

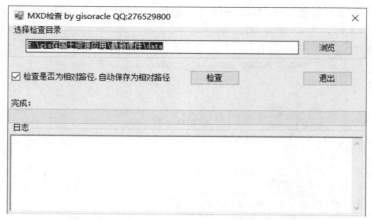

图7-53　MXD检查

7.4.3　地图打包

通过 7.4.1 小节和 7.4.2 小节可以看出，ArcGIS 地图文档复制给其他人时，需要将 MXD 文档和数据一块复制，由于其他人存放的路径和你的路径可能不一样，所以一定要保存为相对路径，以方便其他使用者能够打开和使用。但当别人使用的 ArcGIS 和你使用的 ArcGIS 版本不一致时，就可能无法正确打开。解决这个问题，可以采用地图打包的方式，但数据打包必须有坐标系。步骤如下：

（1）自己先保存一个文档（有数据的文档），如 chp7\ 地图打包文档 .mxd。

（2）单击"文件"菜单→"共享为"→"地图包"，如图 7-54 所示。

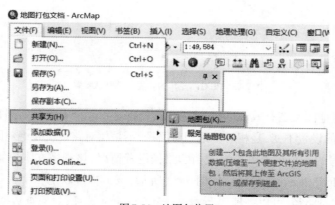

图7-54　地图包位置

（3）在项目描述中填写必填信息（描述也是必填），如图 7-55 所示。

（4）单击图 7-55 右上角的"共享"按钮，保存的 MPK 位置就是原始文档路径，如图 7-56 所示。

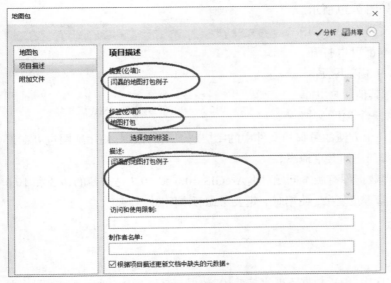

图7-55　文档描述信息填写

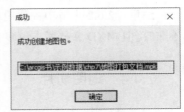

图7-56　地图打包成功

完成数据打包后，只复制这个 MPK 文件就可以了。

为了深入了解 MPK，做如下测试：把 MPK 扩展名修改成 RAR，发现其可以解压（因为本身就是特殊 RAR，不要模仿，不能将你的 Word 文档扩展名改成 RAR），解压后如图 7-57 所示。

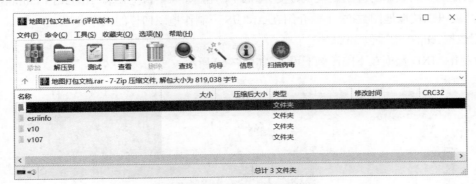

图7-57　地图打包文件解压信息

V10 是 ArcGIS 10.0 版本，V107 是 ArcGIS 10.7 版本。进入 V10 后如图 7-58 所示。

名称	大小	压缩后大小	类型	修改时间	CRC32
..			本地磁盘		
标注.gdb			文件夹		
地图打包文档.mxd	19,968	3,987	ArcGIS ArcMap Docu...	2018/7/13 星期五...	571369C4

图7-58　地图打包文件解压V10的详细信息

ArcGIS 10.0 文档和数据（地理数据库）在一起，如果有 SHP 格式（所有版本兼容）的地图打包，

SHP 文件放在 Commondata 下，如图 7-59 所示。

总结：地图打包后，MPK 文件在 ArcGIS 10.0（含 10.0）以上的所有版本都可以打开，全部兼容。但不可以是 ArcGIS 9.3 以下版本。通过地图包 (.MPK) 可方便地与其他用户共享完整的地图文档。地图包中包含一个地图文档

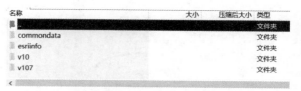

图 7-59　地图打包文件有SHP信息

(.MXD) 以及它所包含的打包到一个方便的可移植文件中的图层所引用的数据。使用地图包可在工作组中的同事之间、组织中的各部门之间共享地图。

注意：2.6.2 小节中提到地理数据库有版本问题，即 ArcGIS 10.0 和 10.7 是兼容的，9.3 和 10.0 不兼容。但 MXD 文档版本更多，管理更复杂，使用时一定要考虑版本问题。

7.4.4　地图切片

像高德、百度等 App 应用程序中，矢量数据不能直接使用，数据都是以瓦片（地图切片）图片方式展示的，在不同的比例尺下显示不同的数据，小比例尺下显示的范围大，是一个大的轮廓，大比例尺下显示的是更详细的内容。当前，针对空间图形数据，地图切片格式已经得到十分广泛的应用，这种数据格式，可以达到空间定位的效果，同时又不需要安装十分专业的空间数据引擎或中间件，为各种调用、使用空间数据的应用提供了方便，降低了门槛。如果手机上安装 ArcGIS Runtime 开发的 App 程序，就可以读取地图数据。下面介绍在 ArcGIS 下制作地图切片的操作过程。

使用数据：chp7\ 切片包 .mxd。

（1）制作 MXD 数据在不同比例下可见，如图 7-60 所示。

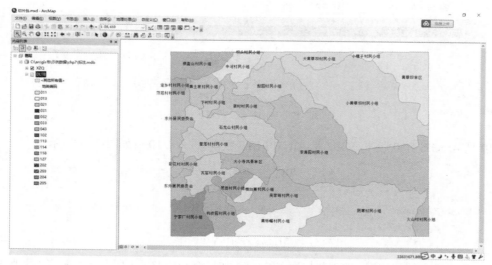

图 7-60　地图切片数据

右击图层右键选择属性,其"常规"标签页下,设置行政区(XZQ)图层的显示比例尺,按照图 7-61 所示设置。只有最大比例尺,地图比例尺大于 1∶10000 不显示,小于 1∶10000 都显示。

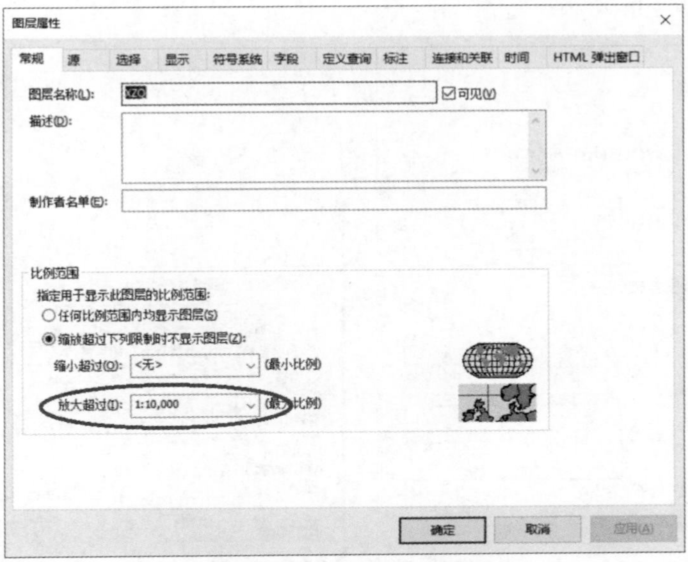

图7-61 设置XZQ可见比例尺设置

地类图斑(DLTB)图层,显示控制设置如图 7-62 所示。只有最小比例尺,比例尺大于 1∶10000 显示,小于 1∶10000 不显示。根据实际工作需要,可以设置更多,有最小比例尺和最大比例尺。

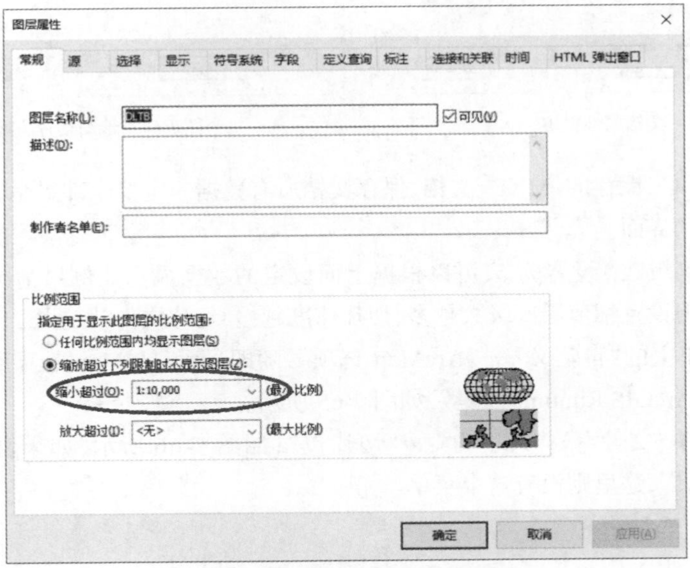

图7-62 DLTB可见比例尺设置

（2）MXD属性一定要设置。单击文件→地图文档属性，如图7-63所示，设置有关内容。

（3）制作切片方案：找到"生成地图服务器缓存切片方案（GenerateMapServerCacheTiling Scheme）"工具，如图7-64所示。

图7-63　文档属性设置

图7-64　地图切片方案

地图文档就是原来保存的 MXD 文档，保存文档所有数据一定要全部显示，打开切片地图第一界面就是保存文档的界面。

细节层次（比例级数）设置为5，可以根据上面设定的数据显示比例尺情况确定，比例尺范围多，可设置大一些，但设置细节层次级数越多，切片速度越慢，切片文件就越大。

（4）单击主菜单上的"自定义"→"ArcMap 选项"，随即显示 ArcMap 选项对话框。单击"共享"标签页，勾选"启用 ArcGIS Runtime 工具"，如图7-65所示。

（5）单击主菜单"文件"→"共享为"→"切片包"，如图7-66所示，如果窗体中不勾选"启用 ArcGIS Runtime 工具"，这里则没有这个菜单。

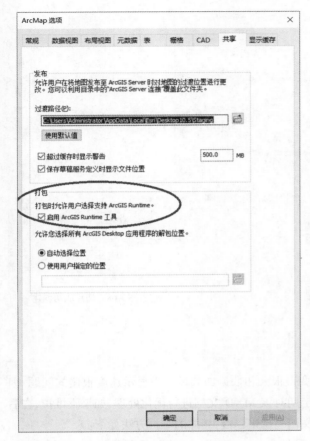

图 7-65 启用 ArcGISRuntime 工具

图 7-66 切片包菜单

（6）ArcMap 下打开上一步生成的文档切片包 .mxd 并全屏显示，在切片包的切片格式配置项目中，将切片方案文件选择在第（3）步生成的 dd.Xml，切片格式默认为 PNG24 不用修改，级别自动设置为 5，如图 7-67 所示。

（7）设置完成后单击图 7-67 右上角的"共享"按钮，生成 TPK 文件，如图 7-68 所示。

输出文件是一个 TPK 文件，就是切片结果，也是 RAR 文件，输出后可以修改扩展名。

另外，ArcGIS Runtime 生成的内容是矢量的 .Geodatabase 文件，本地离线数据库文件，手机等移动设备可以查看、编辑数据。

创建切片包建议使用 ArcGIS 10.4 以上的版本，否则经常会出错误，原因主要在于 ArcGIS 10.4 支持的字段数量受限制，或者有汉字字段，而 ArcGIS 10.4 以上的版本就没有这个问题。

图7-67　切片级别和图片格式设置　　　　　　　　　　图7-68　切片成功创建

7.4.5　MXD文档维护

　　MXD 文档使用一段时间后，会出现文件变得很大和数据加载过程中显示速度很慢的问题。因此，在工作中，如果对 MXD 文档使用频繁，应定期对该 MXD 文档进行优化处理，如果不维护，在后面的使用过程中出现的问题会越来越多，打开文档会越来越慢，具体的维护方法如下：

　　（1）在文件主菜单下另存，使用 chp7\mxd 维护 \aaa.mxd。该 aaa.mxd 文件为 38M，另存后文件大小只有 288KB，文件明显缩小了很多。

　　（2）在 Windows 开始菜单中，在 ArcGIS 目录下找到并运行 ArcGIS Document Defragmenter，运行后系统界面如图 7-69 所示。

　　选择"文件夹和所有子文件夹"，可以对 MXD 文档进行批量处理，如图 7-70 所示。

　　（3）在 Windows 开始菜单中，ArcGIS 下找到 MXD Doctor，有严重问题时，使用该文档医生工具诊断对应文件，如图 7-71 所示。

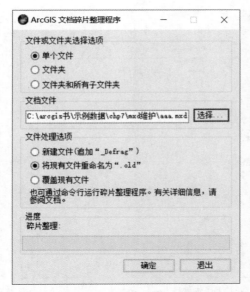

图7-69 地图文档碎片整理程序处理单个MXD

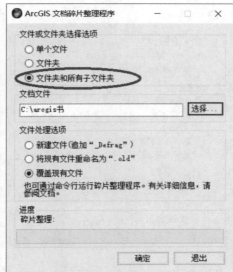

图7-70 地图文档碎片批量处理整理程序

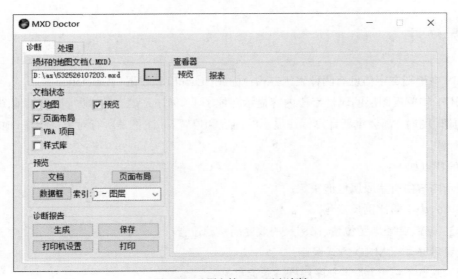

图7-71 地图文档MXD医生诊断

切换到"处理"选项,可以修复文档,如图7-72所示。

图7-72　地图文档MXD医生处理

7.5　标　注

　　ArcGIS中地图文字信息有两种表达方式：标注（Label）和注记（Annotation）。

　　标注用于将要素图层的属性字段内容显示在地图上。标注是动态的，即每次重绘地图时（例如平移和缩放地图时）都会重新计算标注显示的内容和位置。标注不是所有对象都标注，地块太小时可能无法标注。

　　标注的特点如下：

- 显示内容由有字段属性值决定；
- 字体大小不随比例尺变化；
- 标注位置，会随地图位置、比例尺的改变而移动位置；
- 设置后必须以MXD方式保存；
- 标注永远不能覆盖（下部图层标注永远可见）。

　　注记存放在地理数据库中（SHP文件不支持注记）。与其他要素类一样，注记要素类中的所有要素均具有地理位置和属性，可以位于要素数据集内或独立的要素类内。每个文本注记要素都具有符号系统，其中包括字体、大小、颜色以及其他任何文本符号属性。注记通常为文本，但也可能包括需要其他类型符号系统的图形形状（例如，方框、箭头、直线或点）。

　　注记特点如下。

- 注记是一个实实在在的要素，其物理存在于一个注记类图层；

- 字体大小跟着比例尺的变化而变化，比例尺小时字体就小，比例大时字体变大；
- 注记位置是固定的。

总结：由于标注和注记特点不一样，作用也不一样，标注主要用于地图的浏览，而注记用于地图打印；反之标注不用于地图打印，注记一般不用于浏览。

7.5.1 相同标注

测试数据：chp7\ 小班 .shp。右击图层，切换"标注"标签页，勾选"标注此图层中的要素"，一定要勾选该选项，否则下面的所有操作都是无效的，如图 7-73 所示。

标注字段，自己选择一个字段，字段内容不为空（如果该字段的值为空，则对应的空间对象上无任何信息）。字体名称可以自己选，字体大小可以设置，单位为磅。

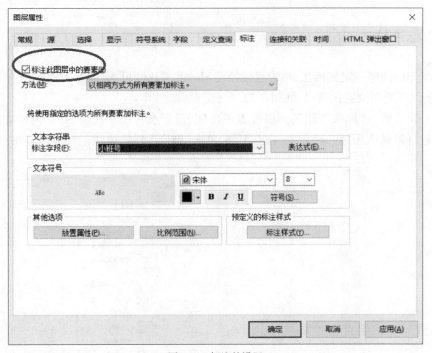

图 7-73　标注的设置

在图 7-73 中图层的标注界面，需标注的字段、字体和颜色等设置完成后，单击"确定"按钮，图形数据的显示效果如图 7-74 所示。

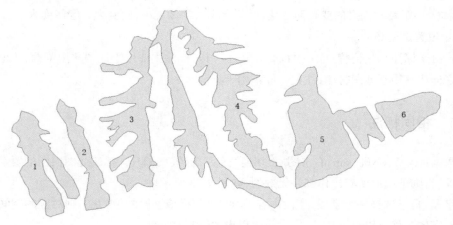

图7-74　标注的结果

7.5.2　标注转注记

标注转注记：图层一定先标注，再设置转换注记的参考比例尺。有以下两种方法：

（1）直接设置地图浏览比例尺，如图7-75所示。

（2）右击数据框，选择参考比例→设置参考比例。设置参考比例尺时，如果两种方法都同时设置，ArcMap软件默认采用第二种方式。右击图层，单击"将标注转换为注记"，如图7-76所示。

图7-75　地图比例尺设置

图7-76　标注转换注记菜单位置

如果该图层没有标注，该菜单是灰色的，不能用。将标注转为注记时一定要先标注。单击该菜单后，出现如图7-77所示的界面。

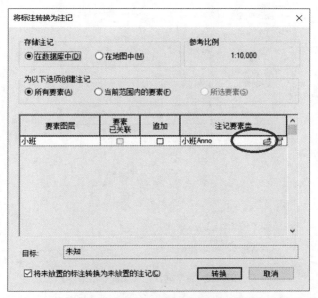

图7-77 标注转换注记输出数据库位置设置

单击图 7-77 中的 图标,选择把生成的注记存放在数据库中(如果标注的图层是数据库的数据,这一步就可以省略),生成的注记数据一定要放在数据库(当然可以是任意一个地理数据库)内部,如图 7-78 所示。

如果没有进入地理数据库内部,只选地理数据库,是无法创建的,如图 7-79 所示。

图7-78 注记输出位置的正确设置   图7-79 注记输出数据库位置错误设置

在图 7-78 界面中设置保存的数据库后,单击"保存"按钮,生成的注记类要素就有了目标位置。单击"转换"按钮就可以了,如图 7-80 所示。

图7-80　标注转注记界面最后结果

7.5.3　一个图层不同标注

使用的数据：chp7\ 小班 .shp。右击或双击图层，切换"标注" 标签页，勾选"标注此图层中的要素" 选项（一定要勾选）。

（1）在标注"方法" 的下拉框中，选择"定义要素类并且为每个类加不同的标注"，如图 7-81 所示。

图7-81　一个图层不同标注的设置

（2）单击"SQL 查询"按钮，SQL 语句可以根据自己情况设置，如输入 FID<=2，单击"确定"按钮，如图 7-82 所示。

（3）修改标注字段大小为 14 磅，颜色为红色，如图 7-83 所示。

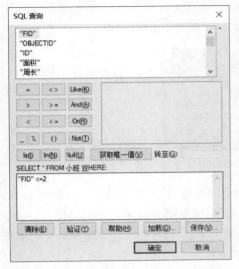

图 7-82　一个图层不同标注 SQL 条件设置

图 7-83　一个图层不同标注设置效果

（4）在图 7-83 所示窗口，单击"添加"按钮，设置一个类名称（标注的分类名称），如定义刚才的标注为"大于 2"或者其他名称，如图 7-84 所示。

（5）再次单击"SQL 查询"按钮，在查询条件中输入：FID>2。

（6）两个查询条件标注设置完并单击"确定"按钮后，系统内的图形显示效果如图 7-85 所示。

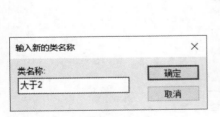

图 7-84　输入新的类名称

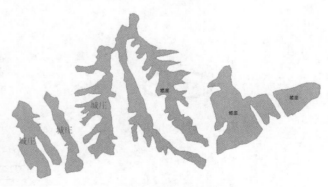

图 7-85　一个图层不同标注结果查看

7.5.4　一个图层所有的对象都标注

使用数据：chp7\ 所有都标注 .mxd，直接加载 MXD。加"标注"工具条，单击▣可以看到地图有很多红色没有标注，如图 7-86 所示。这是由于 ArcGIS 的标注不是默认所有数据都标注，需要处理压盖标注内容。即系统会自动隐藏部分标注内容，以减少图面负荷，提升图面的识别度。

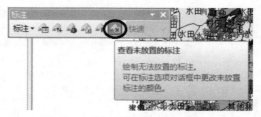

图 7-86　标注工具条查看未放置的标注

需要将图层的所有要素全部进行标注，则需要进行一定的设置。具体方法是：右击数据→"属性"，在"标注"标签页中，单击"放置属性"按钮，如图 7-87 所示，出现图 7-88 所示的对话框。

勾选"放置压盖标注"，原来很多红色没有放置标注，就消失了。这样操作的优点是所有要素都标注，缺点是标注相互压盖。默认是"不压盖"，缺点是有些没有标注。

图 7-87　一个图层标注放置属性位置

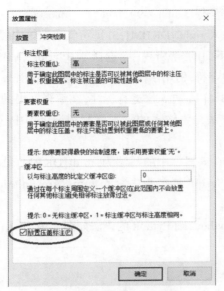

图 7-88　放置属性设置压盖标注

7.5.5　取字段右边5位标注

数据：chp7\DK.shp。右击数据→"属性"，如图 7-89 所示。

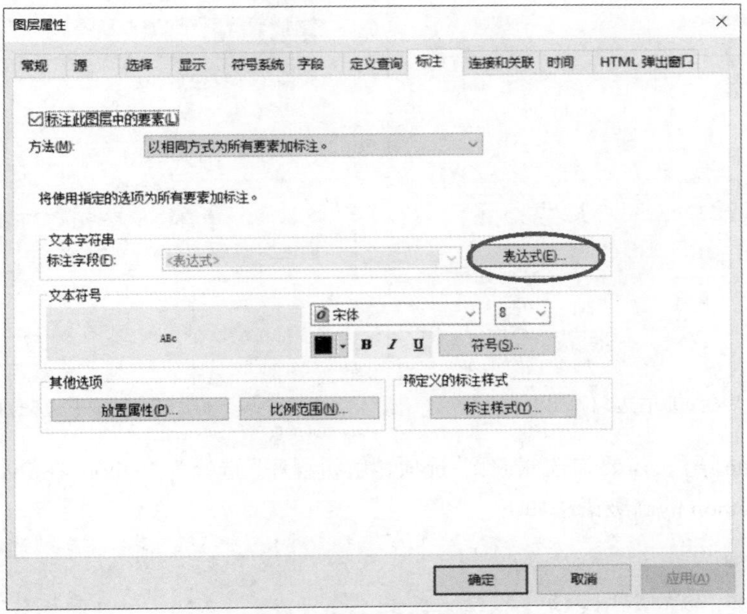

图 7-89　标注表达式位置

在"标注"界面中单击"表达式"，如图 7-90 所示。

在界面下侧的编辑框中输入 right([DKBM],5) 即可实现取该字段的右边 5 位字符串的功能（不足 5 位的，按实际长度取值）。下面的"解析程序"选择"VBScript"，VBScript 的语法是不区分大小写，但括号、逗号、引号必须是半角字符，引用字段一定使用中括号括引来，字符串使用双引号。

如果需要使用字段 [DKBM] 左边 5 位进行标注，在编辑框中的写法为 left([DKBM],5)。当出现语法错误时，一个重要的方法是将输入的脚本复制到记事本中仔细看，认真研究，以检查语法错误。

如果需要从 2 位取 3 位，在编辑框中的写法为 mid([DKBM],2,3)。VBScript 语法中，第 1 位从 1 开始，不是从 0 开始。VBScript 更多语法参考 https://msdn.microsoft.com/EN-us/LIBRARY/DIWF5677(V=VS.84.)ASPX。

如果在解析程序中选择 Python，则 Python 的语法如图 7-91 所示。

图 7-90 标注表达式取右边 5 位 VBScript 设置

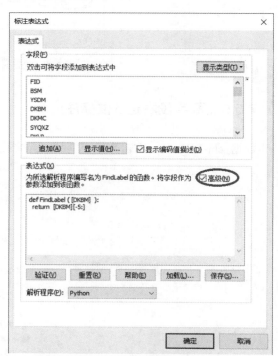

图 7-91 标注表达式取右边 5 位 Python 设置

要使用 Python 语法，需要勾选"高级"选项，"解析程序"选择为 Python。在 Python 语法中，如果只取左边 5 位，Python 的高级语法如下：

```
def FindLabel ([DKBM]):
    return [DKBM][0:5]
```

含义：从第1位（0开始）到第5位结束，不包括第5位。要了解 Python 更多语法，请参考查看 http://docs.python.org/library/index.html。

7.5.6 标注保留一位小数

测试数据：chp7\ 面积亩保留一位小数 .mxd。为演示该功能，需首先在该数据图层中增加一个字段 a，类型定义为双精度。

名称为 a 的字段增加后，打开数据的属性表，选中字段 a，使用"字段计算器"菜单，将 a 字段的值设置成以亩为单位的图斑面积，保留一位小数。输入表达式 round([SHAPE_Area]*3/2000,1)，其中 1 表示保留一位小数，如果需要 2 位则输入 2，需要整数输入 0，如图 7-92 所示。

a 字段的值计算完后，打开该图层属性界面，在"标注"选项中，选择 a 字段，系统显示的结果如图 7-93 所示。

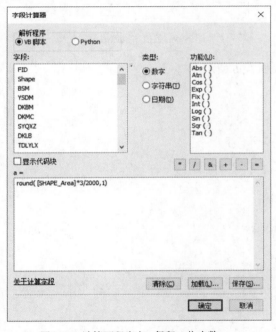

图 7-92　计算面积为亩，保留一位小数

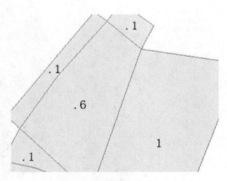

图 7-93　标注结果

可以看到"1"后面没有其他小数了，如果需要类似"1.0"格式的标注内容，打开属性表，找到对应字段，右击，如图 7-94 所示。

单击"数值"按钮，设置一位小数，勾选"补零"，如图 7-95 所示。

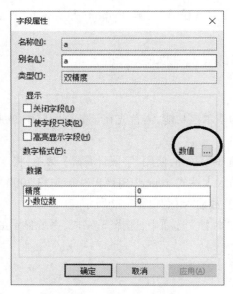

图 7-94 数值字段属性设置

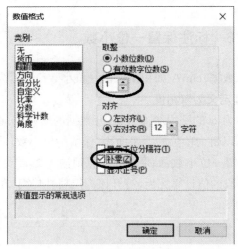

图 7-95 数值字段数值设置

小数位置设置确定后，图形显示的效果如图 7-96 所示。

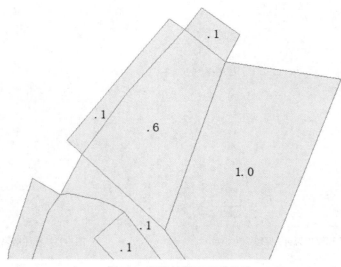

图 7-96 标注结果 1.0 正确显示

可以看到是 1.0，但 ".1" 和 ".6" 前面的 0 没有显示，这是因为此类格式化是在操作系统的控制面板中设置，不同的 Windows 系统，设置稍有差别，但大同小异，如图 7-97 所示。

图7-97 控制面板数字格式的位置

单击"更改日期、时间或数字格式",出现如图 7-98 所示的界面。

单击"其他设置" 按钮,出现如图 7-99 所示的界面。

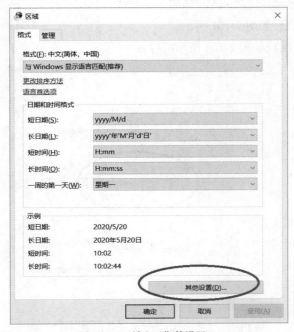

图 7-98 区域和日期等设置

图 7-99 数字0.7正确设置

显示前导零,选择 0.7 就可以了,这里是 Windows 10 版本,其他 Windows 版本操作类似,如果设置后 ArcMap 中没有正确显示,则需要重启计算机。

7.5.7 标注压盖处理

标注压盖处理,实际工作中有很多类似的问题,可以通过设置被压盖要素权重来实现。数据:chp7\ 界址点不压界址线 .mxd,直接打开这个 MXD 文档,系统中看到如图 7-100 所示的效果。

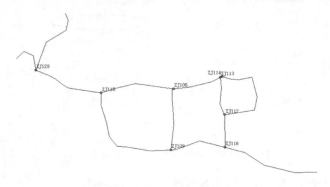

图 7-100　标注压盖显示

在图 7-100 中可以看到,很多位置的界址点标注内容(点号)压盖了界址线。

解决方法:在界址线图层右击,而不是界址点,如图 7-101 所示。

在"标注"标签页中,单击"放置属性"按钮,出现如图 7-102 所示的界面。

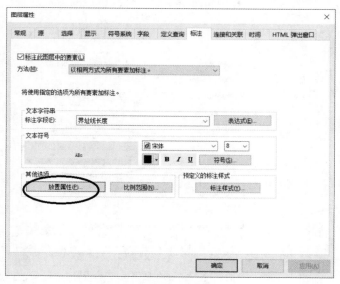

图 7-101　标注放置属性

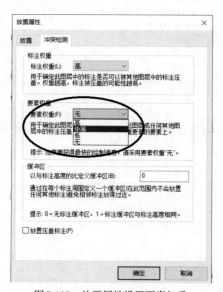

图 7-102　放置属性设置要素权重

要素权重的选项中选择"高""中等"其中之一,以后不想压盖哪个图层,要素权重就设置该图层为"高"。设置后标注内容的显示效果如图 7-103 所示,可以看到很多界址点标注没有压盖界址线。

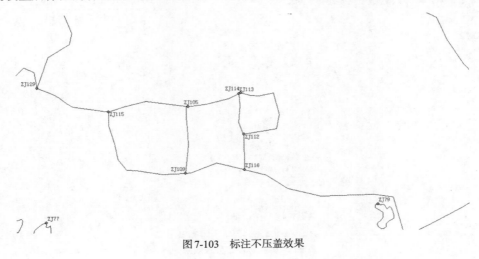

图 7-103　标注不压盖效果

7.6　分式标注

7.6.1　二分式

二分式标注在实际工作中常用,分式注记的内容主要有分子、分母和分数线三部分内容,使用 VBScript 语法时,有以下三种方式。

(1)"<und>"& [分子字段] & "</und>"&vbcrlf & [分母字段];

(2)"<und>"& [分子字段] & "</und>"&vbnewline & [分母字段];

(3)"<und>"& [分子字段] & "</und>"& chr(13)& chr(10)& [分母字段]。

其中换行有三种方式,使用 vbcrlf、vbnewline 或者 chr(13) & chr(10)。其中 chr(13) 是硬回车,chr(10) 是软回车;而 "<und>" 表示开始下划线,"</und>" 表示结束下划线。字段名前后使用中括号,& 是字段串连接符,VB 语言不区分大小写,引号是半角的双引号。

Python 的表达式:"<und>" +[分子字段] +"</und>"+"\n"+ [分母字段]。

测试数据请参见 chp7\ 分式 .mxd,第一个标准为普通二分式,效果如图 7-104 所示。

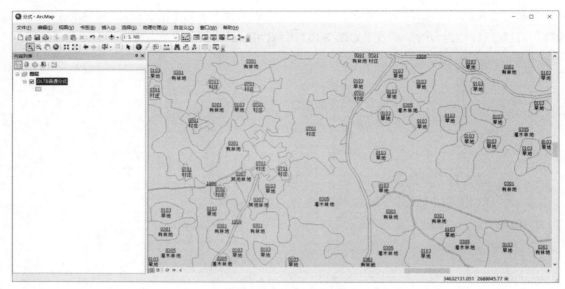

图7-104　标注二分式效果

可以看到，当前标注已基本实现分式，缺陷是分式线的长度取分子字符的长度，理论上应该取分子和分母中字符最长的一个，要达到该效果，只能用高级代码实现，具体的处理代码如下：

```
'设计人：闫磊
FUNCTION strlen(str)
 dim p_len
    p_len=0
    strlen=0
    p_len=len(str)

    FOR xx=1 to p_len

        IF asc(mid(str,xx,1))<0 then
            strlen=int(strlen) + 2
        ELSE
            strlen=int(strlen) + 1
        END if

    NEXT
```

```
END function

FUNCTION myFind ( DZM, NAME )
    a=strlen(dzm)
    b=strlen(NAME)

    IF a>b then
        myFind ="<und>" & DZM & "</und>" &  vbnewline& NAME
    ELSE
        str= space((b-a)/2)
        myFind ="<und>" & str &DZM & str & "</und>" & vbnewline & NAME
    END if

END Function


'调用时，在需要修改的地方，请输入如下代码：
Function FindLabel ([字段1], [字段2])
    FindLabel =myFind([字段1], [字段2])
End Function
```

把其中字段，修改成自己拟标注的字段，其中字段 1 为分子字段，字段 2 为分母字段。也可以是更多字段的二分式，如下所示：

```
Function FindLabel ([字段1], [字段2], [字段3])
    FindLabel =myFind([字段1], [字段2]&[字段3])
End Function
```

要查看这个高级代码处理后的分式标注效果，在 ArcMap 下打开"chp7\ 分式 .mxd"文档，右击"DLTB 高级二分式"数据→属性，如图 7-105 所示。在界面中，首先选中"高级"选项，其次在"解析程序"选项中选择"VBScript"，再次在表达式编辑框中复制上述程序代码。这个代码换成自己的数据时，一定要将字段修改成自己的字段。

图7-105　二分式标注高级代码设置

在表达式编辑框内输入完上述函数代码后，单击"确定"按钮后显示的标准效果如下：

0301
有林地

如果需要修改标注分子、分母的数据内容，就重新编写 FindLabel 函数中的代码内容。如果需要调用三个字段，修改的具体代码如下：

```
Function FindLabel ( [DLBM], [DLMC], [shape_area] )
  FindLabel = myFind([DLBM] & "面积:"& round([shape_area]*3/2000,
           1) &"亩", [DLMC])
End Function
```

该标注格式的样例数据，具体见"chp7\ 分式 .mxd" 文档下"DLTB 高级二分式三字段" 数据，按照上述函数定义，输入对应的表达式编辑框中，单击"确定"按钮后，效果如下（分子为：图斑的地类代码 + 图斑面积，分母为图斑的地类名称）。

0307面积：6.6亩
其他林地

7.6.2　三分式

使用数据：chp7\ 三分式 .mxd，系统标注的显示效果如下：

$$\frac{0305}{灌木林地}3.4亩$$

该标注格式为三分是标注，其中分子为图斑的地类代码，中间为分隔线 + 图斑的面积，分母为图斑的地类名称。实现该样式标注的详细代码如下：

```
'设计人：闫磊


'----------FUNCTION STRLEN(STR)----------
FUNCTION strlen(str)
    dim p_len
    p_len=0
    strlen=0
    p_len=len(str)


    FOR xx=1 to p_len

        IF asc(mid(str,xx,1))<0 then
            strlen=int(strlen) + 2
        ELSE
            strlen=int(strlen) + 1
        END if


    NEXT


END function

FUNCTION myFind(cunname,DJH,SHAPE_Area )
    dim str
    str=SHAPE_Area
    dim d
    d=strlen(str)
    dim d1
```

```
      dim d2
      d1=strlen(cunname) /2
      d2=strlen(DJH) /2
      if d2>d1 then
            d1=d2
      end if
      myFind = cunname & space(d) &vbnewline  & string(d1,"—") &
               str & vbnewline & DJH & space(d)
END Function

'修改这里
Function FindLabel([DLBM],[DLMC], [shape_area]   )
   FindLabel = myFind([DLBM],[DLMC],Round([shape_area]*3/2000,1) & "亩" )
End Function
```

修改 FindLabel 函数参数，可以是三个，也可以是更多个；如该函数的标注处理效果使字体间隔不符合使用要求，还需要设置标注字符的间距，具体操作如图 7-106 所示。

图7-106　标注字体符号设置

在该图层属性界面的"标注"选项中，单击"符号"按钮，出现界面如图 7-107 所示。

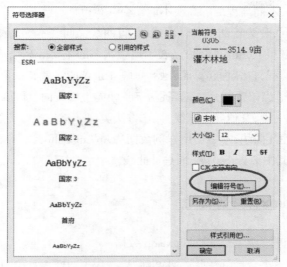

图7-107 编辑字体符号

单击"编辑符号"按钮,切换到格式化文本,设置字符间距和行距,都设置为负值,如图7-108所示。

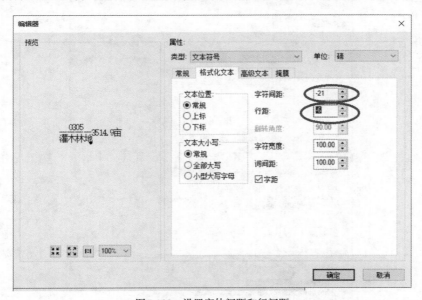

图7-108 设置字体间距和行间距

7.7 等高线标注

等高线是地形图上高程相等的相邻各点所连成的闭合曲线,位于同一等高线上的地面点,海拔高度相同,除了悬崖以外,不同高程的等高线不能相交。

等高线按其作用不同,分为首曲线和计曲线等。首曲线又叫基本等高线；是按基本等高距测绘的等高线,一般用细实线（0.15mm）描绘,是表示地貌状态的主要等高线。计曲线又叫加粗等高线；为了便于判读等高线的高程,自高程起算面开始,每隔4条首曲线就有一个加粗描绘的等高线。一般用粗实线（0.3mm）并在适当位置断开注记高程。字头朝向上坡方向,计曲线是辨认等高线高程的依据。等高线只是等值线的一种,其他如等深线,操作方法类似。

标注高程一般只标注计曲线,本节使用样例数据:\chp7\dgx.shp,该图层中BSGC是高程值字段,DGXLX是等高线类型,其中值为710102的是计曲线。

7.7.1 使用Maplex标注等高线

新建一个文档（关闭其他数据）,添加 dgx.shp 数据。

ArcGIS 10.1 以前的版本,首先应勾选 Maplex 扩展模型,在 ArcGIS 10.1 后的版本中则不需要勾选。数据加载后,右击数据框→属性,如图 7-109 所示。在"标注引擎"选项中选择"Maplex 标注引擎",等高线的标注与一般要素的标注处理方法不同,需要使用该标注引擎。

图 7-109　数据框标注引擎选择Maplex

设置完数据框的标注引擎后,右击"等高线"图层→属性,按 7.5.3 小节中介绍的一个图层的不同标注方法,定义 SQL 查询条件 "DGXLX" = '710102',设置方法如图 7-110 所示。

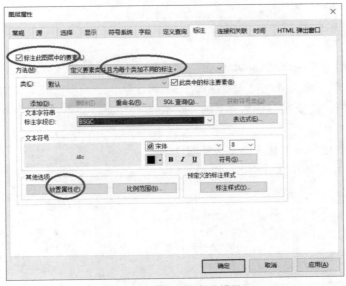

图 7-110　数据属性标注设置

单击"放置属性"按钮,系统界面如图 7-111 所示。在"标注位置"的常规选项中选择"等值线放置",如果该选项中没有"等值线放置",是因为没有把标注引擎设置为 Maplex。

按 7.6.2 小节中的字体设置方法,在"样式"选项中选择"晕圈",如图 7-112 所示。

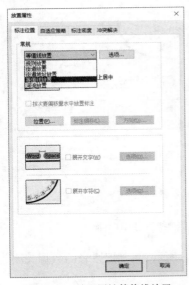

图 7-111　放置属性等值线放置

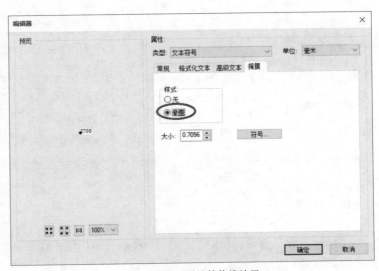

图 7-112　放置属性等值线放置

设置后，系统显示的等高线高程标注结果如图 7-113 所示。

7.7.2 等值线注记

使用"等值线注记（ContourAnnotation）"工具生成结果是注记，其结果一定要放在地理数据库中，如果原始数据在数据库中，就放在对应数据库中，原始是 SHP，请自己指定数据库。

针对 DGX 数据，使用该工具前应先选择创建标注的要素对象，具体方法是使用属性表下的菜单，选按属性选择，如图 7-114 所示。

选中 DGX 层中的计曲线后，单击"等值线注记工具"，其操作界面如图 7-115 所示。

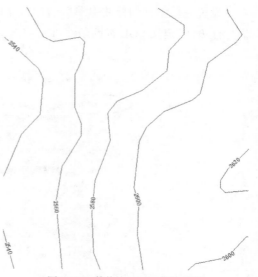

图 7-113　等值线Maplex标注结果

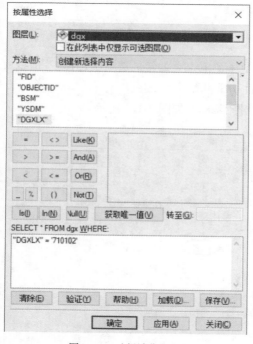

图 7-114　选择计曲线

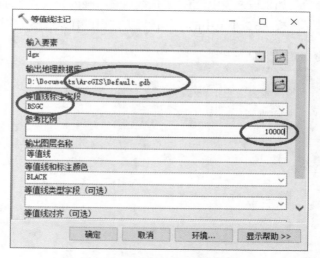

图 7-115　等值线注记操作界面

工具运行放在前台，具体见 2.3.5 小节。查看输出结果如图 7-116 所示，需要把原来的数据关闭，选择对象取消（清除选择）。

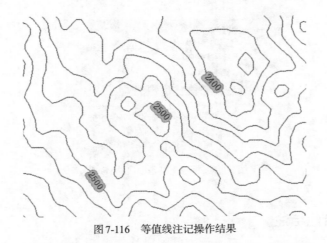

图7-116 等值线注记操作结果

注记在线的中央,线看起来是打断的,但并没有真的打断,如果需要真的打断则使用"擦除(Erase)"工具,操作如图 7-117 所示。dgx_Erase 就是真的被打断的等高线。

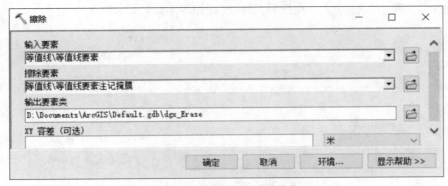

图7-117 擦除真的打断等值线

7.8 Maplex标注

Maplex 标注引擎提供了一系列特殊的工具,用来帮助提高地图上的标注质量。利用 Maplex 标注引擎,可以定义一些参数来控制标注的位置和大小。Maplex 标注引擎随后使用这些参数来计算地图上所有标注的最佳放置位置,还可以为要素指定不同级别的重要性,以确保较重要的要素在重要性较低的要素之前进行标注。

要使用 Maplex,有以下两种方法:

(1)右击数据框→使用 Maplex 标注引擎,如图 7-118 所示;

(2)标注工具条中标注→使用 Maplex 标注引擎。

图7-118　标注工具条中启动Maplex

7.8.1　河流沿线标注

数据：chp7\ 河流标注 .mxd。标注字段：河流名称，即需要标注的内容。

按照上面方法，首先启动 Maplex 标注引擎，右击→图层属性，如图 7-119 所示。

在标注标签页单击"放置属性"按钮后，系统出现如图 7-120 所示界面。

图7-119　设置标注属性的放置属性

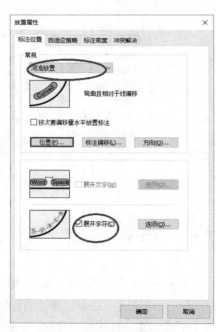

图7-120　Maplex河流放置设置

放置属性的设置窗体上，在"标注位置"选项的常规设置栏中选择"河流放置"，文字处理设置选中"展开字符"，设置后系统标注的效果如图 7-121 所示，该操作也适用于道路名称。

图7-121 河流名称按线展开效果

7.8.2 标注压盖Maplex处理

数据：chp7\标注压盖 Maplex 处理 .mxd。

首先，启动 Maplex 标注引擎，打开"标注"工具条，单击"标注管理器"，打开"标注管理器"对话框后，左边勾选"界址点"下的"默认"选项，然后在"放置属性"配置项中设置"偏移"值为 5 磅（标注文字到界址点图形距离），"文本符号"配置项下，字体选择"宋体"，字号设置为 9 号，字体颜色设置为红色。设置后的界面显示如图 7-122 所示。

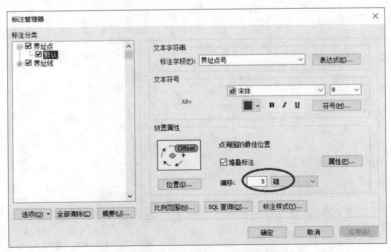

图 7-122 标注管理器界面设置偏移距离

其次，在"标注分类"栏中单击展开"界址线"层，进入"默认"设置，如图 7-123 所示。

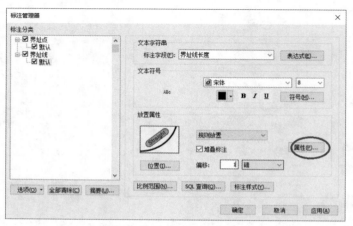

图7-123　界址线的标注设置

在界址线图层的标注管理界面中，单击放置属性栏下的"属性"按钮，在"放置属性"设置的窗体中，切换到"冲突解决"选项，在"要素权重"输入框中输入 100（0~1000，多个可以通过这个值区分，值越大，权重越大，越不能压盖，0 是可以压盖），如图 7-124 所示。

设置完"界址点""界址线"层的标注参数后，系统的效果如图 7-125 所示。

图7-124　要素权重设置

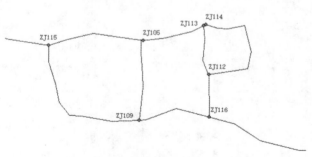

图7-125　Maplex压盖效果

此时，界址点标注未压盖界址线，但在打印时标注转注记也可能出现压盖，个别压盖可以通过注记编辑手动修改。这种方法效果比 7.5.7 小节好一点。

第8章　地图打印

8.1　布局编辑

ArcGIS 的地图打印是在布局视图中完成的,所以地图打印前一定要切换到布局视图中。切换方法:在视图主菜单中单击布局视图,布局工具条如图 8-1 所示。

图8-1　布局工具条

布局工具条中的所有工具只针对布局视图,放大缩小只改变布局页面的比例,相当于布局图片放大缩小,不改变地图比例尺。<!--icon-->是布局放大,<!--icon-->是布局缩小,<!--icon-->是布局平移,<!--icon-->是缩放这个页面,相当于布局的全图。

插入图例、指北针、比例尺等操作必须在布局视图中才能操作,在数据视图中这些图标是灰色的,不能用。布局视图界面如图 8-2 所示。

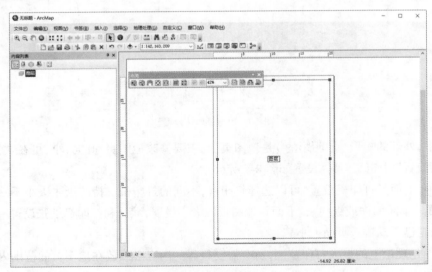

图8-2　布局视图

图 8-2 中，内部选中的是数据框，使用"主工具条"上的选择元素 功能，可改变数据框的大小，也可以在数据框属性菜单的"大小和位置"标签页，手动输入宽度和高度值来改变数据框的大小，如图 8-3 所示，该配置界面中的距离单位是 cm（厘米），单位由图 8-4 所示的页面和打印设置来确定。

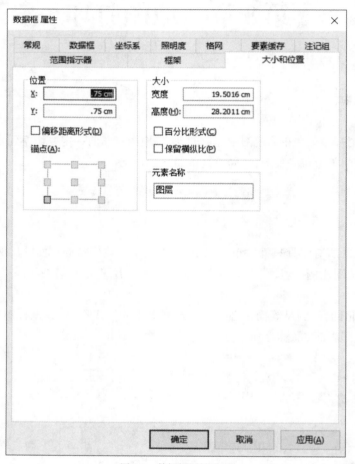

图 8-3　数据框属性设置

图 8-2 中，外部的矩形（加阴影的）是地图页面。需要修改地图页面的大小，可在文件主菜单→"打印和页面设置"中定义。具体设置如图 8-4 所示。

图 8-4 中，上面是打印机设置，可以选择打印机，不同的打印机支持的纸张大小不一样，同时可以设置纸张的方向（横向或纵向）；下面是地图页面大小设置，默认和打印机纸张设置一致，也可以不选择一致，自己手动输入页面大小。

地图页面是理论上的最大打印范围，所有需要打印的内容必须放在地图页面范围内。如果超过地图页面范围无法打印，也无法预览。

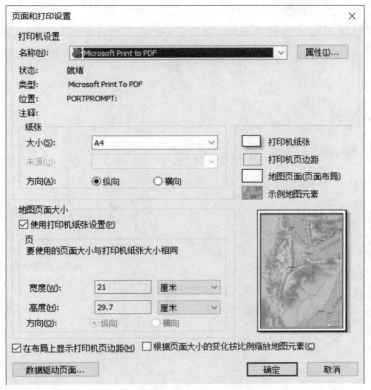

图8-4 页面和打印设置

总结：打印地图前，必须知道三个内容：数据框、地图页面和打印机。一张地图可以有一个或多个数据框，数据框的范围确定打印的内容和比例尺；地图页面是理论上的打印范围，所有需要打印的元素和内容必须放在地图页面范围内；不同打印机（或绘图仪）支持不同的纸张大小，有时一张不够，可以多页纸打印。

8.1.1 插入Excel的方法

使用数据：chp8\ 界址点成果表 .xlsx。

注意：计算机要安装 Office 2007 以上版本，步骤如下：

（1）使用 Office Microsoft Excel 打开对应文件。

（2）在 Excel 中选择需要插入的内容，并复制选中的内容。

（3）切换到 ArcMap 的布局视图，使用主菜单"编辑"→"选择性粘贴"（不考虑原来的公式，只要具体的数值，本数据中不包含运算公式，使用粘贴和选择性粘贴，结果一样）。

（4）使用选择元素工具，选中插入的 Excel 表格数据，改变大小和位置。

这种方法的缺点是不能修改。注意可能出现的错误操作：使用了主菜单"插入"→"对象"操作，如果是插入 Excel 对象，你会发现插入 Excel 后总是多一些东西或者不太容易调整插入对象的大小。但使用插入对象的方法也有优点，即可以直接双击修改表格中的内容，而使用上面复制、粘贴方法后的内容不能修改。

8.1.2　插入图片

主菜单"插入"→"图片"，打开后如图 8-5 所示。

图 8-5　插入图片

可以看到，ArcGIS 的布局窗口支持 JPG、GIF、TIF、EMF、BMP、PNG 和 JP2 等多种图片数据格式，但推荐使用的格式是 PNG 和 EMF，尽量不使用其他格式，只有 PNG 和 EMF 打印出来失真度最小，清晰度最高。

8.1.3　导出地图

ArcGIS 的地图打印，可以在 ArcMap 中直接输出打印，但一般都是通过"导出图片"功能，将制作好的地图导出图片格式，然后在其他专业输出软件中打印，如常用的 Photoshop、Coreldraw 等。

在 ArcMap 中导出制作好的地图时，需从数据视图切换到布局视图，使用"文件"主菜单→导出地图功能菜单,如图 8-6 所示。

图 8-6 导出图片

可以导出 EMF、EPS、AI、PDF、SVG、BMP、JPG、PNG、TIF 和 GIF 格式,推荐 PDF 格式,打印分辨率为 300DPI(每英寸 300 个点)。尤其不推荐 JPG 格式,JPG 文件比 PDF 大,图形质量稍差,很多人的图片质量问题就是因为导出 JPG,打印出来不清晰。因为 JPG、TIF 文件比较大(JPG 比 PDF 文件大约大 10 倍以上,比 TIF 大约小 10 倍以上),所以经常出现内存不足的问题。最好导出 PDF,PDF 还支持矢量格式。PDF 推荐设置,勾选"将标记符号转换为面",不然有些符号会变成乱码(强烈建议大家使用正版软件,盗版软件也会出来乱码),图形符号选用位图标记 / 填充矢量化图层,这样导出的 PDF 文件是矢量格式,文件又小,效果又好,如图 8-7 所示。

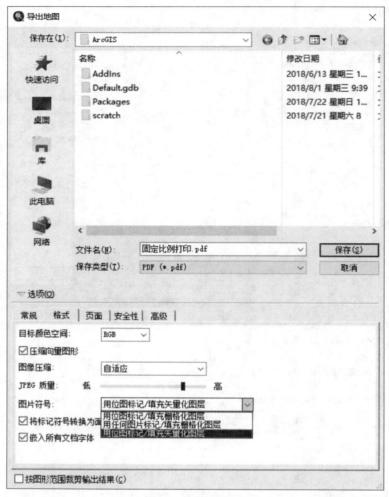

图8-7 导出PDF图片

8.2 地图打印

8.2.1 固定纸张打印

在"文件"主菜单→页面和打印设置下，需要设置两处，如图 8-8 所示：

（1）勾选"使用打印机纸张设置"，这一步是为了使地图页面大小和打印机纸张大小一致。

（2）勾选"根据页面大小的变化按比例缩放地图元素"，这一步可以改变地图页面的大小，如从 A4 大小修改成 A3 大小，使数据框等各种元素自动调整。

图8-8　固定纸张页面设置

在布局设置中，设置数据框的大小，并加入方里网和标题等图廓要素信息，单击"打印预览"按钮，系统显示效果如图8-9所示。

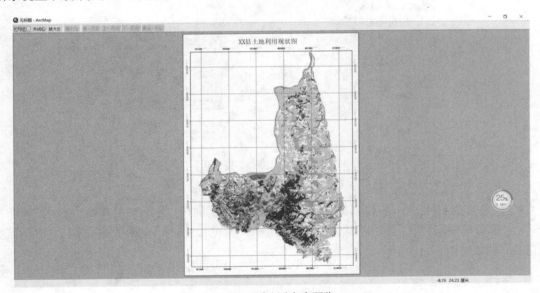

图8-9　固定纸张打印预览

8.2.2 固定比例尺打印

使用数据：chp8\ 固定比例打印 .mxd，固定 1：10000 比例尺打印。

（1）打开"固定比例打印 .mxd"：使用"文件" 主菜单→"打开"，也可以从 ArcCatalog 目录树中拖动到 ArcMap 中。

（2）切换到布局视图，设置地图比例尺为 1：10000，可以看到，数据框大小和地图页面大小都不够，范围较小。首先设置地图页面大小，一般是先设置一个比较大的值，回到布局视图，不改变比例尺（固定 1：10000），改变数据框的大小，让数据全部在数据框中显示，查看数据框大小，再去设置地图页面大小，地图页面比数据框稍大一点。

（3）在"文件" 主菜单→"设置地图页面大小" 的界面中，不选"使用打印机纸张设置" 选项，在页面大小定义中输入宽度为 720 毫米，高度为 620 毫米（多次尝试的结果），如图 8-10 所示。

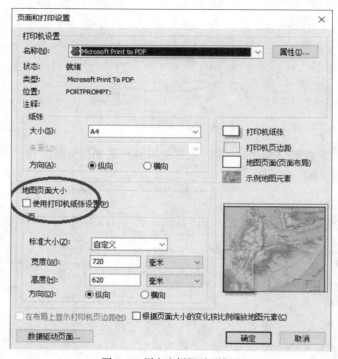

图 8-10 固定比例尺页面设置

（4）调整数据框大小：让数据框全部位于地图页面范围内，不要放大或缩小地图，如果地图不在当前布局中间位置，使用平移按钮，移动地图；也可以先使用全图按钮，后固定比例尺为 1：10000，效果如图 8-11 所示。

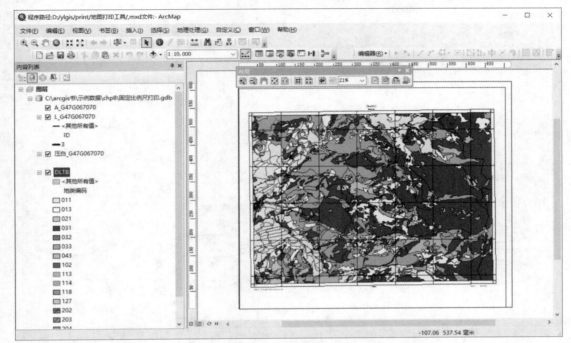

图8-11　固定比例尺效果

8.2.3　局部打印

局部打印也是切割打印,地图范围很大,只打印其中一部分,周边其他数据暂时看不到,就不能被打印。具体操作如下。

使用数据:\china\ 省级行政区 .shp,中国县界 .shp,主要公路 .shp。当前要求:只打印一个省的数据,如青海省,按固定纸张 A4 打印出来。

(1)添加数据,在省级行政区中只选择青海省(关闭其他所有图层,只打开省级行政区,选择青海省后,再打开其他图层)。

(2)右击数据框→属性,如图 8-12 所示,切换到"数据框"标签页,在"裁剪选项"中选择"裁剪至形状",并由"指定形状"确定。不选"裁剪格网和经纬网"。

(3)单击"指定形状"按钮,在弹出的数据框裁剪界面中,选中"要素的轮廓"并在图层列表选项中,选择"省级行政区",要素选项中选择"已选择",如图 8-13 所示。

(4)单击"确定"按钮后,系统切换到布局视图。

(5)在"省级行政区"图层,右键菜单→选择→缩放至所选要素,然后取消所有选择(常用工具条的取消选择按钮)。

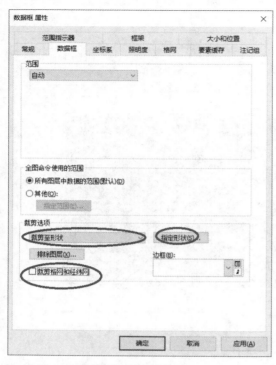

图8-12　局部切割打印数据框设置

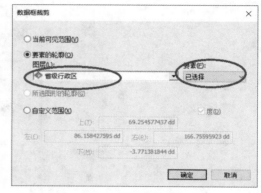

图8-13　局部切割打印数据框裁剪设置

（6）在数据框右键菜单属性→"格网"中添加经纬网，效果如图 8-14 所示。

（7）如果想把周围主要公路显示出来，在图 8-12 中单击 排除图层(X)... 按钮，选中"主要公路"图层，如图 8-15 所示。

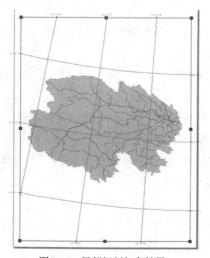

图8-14　局部切割打印结果

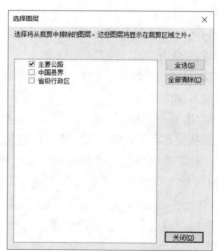

图8-15　局部打印排除主要公路

（8）设置完"排除图层"后，最后的布局显示效果如图 8-16 所示。

对已经配置为局部打印的地图布局，如需取消局部打印，在数据框属性的"裁剪选项"中，选择使用"无裁剪"选项即可恢复全部打印，如图 8-17 所示。

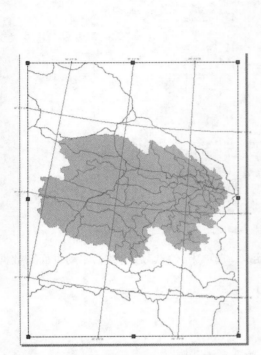

图 8-16　局部打印显示周围公路效果

图 8-17　恢复不局部打印设置

8.2.4　批量打印

批量打印就是一次性打印多幅地图，ArcGIS 使用的是数据驱动页面。

使用数据：\china\ 省级行政区 .shp，中国县界 . shp，主要公路 .shp。

输出要求：一次性批量打印每个省的行政区划地图。在 ArcGIS 下使用批量打印输出地图的操作步骤如下。

（1）添加数据。将上面的省级行政区、中国县界和主要公路三个数据加载至窗口中。

（2）单击"文件" 主菜单→"页面和打印设置" 菜单，如图 8-18 所示。

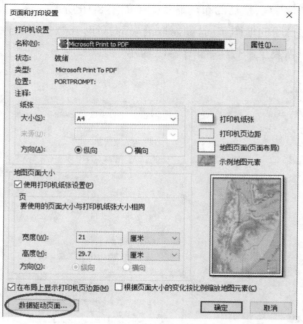

图8-18 批量打印数据驱动设置

（3）单击"数据驱动页面"按钮，在设置界面的"定义"选项中，勾选"启用数据驱动页面"，数据框索引图层列表中选择"省级行政区"，如图8-19所示。

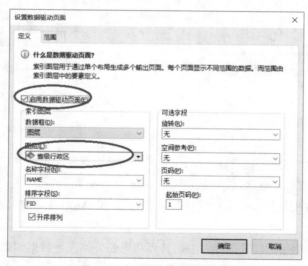

图8-19 启动数据驱动页面设置

（4）在设置界面的"范围"选项中设置范围。将地图范围栏内的"将比例舍入最近值"输入框中输入10000，如图2-20所示，地图打印比例尺就是10000的倍数。

（5）在设置数据驱动页面的配置信息确定后，进入布局视图。右击数据框→属性，切换到"数据框"标签页，在"裁剪选项"栏，选择"裁剪至当前数据驱动页面范围"选项，不勾选"裁剪格网和经纬网"，如图 8-21 所示。

图 8-20 启动数据驱动页面设置   图 8-21 批量打印数据框的设置

（6）在数据框属性"格网"选项中插入经纬网。

（7）插入数据驱动页面，使用主菜单"插入"→"动态文本"→"数据驱动页面名称"，插入后通过鼠标移动数据驱动页面位置、修改字体大小。

（8）文件主菜单→打印预览，如图 8-22 所示，下一页是其他省的数据。

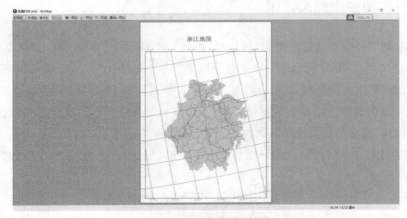

图 8-22 批量打印预览效果

（9）在布局视图中，导出地图，导出格式PDF，全部页面，如图8-23所示。

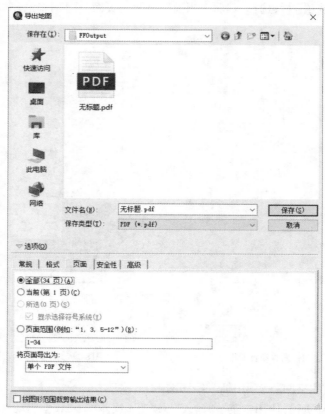

图8-23　批量导出PDF效果

8.2.5　一张图多比例尺打印

一张图多比例尺打印是通过在布局窗口中插入多个数据框的方法实现的，插入数据框的操作方法为：通过"插入"主菜单→"数据框"，一个数据框确定一个地图比例尺，如图8-24所示。

测试数据：chp8\ 多比例尺打印.mxd。

上述布局窗口中的地图由6个数据框共同组成，只是部分数据框没有显示边线，如需调整单个数据框的显示样式，可右击数据框在其属性中设置，如图8-25所示。

切换到数据视图，可以看到，当前只能看一个数据框，想看另一个数据框中的数据，在数据框右键菜单中激活。

多个数据框，就可以解决一张图多比例尺打印的问题，例如在制作位置示意图时，需要示意河南省在中国地图的位置，或需要示意金水区在郑州市的位置等；另外，在中国地图上，南海诸岛和中国其他地方的地图比例尺不一样，就可以通过多个数据框来实现。

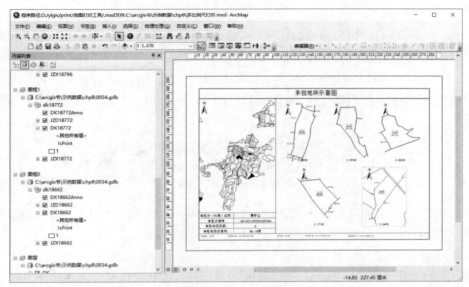

图8-24　多比例尺打印

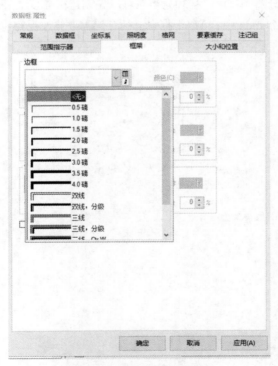

图8-25　数据框边框的设置

8.3　标准分幅打印

ArcGIS 本身不能打印国家标准的标准分幅图，此处提供一个免费的标准分幅图打印工具，在 chp8\ 地图打印工具 \ 地图打印工具 setup.exe，该工具有说明书，需要使用自己安装即可。安装前需先关闭 ArcMap，安装密码为 ylgis（全部小写），软件运行环境是 ArcGIS 10.0 及以上所有版本，不能是 ArcGIS 9.3。安装后软件自动打开 ArcMap，在 ArcMap 自动添加一个"地图打印"工具条，如图 8-26 所示。

图8-26　地图打印工具条

该工具适合于大比例高斯投影的数据（如 1：10000，1：50000，1：100000 等），不适合 1：500000 以下小比例尺数据。该工具的详细使用操作方法如下：

测试数据：chp8\ 标准分幅打印 .mxd。

在自定义的"地图打印"工具条上，单击使用标准图幅打印功能按钮 ▢，在数据视图窗口的屏幕中任意拉框，框的中心点就是需要打印的图幅，软件可以同时将标准分幅的制图结果导出成 PDF 等图片格式，导出时默认的分辨率 DPI 为 300。当然可以先创建标准接幅表。生成的图框可以是 GDB 和 MDB，默认保存在 d:\dd.mdb 中，可以根据自己的存储需要修改保存位置，如图 8-27 所示。

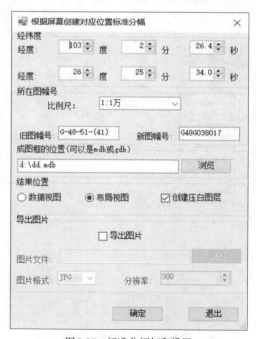

图8-27　标准分幅打印设置

单击"确定"按钮后,系统生成标准的分幅地图并加载到当前布局中,显示结果如图8-28所示。

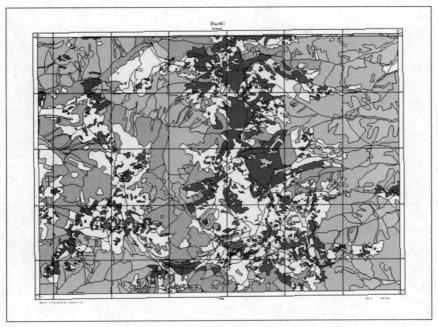

图8-28 标准分幅打印结果

标准分幅是梯形的,左边的内外图框线是斜线,左上角的经度和左下角经度一致;同理,左上角纬度和右上角的纬度一致。对于行政区划图,图框是矩形的,左上角的经度和左下角经度一般不一致,只有当矩形图件中间处的经度值为3度分带或6度分带下任一带的中央经线时,如3度分带的中央经线105°或108°等,这时图框的左上角和左下角经度相同,但这种概率很低。同理,一般的行政区划图,其图框左上角纬度和右上角的纬度也不一致,只有所打印的行政区划位于赤道上(基于我国所处的位置,符合这种条件的情况不存在),或对称分布于中央经线两侧时,其纬度才相同,这种概率也很低。

在自定义的"地图打印"工具条上的![]是生成接幅表工具,该工具可支持的比例尺是1:5000、1:10000、1:25000、1:50000、1:100000、1:250000、1:500000和1:1000000,工具操作界面和生成界面如图8-29所示。使用的坐标系由当前数据框的坐标系来确定(使用该工具前,应先定义数据框的坐标系,可以是北京54,也可以是西安80,或者是国家2000,如果当前数据框定义的是3度分度投影坐标,则创建时比例尺可以选择1:5000或1:10000,接幅表的数据范围应该在3度分度中央经线附近 ±1.5° 范围内;如果是6度分度下的投影坐标系,则比例尺可以是1:25000~1:1000000,都可以),输出结果应该放在地理数据库中(gdb或mdb),是一个面要素,如果没有指定已存在的地理数据库,软件会自动按用户输入的位置及名称创建地理数据库,关于地理数据库及要素类名称的命名规则,查见2.5.2小节中关于数据库中命名规定的内容。

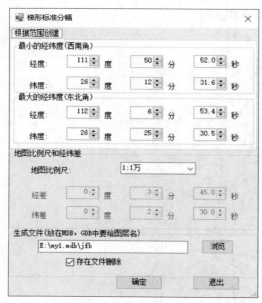
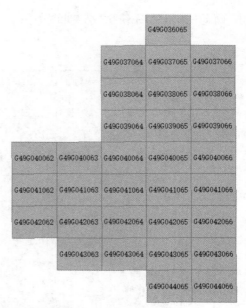

图 8-29　生成接幅表的界面和结果

说明：这个工具一次只能打印一个标准分幅图件。在本书附带资料中的相同文件夹下，有"免费图框和地图批量打印 .rar"，解压后该工具可以实现批量打印，或者去购买"ArcGIS 中国工具"软件。

第 9 章　数据转换

9.1　DAT、TXT、Excel和点云生成图形

9.1.1　DAT、TXT文件生成点图形

在野外施测过程中，用全站仪（全站型电子测距仪）或者 RTK（Real - time kinematic，实时动态）采集的原始数据格式是 DAT 文件，DAT 文件在 ArcGIS 中无法直接打开，使用时需先另存成 txt 格式，并且加首行为字段名，中间使用"，（半角的逗号）"隔开，字段个数和下面的值对应，并判断哪个是 X 字段，哪个是 Y 字段。在 ArcGIS 中，我国境内高斯投影的数据 X 整数位是 6 位和 8 位，其中 6 位是中央经线，根据比例尺判断是 3 度分带还是 6 度分带，比 1：25000（含 25000）小的比例尺是 6 度分带，大于 1：25000 的是 3 度分带，数据在哪里（经纬度范围）就选那里，具体参见第 3 章表 3-1，不跨带直接选。跨带的数据按面积选，哪个面积大就选那个；如果两边面积一样大，自己任选一个坐标系，然后测试数据范围，看坐标位置是否正确；如果 8 位加带号，前 2 位就是带号，大于 24 是 3 度分带，小于 24 是 6 度分带。

如果坐标是 0°~180° 和 0°~90°，就是经纬度坐标，只能是度，不能是度分秒，因为度是数字类型，度分秒是字符串，后面的 XY 字段要求是数字字段，如果是度分秒数据要先转换为度，0°~180° 是经度，0°~90° 是纬度，坐标系选择地理坐标系。

测试数据：chp9\test.dat，打开之后，如图 9-1 所示。

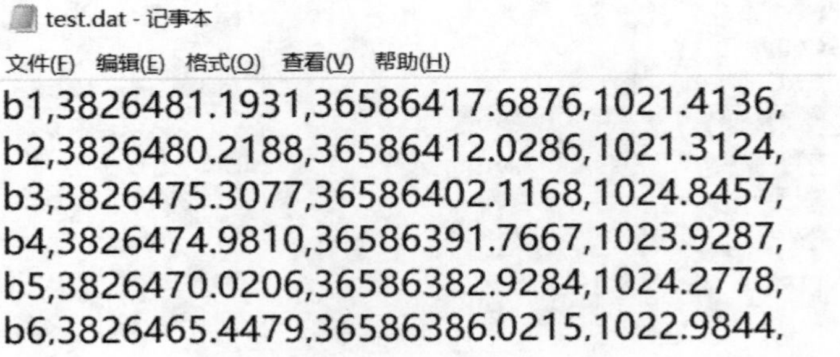
test.dat - 记事本
文件(F) 编辑(E) 格式(O) 查看(V) 帮助(H)
b1,3826481.1931,36586417.6876,1021.4136,
b2,3826480.2188,36586412.0286,1021.3124,
b3,3826475.3077,36586402.1168,1024.8457,
b4,3826474.9810,36586391.7667,1023.9287,
b5,3826470.0206,36586382.9284,1024.2778,
b6,3826465.4479,36586386.0215,1022.9844,

图 9-1　Dat文件内容

观察 36586417.6876 的整数位为 8 位，可判断该列是 X 坐标，36 就是 3 度分带；3826481.1931 的整数位是 7 位，判断其为 Y 坐标，初步判断该文本中的坐标值符合高斯投影的坐标规律，即判定坐标系为 3 度的 36 度分带。将该 DAT 文件修改成文本文件，第一行需要加字段名，各字段名之间使用"，（半角）"隔开（不是空格），字段的个数和下面的内容一一对应，不能多也不能少，修改如图 9-2 所示。

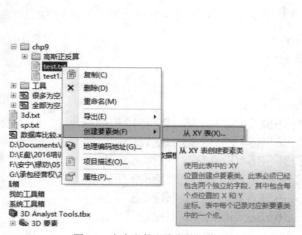

图9-2　Dat加字段后内容

（1）在 ArcCatalog 中右击 test.txt，右击之后选择"创建要素类"→"从 XY 表"，如图 9-3 所示。

（2）在"从 XY 表创建要素类"配置界面中，依次选择 X、Y 字段和坐标系，如图 9-4 所示。

坐标系选择 CGCS2000_3_Degree_GK_Zone_36，当然最好咨询相关测绘者，按其要求选择北京 54、西安 80 或是国家 2000。生成的结果在默认数据库，也可以自己修改，但不会自动添加到 ArcMap 中，需要自己找到，打开看成果。

图9-3　文本文件生成点的操作　　　　　　图9-4　设置XY字段和坐标系

9.1.2 Excel文件生成面

ArcGIS 10.1 之后支持 Office Excel 2003 的
".xls" 以及 Office Excel 2007 的".xlsx",ArcGIS
可以直接打开对应的 Excel 文件,如果不能打开
文件,是因为操作系统中没有安装对应的 Office
软件或者驱动没有安装。另外,在 ArcGIS 使用
Excel 表格数据,也可以使用工具箱中"Excel 转表
(ExcelToTable)" 工具进行转换,转换界面如图 9-5
所示。

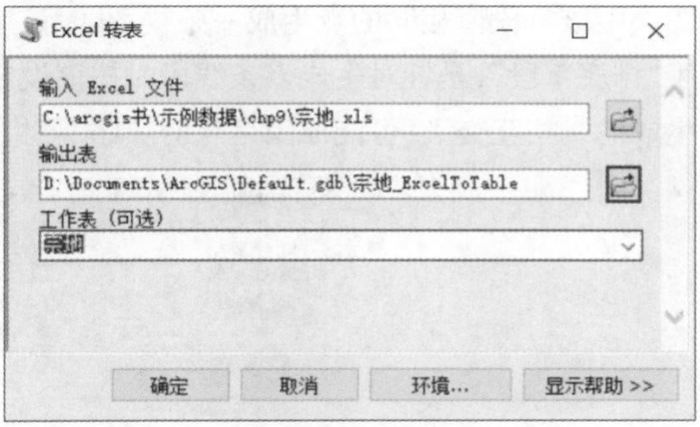

测试数据:chp9\ 宗地 .xls 或者宗地 .xlsx。要求
将 DJH(地籍号)相同的转成一个宗地。

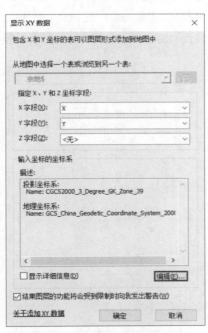

图9-5　Excel数据转ArcGIS表

（1）用 ArcMap 打开"宗地 .xls" 文件,无法打开时先使用"Excel 转表" 工具进行转换。观察该
Excel 文件中的数据,X 坐标的整数位数是 8 位,并且前 2 位是 39。注意:Excel 表格数据不能合并单
元格,是标准的二维表格。

（2）ArcMap 下选中"宗地 .xls" 的"宗地 $" 表,右击选择"显示 XY 数据",如图 9-6 所示。

（3）单击"显示 XY 数据"后,选择坐标系 CGCS2000_3_Degree_GK_Zone_39,如图 9-7 所示,这
种方法生成的数据是临时数据。

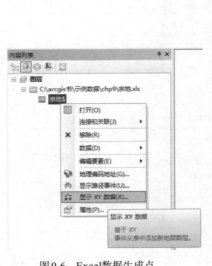

图9-6　Excel数据生成点

图9-7　选择XY字段和编辑坐标系

（4）生成点后，使用工具箱中的"点集转线（PointsToLine）"工具，将点生成线。在"点集转线"工具的界面中，如果"线字段"参数不选，则所有的点生成一条线；如"线字段"参数选一个字段，则点图层中该字段值相同的点生成一条线，此时该字段值不能是唯一值，因为一个点无法生成一条线。对于"排序字段"，是针对生成多条线段时按该设定字段值从小到大排序，不选则按表中记录顺序。如果生成的线相互交叉，可能原因是点的顺序不对，操作界面如图9-8所示。

图9-8　点生成线的操作

（5）单击图9-8界面的"确定"按钮后，如果是在 ArcGIS 10.6 以下的版本，出现错误号为"000339"的错误，这时需要把要素类"宗地 $ 个事件"另存为一个真实存在的数据（ArcGIS 10.2 之前的版本，还需要转成 SHP，否则使用"点集转线"工具操作失败）。数据保存方法：右击数据框图层，数据→导出数据，如图9-9所示。也可以使用"筛选（Select）""复制要素 (CopyFeatures)"等。

（6）数据另存后，重复第（4）步操作，把"输入要素"改成第（5）步导出的数据。

（7）要素转面，将第（4）步生成的线要素转换成面要素，操作如图9-10所示。

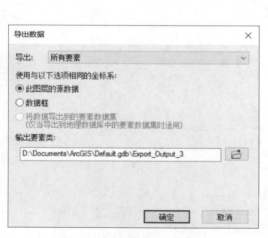

图9-9　内存表数据导出操作

图9-10　线生成面

（8）在图9-10的界面中，单击"确定"按钮，"要素转面"工具自动生成面状要素数据，操作结果如图 9-11 所示。

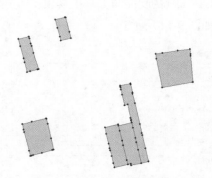

图9-11 Excel生成面结果

9.1.3 XYZ点云生成点数据

XYZ 点云是激光点云的一种成果,要将这类点云数据成果生成相应的点,可使用工具箱的"3D ASCII 文件转要素类(ASCII3DToFeatureClass)"工具,选择点云数据文件后,就可以生成点,该工具的使用操作如图 9-12 所示。样例数据:\chp9\dsm.xyz。

输出类型选择 POINT,其他参数可不选。生成的点是三维的点,结果在 ArcScene 中观看,如图 9-13 所示。

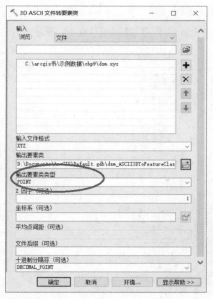

图9-12 点云XYZ生成点操作

图9-13 点云XYZ结果在ArcScene中查看

另外，如果有三维点数据，需要生成 XYZ 数据文件，可使用工具箱中的"要素类 Z 转 ASCII（FeatureClassZToASCII）"工具，该工具的功能与上一工具相反，它是将空间三维点数据按规定的格式输出成 XYZ 文件，具体操作如图 9-14 所示。

图9-14　三维点生成点云XYZ数据

9.1.4　LAS激光雷达点云生成点数据

LAS 文件是目前最常用的激光雷达（LiDAR）点云数据存储格式，它采用行业标准二进制格式，用于存储机载激光雷达点云数据生成点，在 ArcGIS 10.6 以上版本中，LAS 文件可以直接打开。如果需要生成点，使用工具箱中的"LAS 转多点（LASToMultipoint）"工具，如图 9-15 所示。

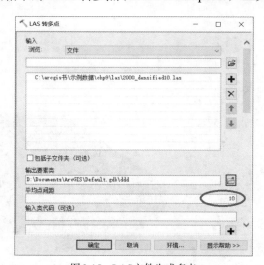

图9-15　LAS文件生成多点

测试数据：chp9\las\2000_densified10.las。如图 9-15 所示，输入"平均点间距"为 10m，该距离为激光布点的距离（该数值应以 LiDAR 采集时使用的实际距离为准）。

该工具生成的点是多点（MultiPoint），使用工具箱中的"多部件至单部件（MultipartToSinglepart）"工具转成单点，使用工具箱中的"添加 XY 坐标（AddXY）"工具，可得到平面 X、Y 和高程 Z 坐标。

9.2 高斯正反算

高斯正算是由经纬度坐标计算平面 XY 坐标；高斯反算由平面 XY 坐标计算经纬度。投影（Project）工具可以实现地理坐标系转投影坐标系，也就是高斯正算；反之，由投影坐标系转地理坐标系就是高斯反算，也是使用投影工具。

9.2.1 高斯正算

测试数据：chp9\ 高斯正反算 \ 经纬度转 XY.xls。

（1）使用 Office 的 Excel 打开对应文件，可以看到如图 9-16 所示的界面。

	A		B			C		D
1	XH	经度			纬度			Z
2	1	102°	58′	51.323″	25°	43′	37.640″	2592.1074
3	2	102°	58′	43.372″	25°	43′	44.907″	2433.6611
4	3	102°	58′	7.496″	25°	44′	24.953″	2300.8599
5	4	102°	57′	50.862″	25°	43′	46.058″	2421.4719
6	5	102°	57′	39.482″	25°	43′	33.043″	2516.865
7	6	102°	56′	54.113″	25°	43′	36.546″	2436.8345
8	7	102°	58′	50.499″	25°	44′	7.293″	2466.5107
9	8	102°	57′	8.724″	25°	42′	22.936″	2459.3926
10	9	102°	56′	55.168″	25°	43′	57.377″	2422.5796
11	10	102°	58′	54.461″	25°	44′	34.523″	2218.9143
12	11	102°	57′	1.348″	25°	43′	50.925″	2376.5938
13	12	102°	57′	8.744″	25°	44′	25.340″	2438.4482
14	13	102°	57′	17.710″	25°	44′	33.296″	2349.2705
15	14	102°	57′	56.507″	25°	44′	23.690″	2390.8992
16	15	102°	58′	6.353″	25°	43′	53.703″	2281.8884
17	16	102°	58′	21.218″	25°	43′	20.744″	2429.0952
18	17	102°	57′	50.820″	25°	43′	4.115″	2452.8657
19	18	102°	56′	50.254″	25°	42′	58.902″	2343.583
20	19	102°	56′	46.773″	25°	43′	46.479″	2483.9512
21	20	102°	57′	5.087″	25°	44′	13.342″	2419.0061
22	21	102°	57′	15.095″	25°	44′	15.597″	2338.8293
23	22	102°	58′	7.126″	25°	43′	39.272″	2338.0359

图9-16 高斯正算原始度分秒数据

这里的坐标存储的是度分秒格式，使用时，需要将度分秒坐标转换为十进制度坐标。

（2）我们提供免费的软件工具，文件位置在 chp9\ 高斯正反算 \Excel 度分秒转度 \excel 度分秒转度 \ 度分秒转度 .exe，如图 9-17 所示。

经纬度转 XY1.xls 就是转换为十进度的存储文件，不是度分秒格式。

（3）在 ArcCatalog 中，浏览该文件，右击 Excel 中表 Sheet1$，如图 9-18 所示。注意不是 Excel 文件的右键，因为一个 Excel 文件有多张表（sheet）。

图9-17　Excel度分秒转度工具演示　　　　　　图9-18　Excel数据生成点ArcCatalog操作演示

（4）如图 9-19 所示，X 字段选择"经度"，Y 字段选择"纬度"，在使用坐标系选项中选地理坐标系国家 2000，具体是 GCS_China_Geodetic_Coordinate_System_2000，输出位置放在默认数据库中的名字是 XYSheet1$，需要修改成 XYSheet1，因为 $ 是特殊字符。

图9-19　Excel数据生成点XY字段和坐标系设置

（5）创建的要素数据不会自动加载到 ArcMap 中，可以自己从默认数据库（第（4）步指定的存放位置）中找到，将生成的点数据（XYSheet1）加载过来。

（6）使用工具箱投影工具，操作如图 9-20 所示。

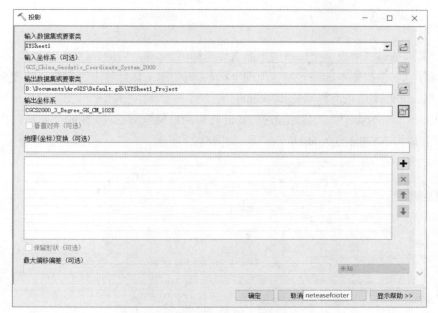

图9-20　点数据投影（地理坐标转投影坐标）

因为数据经度在 102° 附近,所以选 CGCS2000_3_Degree_GK_CM_102E,也可以选 CGCS2000_3_Degree_GK_Zone_34,前者得到的 X 坐标是 6 位,后者得到的 X 坐标是 8 位。

（7）使用工具箱 XY"添加坐标（AddXY）"工具,可计算得到每个点的坐标值。如果数据是投影坐标系,就得到平面 XY；如果数据是地理坐标系,就得到经度和纬度。

（8）打开属性表,如图 9-21 所示。前面是经纬度,后面是平面 XY 坐标,实现高斯正算。

OBJECTID *	XH	经度	纬度	Z	形状 *	POINT_X	POINT_Y
1	1	102.980923	25.727122	2592.1074	点	596436.5695	2846969.3591
2	2	102.978714	25.729141	2433.8611	点	596213.281	2847191.3635
3	3	102.968749	25.740265	2300.8599	点	597204.116	2848416.4431
4	4	102.964128	25.729461	2421.4719	点	596749.2096	2847216.0119
5	5	102.960967	25.725845	2516.865	点	596434.8934	2846813.1483
6	6	102.948365	25.726818	2436.8345	点	595169.3609	2846911.9082
7	7	102.947361	25.735359	2466.5107	点	595061.8205	2847857.3526
8	8	102.952423	25.739704	2459.3926	点	595566.3649	2848242.4399
9	9	102.948658	25.722605	2422.5796	点	595194.1625	2847553.1133
10	10	102.981795	25.742923	2218.9143	点	598511.0206	2848720.6465
11	11	102.950374	25.730812	2376.5938	点	595367.9633	2847355.7864
12	12	102.952429	25.740372	2438.4492	点	595566.3893	2848416.4285
13	13	102.954919	25.742592	2349.2705	点	595814.5217	2848663.0893
14	14	102.965696	25.738914	2390.3904	点	596896.095	2848375.3271
15	15	102.968431	25.731584	2281.8884	点	597179.3156	2847454.4567
16	16	102.972561	25.722429	2429.0992	点	597601.1653	2846443.1559
17	17	102.964117	25.71781	2452.8657	点	596737.4673	2845925.1652
18	18	102.947293	25.716362	2343.583	点	595070.0978	2845752.5076
19	19	102.946326	25.729578	2483.8512	点	594962.5526	2847216.0368
20	20	102.951413	25.737039	2419.0061	点	595467.117	2848046.4425
21	21	102.954193	25.737666	2336.8293	点	595745.5833	2848117.8571
22	22	102.968646	25.727876	2338.0359	点	597204.1235	2847010.4836
23	23	102.972308	25.721763	2437.6365	点	597576.3399	2846389.168

图9-21　高斯正算结果查看

9.2.2 高斯反算

高斯反算，即通过高斯投影坐标系的平面 XY 坐标值，计算对应的经纬度。该操作过程和上面的高斯正算过程类似，由投影坐标系转换为地理坐标系，再使用工具计算出对应的经纬度坐标值。

测试数据：chp9\ 高斯正反算 \xy.gdb\point。

（1）使用“投影（Project）”工具，把数据 point 投影到地理坐标系，如图 9-22 所示。

（2）使用“添加 XY 坐标（AddXY）”工具，如图 9-23 所示。

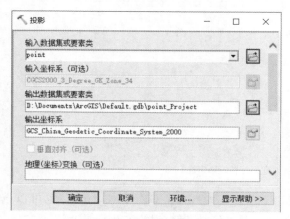

图 9-22　数据投影（投影坐标转地理坐标）

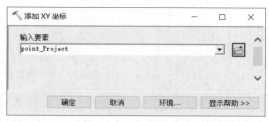

图 9-23　添加XY坐标

（3）如图 9-24 所示，“Point_X”“Point_Y” 字段值已计算为十进制度。

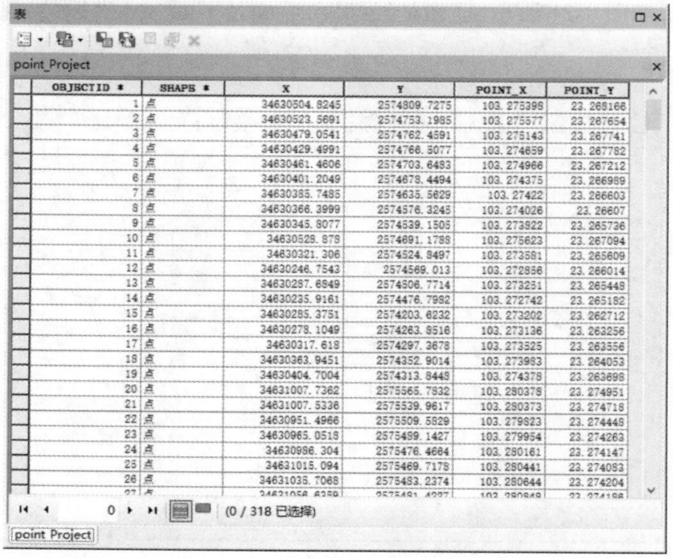

OBJECTID *	SHAPE *	X	Y	POINT_X	POINT_Y
1	点	34630504.8245	2574809.7275	103.275396	23.268166
2	点	34630523.5691	2574753.1985	103.275577	23.267654
3	点	34630479.0541	2574762.4591	103.275143	23.267741
4	点	34630429.4991	2574766.5077	103.274659	23.267782
5	点	34630461.4606	2574703.6483	103.274966	23.267212
6	点	34630401.2049	2574678.4494	103.274375	23.266989
7	点	34630385.7485	2574635.5629	103.27422	23.266603
8	点	34630366.3999	2574576.3245	103.274026	23.26607
9	点	34630345.8077	2574539.1505	103.273822	23.265736
10	点	34630528.878	2574691.1788	103.275623	23.267094
11	点	34630321.306	2574524.8497	103.273581	23.265609
12	点	34630246.7543	2574569.013	103.272856	23.266014
13	点	34630287.6849	2574506.7714	103.273251	23.265448
14	点	34630235.9161	2574476.7982	103.272742	23.265182
15	点	34630285.3751	2574203.6232	103.273202	23.262712
16	点	34630278.1049	2574263.8516	103.273136	23.263256
17	点	34630317.618	2574297.3678	103.273525	23.263556
18	点	34630363.9451	2574352.9014	103.273983	23.264053
19	点	34630404.7004	2574313.8448	103.274378	23.263698
20	点	34631007.7362	2575565.7832	103.280378	23.274951
21	点	34631007.5336	2575539.9617	103.280373	23.274718
22	点	34630951.4966	2575509.5829	103.279823	23.274448
23	点	34630965.0518	2575489.1427	103.279954	23.274263
24	点	34630986.304	2575476.4664	103.280161	23.274147
25	点	34631015.094	2575469.7178	103.280441	23.274083
26	点	34631035.7068	2575483.2374	103.280644	23.274204

图 9-24　高斯反算结果查看

9.2.3 验证ArcGIS高斯计算精度

同一个数据,如:chp9\ 高斯正反算 \xy.gdb\XYSheet,是地理坐标系数据,坐标值保留小数后 6 位。此处做高斯正算,得到的结果再做高斯反算,添加 XY 坐标,看一下最后坐标和最早经纬度坐标是否一致,通过多个数据测试,发现完全一样。

同一个数据,如 chp9\ 高斯正反算 \xy.gdb\XY,是投影坐标系数据,此处做高斯反算,得到的结果再做高斯正算,添加 XY 坐标,看一下最后坐标和最早平面 XY 坐标是否一致。通过多个数据测试,发现有差值,如图 9-25 所示,误差为 0.0001 左右,有正值有负值,由于数据的 XY 容差为 0.001m,因此在合理范围。而由于经纬度是保留 6 小数,XY 容差为 0.000000008983153°(这个数字是 ArcGIS 自动计算的,大概原理是这样:最小误差是 0.001m= 对应椭球体赤道周长(m)/360 × 0.000000008983153),保留小数点 8 位后,所以一点误差也没有。强调一点,以后做高斯正反算就使用 ArcGIS,建议不要去网上找高斯正反算工具,因为很多工具的计算精度都有问题,达不到要求,可以先验证,没有问题后再使用。

表

XY_Project_Project

OBJECTID *	Shape *	X	Y	POINT_X	POINT_Y	dx	dy
1	点	33631182.9396	2794564.19095	33631182.9396	2794564.1909	0	.000050
2	点	33631375.5902	2794503.72653	33631375.5902	2794503.7265	0	.000030
3	点	33630791.5539	2794575.36301	33630791.5538	2794575.363	.000100	.000010
4	点	33627703.115	2794568.7811	33627703.115	2794568.7811	0	-.0001
5	点	33631246.4324	2794583.79704	33631246.4325	2794583.7971	-.0001	.00006
6	点	33627153.3634	2794587.0492	33627153.3634	2794587.0492	0	0
7	点	33631070.2364	2794561.06298	33631070.2365	2794561.063	-.0001	-.00002
8	点	33629716.469	2794593.90334	33629716.469	2794593.9033	0	.000040
9	点	33629808.9874	2794568.56969	33629808.9874	2794568.5687	0	.000020
10	点	33625965.0394	2794561.67402	33625965.0394	2794561.674	0	.000020
11	点	33630040.6648	2794576.82065	33630040.6648	2794576.8206	0	.000050
12	点	33627554.0953	2794292.43117	33627554.0953	2794292.4312	.000000	-.00003
13	点	33629893.3856	2794596.46906	33629893.3856	2794596.469	0	.000060
14	点	33630950.0843	2794523.95513	33630950.0843	2794523.9551	-.0001	.000030
15	点	33630976.9771	2794370.5211	33630976.9771	2794370.5211	0	0
16	点	33629957.8011	2794595.29693	33629957.8011	2794595.287	0	.00007
17	点	33626508.3749	2794575.22929	33626508.3749	2794575.2293	0	-.00001
18	点	33631673.2312	2794596.34893	33631673.2312	2794596.3488	0	.000030
19	点	33626154.3807	2794467.26771	33626154.3807	2794467.2677	0	.000010
20	点	33631274.8766	2794546.38491	33631274.8766	2794546.3849	0	.000010
21	点	33629551.1116	2794570.06538	33629551.1116	2794570.0653	0	.000080
22	点	33630423.5518	2794505.73906	33630423.5517	2794505.739	.000100	.000060
23	点	33626458.3534	2794595.60267	33626458.3534	2794595.6026	0	.000070
24	点	33631756.1318	2794574.52724	33631756.1316	2794574.5273	.000000	-.00006
25	点	33630112.6593	2794558.91539	33630112.6593	2794558.9153	0	.000090
26	点	33632456.0592	2794113.94614	33632456.0592	2794113.9462	.000000	-.00006

1 / 3486 已选择

XY_Project_Project

图9-25 ArcGIS高斯正反算精度对比表

9.3 点、线、面的相互转换

测试数据:chp9\test.gdb 下 ZD、JZX、JZD。

9.3.1　面、线转点

ArcGIS下，面、线转点有两个工具可实现：

（1）要素转点（FeatureToPoint）：操作界面如图9-26所示，输入要素输入的数据源可以是面或线，有一个参数为"内部（可选）"的选择项，如果不选择"内部"，获得点是面（线）的中心点，但中心点不一定在面内（线上）；如果选择"内部"选项，生成的点一定在面内部（线则在线上，大部分是线的长度中点）。一个面（线），获得一个点，点的属性和面（线）的属性一致，对于多部件要素，也只生成一个点。

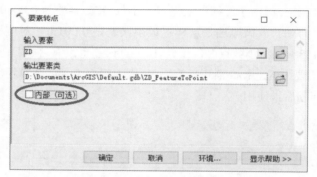

图9-26　要素（面或线）转点

（2）要素折点转点（FeatureVerticesToPoints）：输入要素可以是面或者线，参数"点类型"选择ALL，在每一个输入所有要素折点处创建一个点，注意面的第一点和最后一点是重合的，所以四边形得到的点是5个点，每个点都保留了输入要素的属性；"点类型"选择MID，在每个输入线或面边界的中点（不一定是折点）处创建一个点（和"要素转点"工具不选"内部"得到的结果是不一样的，"要素转点"得到的是面的几何中心心，这里获得的点是面边界中点，线得到的点绝对是线长度的中心，一定在线上）；START是开始点，END是结束点，面的开始点和结束点是同一点，如图9-27所示。

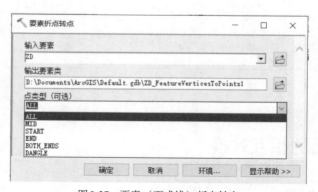

图9-27　要素（面或线）折点转点

9.3.2　面转线

面转线有以下三个工具：

（1）面转线（PolygonToLine）：如图 9-28 所示，如果不勾选参数"识别和存储面邻域信息（可选）"，每个面边界均变为线要素，原来面有几条记录，生成线就有几条，中央带孔面，生成线是一个多部件的两个闭合环，线的属性和面的属性一致；勾选选项，对于共用边界，被分割成单条线段（共用边），属性存储两个左右面 FID 值，这里左右是相对线的方向，如果不是公用边，LEFT_FID 是 –1（包括有孔的面，因为外多边形是顺时针，内多边形是逆时针），RIGHT_FID 是所在面的 FID（ 主键 ObjectID 值）。

打开属性表，查看结果，如图 9-29 所示。

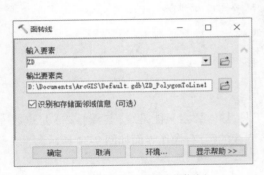

图9-28　面转线 （识别相邻信息）

图9-29　面转线，识别相邻信息结果

（2）要素转线（FeatureToLine）：①输入要素可以是线，单个要素输入用于线的打断。不选"保留属性（可选）"，还可以用删除重复线，但如果勾选"保留属性（可选）"，则没有删除重复线功能。对于多个线层，不保留属性时，用于相互打断。②如果输入要素是面，单个面输入，且勾选"保留属性（可选）"，共用边是两条线，属性和原来面属性一致，如不选"保留属性（可选）"，共用边只有一条，原始属性就不保留，如图 9-30 所示。

（3）在折点处分割线（SplitLine）：输入要素可以是面或线，在每个折点处分割一个小小的线段（只有两个节点），通过这个工具可以分析面、线折点之间的距离是否过小，如是否小于 0.2m，使用这个工具转线段，然后查询线的长度就可以。

图9-30　要素转线

9.3.3　点分割线

点分割线使用"在点处分割线（SplitLineAtPoint）"工具，输入要素只能是线，点要素要求是点数据，点可以在线的折点上，也可以在线上；搜索半径是点到线的距离。操作界面如图9-31所示。

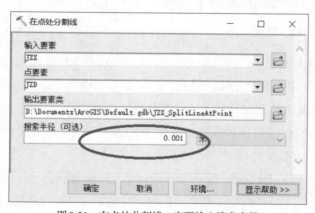

图9-31　在点处分割线一定要输入搜索半径

注意：必须输入搜索半径，否则很多数据就无法分割，搜索半径是点到线的距离，如果点就在线上，输入值就是数据的 XY 容差。当然这个操作建议两个数据坐标系一致，XY 容差一致，并且都是二维数据。

9.4 MapGIS和ArcGIS交换

MapGIS 是武汉中地公司研发的一款优秀国产 GIS 软件,在国内地质、矿产和自然资源行业广泛应用。MapGIS 数据要转成 ArcGIS 格式,如果包含了比例尺,需先转成 1∶1 数据(ArcGIS 所有的数据都真实坐标,1∶1 存储),由于 MapGIS 数据的图纸单位是毫米,ArcGIS 地图单位是米,如果数据是 1∶10000,由于米到毫米已乘以 1000,所以再乘以 10 就可以了,其他比例尺以此类推,如 1∶2000,乘以 2;如 1∶50000,乘以 50;如 1∶100000,乘以 100 等,在 MapGIS 6.7 版本下的"整图变换" 菜单中,XY 都乘以这个值。先转换比例尺,再转 ArcGIS 格式。MapGIS 数据格式转 ArcGIS 数据格式有以下几种方式。

(1)MapGIS 本身转 ArcGIS 的 SHP 可能存在的问题:不能批量转换,汉字经常乱码,属性表有丢失,MapGIS 中的注记先转 MappInfo 的 MIF 格式,再用 FME 软件转 MIF 为 ArcGIS 数据库格式。

(2)商业软件 Map2SHP 是国产的软件。该软件的优点是可以批量转换数据,文字注记无法转换,主要是由于 SHP 格式本身存在缺陷,不支持注记。

(3)使用 MyFME For MapGIS 转。

其他国产软件基本类似,如超图(SupperMap)、苍穹(KQGIS)等,先转成 ArcGIS 的 SHP,ArcGIS 10.2 汉字字段名默认只支持 3 个汉字,ArcGIS 10.7 最多支持 5 个汉字字段,还需要针对已转成的 SHP 文件做以下两件事。

(1)定义投影(也就是定义坐标系),具体操作参见本书 3.4 节;

(2)修复几何(RepairGeometry),如图 9-32 所示。最新版的 Map2SHP Pro 转 SHP,不需要这个操作。点、线不需要修复几何,面必须执行修复几何操作,之所以修复几何,是因为在 ArcGIS 中,面有严格多边形方向:外多边形是顺时针,内多边形是逆时针,如果方向不对,计算的面积就不对,有时甚至是负值,数据本身会有拓扑错误。

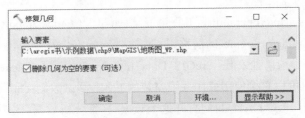

图9-32 数据修复几何

注意:原图上的样式符号不会一起转入,需要在 ArcGIS 中重新地图符号化,保存地图文档。

为保证转换后数据的精度及正确性,必须在数据转换完成后进行数据核查工作,检查数据是否丢失,属性数据是否完整,有没有乱码,面积是否变化,是否满足数据拓扑规则等。如不满足要求,则需要利用 ArcGIS 软件进行编辑或修改。

ArcGIS 数据转 MapGIS 格式的方法:ArcGIS 数据先导出生成 SHP 文件格式,在 MapGIS 下可以直接导入 SHP 格式。但在 ArcGIS 的地理数据库转 SHP 文件时，有以下一些问题：

（1）SHP 在 ArcGIS 10.7 中汉字字段最多支持 5 个汉字，英文 10 个字符。超过该长度时，字段会被截取，属性可能丢失。

（2）SHP 中的文本字段最长能存储 254 个字符，且一个汉字可能占 2~3 位，而在数据库中汉字占 1 位。导出 SHP 时，属性、汉字都有可能丢失。

（3）SHP 不支持圆弧、复杂曲线，数据库要素圆弧转成 SHP 时变成折线，面积和长度会有变化。

9.5 CAD转换成ArcGIS

CAD 是计算机辅助设计软件，广泛用于机械、建筑、工程、产品设计和工业产品的制造，用于相对规则几何图形，CAD 和 GIS 的主要区别如下：

① CAD 画图和制图功能强大，空间分析功能较弱；

② CAD 注重图形，属性管理弱，没有数据库概念；

③ CAD 拓扑关系检查和处理功能弱；

④ CAD 数据相对坐标多，GIS 要求有坐标系，坐标是绝对的，在地球上的位置是固定的。

由于 CAD 画图和制图功能强大，所以很多测绘成果都使用此软件。由于很多测绘人员对 CAD 比较熟悉，习惯用 CAD 作图，而数据建库又要求使用 ArcGIS，所以把 CAD 数据转成 ArcGIS 是一项非常重要工作。如果使用南方 Cass 软件，使用 Cass 软件把 CAD 数据转 SHP。

9.5.1 CAD转ArcGIS

CAD 转 ArcGIS 有以下几种方法：

（1）ArcGIS 内置 Data Interoperability 工具箱下"快速导入（Quick Import）"工具。该工具就是内置的 FME（Feature Manipulate Engine 的简称，是加拿大 Safe Software 公司开发的空间数据转换处理系统），要使用该工具必须单独安装 ArcGIS_Data_Interop_for_Desktop.exe，同时勾选对应模块的许可，如图 9-33 所示。也可以直接使用操作系统安装的 FME。测试数据：chp9\my.dwg。

ArcGIS 可以直接打开该 CAD，我们打开这个数据，仔细分析数据。比例尺在地图下面中部，是 1：10000，看左下角的文字内容，注记着"1980 西安坐标系"，再仔细看 XY 坐标，X 坐标有 6 位，Y 是 7 位，内图框左下角经度为 110° 56′ 15″，所以中央经线是 111°；再看公里网 X 坐标是 37 开头的 8 位，37 分带对应的中央经线也是 111°。

在工具箱找到对应工具，运行后的界面如图 9-34 所示，界面本身就是英文（因为没有汉化，和安装汉化包没有关系）。

图9-33 数据交换模块许可

图9-34 快速导入界面

① 在图 9-34 的"Input Dataset（输入数据集）"输入项右侧，单击对应按钮，出现如图 9-35 所示界面。

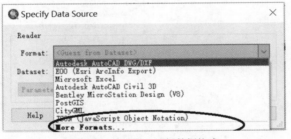

图9-35 快速导入选择数据格式

② 在图 9-35 中 Format 选项的最下面，选择"More Formats（更多的格式）"，工具的操作界面如图 9-36 所示，在界面中选择需要转换的数据格式描述，也可以在左下角的 Search 项中，输入 CAD，或者 CAD 的扩展名 DWG 或 DXF 进行查询和过滤。

③ 选中 Autodesk AutoCAD DWG/DXF 选项后，单击 OK 按钮，再输入或选择具体要转换的 Dataset，即 DWG 或 DXF 文件，然后设置坐标系，西安 80，3 度中央经线 111°，如图 9-37 所示。

④ 单击"Parameters..."按钮，出现如图 9-38 所示界面，选中 Attribute Schema。

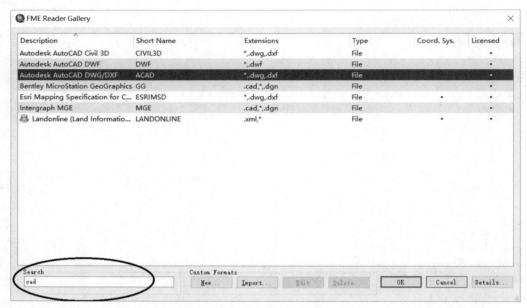

图9-36　快速导入输入CAD

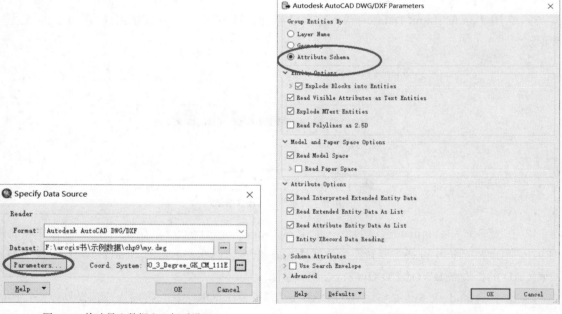

图9-37　快速导入数据和坐标系设置　　　　　　　　图9-38　导入CAD加属性

　⑤ 单击 OK 按钮，出现如图 9-39 所示界面，输出存储的数据库可使用自动设置的默认数据库，也可以根据自己的存储需要进行修改，但建议是 GDB 数据库。

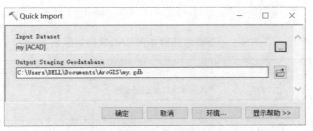

图 9-39　快速导入输出数据设置

（2）CAD 至地理数据库 (CADToGeodatabase) 工具：测试数据：chp9\my.dwg，和上面的"快速导入工具"一样，具体转换如图 9-40 所示。

转换后数据放在同一个数据集 my_CADToGeodatabase 下，所有点放在 Point 图层，所有线放在 Polyline 图层，所有面放在 Polygon 图层，面域转换成 MultiPatch（多面体），所有注记放在 Annotation 层，其中注记的参考比例尺就是上图转换设置的参考比例。仔细打开这些表可以看到，主要有以下信息：

① Layer 字段是原来 CAD 中的图层名，可以使用工具箱"按属性分割（SplitByAttributes）"工具（操作界面如图 9-41 所示），分解成和 CAD 一样的图层。"目标工作空间"选文件夹且输出结果类型为 SHP，SHP 文件名就是 Layer 字段值，相同的则输出到一个 SHP；"目标工作空间"选数据库，输出结果放在数据库中，但数据库中要素类不能使用数字开头，如果是数字开头，自动加"T"字符（T 是 Table 的意思）。

图 9-40　CAD转ArcGIS

图 9-41　CAD转ArcGIS后数据分层

② DocVer 是 AutoCAD 软件版本，具体如表 9-1 所列，该工具只支持 AutoCAD 2018 以下版本。

表9-1　CAD内部版本和CAD软件对照表

版　本	内部版本	AutoCAD软件版本
DWG R13	AC1012	AutoCAD Release 13
DWG R14	AC1014	AutoCAD Release 14
DWG 2000	AC1015	AutoCAD 2000, AutoCAD 2000i, AutoCAD 2002
DWG 2004	AC1018	AutoCAD 2004, AutoCAD 2005, AutoCAD 2006
DWG 2007	AC1021	AutoCAD 2007, AutoCAD 2008, AutoCAD 2009
DWG 2010	AC1024	AutoCAD 2010, AutoCAD 2011, AutoCAD 2012
DWG 2013	AC1027	AutoCAD 2013
DWG 2018	AC1032	AutoCAD 2018

③ Elevation 是 3D 数据的高程，对于一个要素中具有多个 Z 坐标的实体，这是 CAD 应用程序定义的第一个实体的 Z 坐标，可以看出点、线、面都是加 Z，在 ArcGIS 中经常是二维数据，需要把 3D 数据转 2D 数据，转换方法如下，使用工具箱中"要素类至地理数据库（批量）（FeatureClassToGeodatabase）"工具，如图 9-42 所示。

单击"环境"按钮，默认输出包括 Z 值，设置为 Disabled（输出不含 Z 值），如图 9-43 所示。

图9-42　ArcGIS三维数据转二维数据

图9-43　ArcGIS三维数据转二维数据环境设置

④ LineWt 是线宽，如果数值是 25，除以 100，单位为 mm，就是 0.25，以此类推，如果是 50 就是

0.5mm。但是如果数值为 0，对应宽度是打印机能支持的最细的线宽。

注意：

- CAD 数据有版本，ArcGIS 10.7 最高可支持 AutoCAD 2018，比 2018 更高的版本如 AutoCAD 2019 等在 ArcGIS 10.7 中无法打开，也无法转换。
- CAD 中一个图层转到 ArcGIS 可能变成多个图层，因为 CAD 的一个图层可能有多个类型，ArcGIS 一个图层只能是一个类型，可能是点、线、面或注记之一。
- CAD 中的闭合线转到 ArcGIS 中变成面，ArcGIS 中的面转到 CAD 中变成闭合线。
- CAD 中若有弧段或圆弧，不要转 SHP，转 SHP 会变成折线，面积和长度会变化。
- 线型和颜色会丢失，在 ArcMap 只能重新设置线型和颜色。

9.5.2 ArcGIS转CAD

ArcGIS 转 CAD，有两种方法：Quick Export 工具和"导出为 CAD（ExportCAD）"工具。测试数据：chp9\DGX.SHP。

（1）Quick Export 工具。

① 从工具箱中找到 Quick Export 工具，选择 Input Layer 为 DGX 线，如图 9-44 所示。

图9-44　Quick Export导入DGX

② 单击 Output Dataset 右侧按钮，出现如图 9-45 所示界面，下面 Search 输入框输入 DWG，上面

选择 Autodesk AutoCAD DWG/DXF。

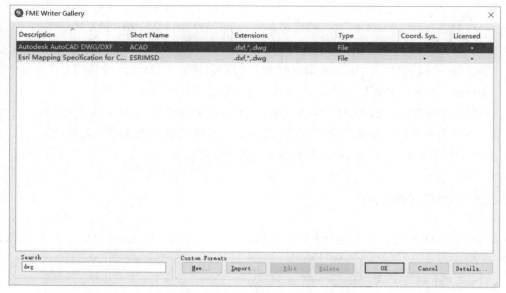

图9-45　选择Autodesk AutoCAD DWG/DXF

③ 单击 OK 按钮后，设置输出 DWG，也可以是 DXF 格式，如图 9-46 所示，单击"Parameters…"按钮。

④ 出现如图 9-47 所示界面后，选择 Extended Entity Data，输出的 CAD 数据带扩展属性。

图9-46　设置输出DWG

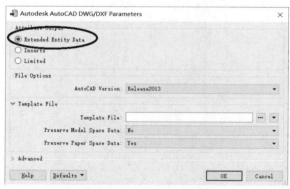

图9-47　设置输出DWG带扩展属性

（2）"导出为 CAD（ExportCAD）"工具。操作界面如图 9-48 所示。

输出 CAD 版本支持 CAD R14、CAD2000 到 CAD2013、CAD2018 等各种版本，可以是 DXF，也可以是 DWG。如果勾选"追加到现有文件"，则允许将输出文件内容添加到现有 CAD 输出文件后面，现有 CAD 文件内容不会丢失。注意如果导出设置为 DWG_R2013，AutoCAD 2012 以下版本是不能打开上面导出的 CAD 文件的（AutoCAD 自身数据版本限制问题）。

如果 DGX 是二维线，导出到 CAD 中 DGX 不含 Z，需要把二维线转成三维线，加 Z，转换方法：使用工具箱"依据属性实现要素转 3D（FeatureTo3DByAttribute）"工具，高度字段选择 BSGC，就是 Z 值，反过来三维数据的 Z 值就是 BSGC 字段值，操作界面如图 9-49 所示。

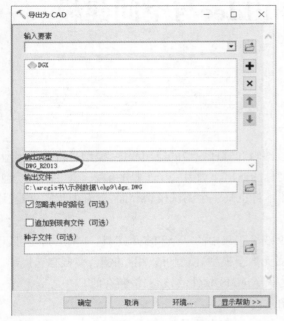

图9-48　ArcGIS转CAD

图9-49　ArcGIS二维转三维数据

ArcMap 的标注不能转为 CAD 文字，需要把 ArcGIS 的标注转注记图层再转为 CAD 文字。另外，特殊注记如上下标（参见本书 4.1.5 小节）、下划线（开始下划线 <und>，结束下划线 </und>）转到 CAD，无法正确显示（按普通的文字注记处理）。

转换都是有损失的，ArcGIS 线型、颜色、样式和符号转到 CAD，无法复原（这主要是由于两个系统在符号、线性样式等管理机制上不一致，且也无法一一对应造成的）。我们可以做个实验，刚才 DGX 转到 CAD，再把 CAD 转到 ArcGIS，在 10.6 以下的版本，可以发现原来闭合线转换后变成面，属性字段有些转过了，有些没有转过来的就丢失了。但在 ArcGIS 10.7 中，使用 Quick Export 和 Quick Import，图形和属性都可以还原，10.7 做得很不错。

第10章 ModelBuilder与空间建模

10.1 模型构建器基础知识和入门

模型构建器 (ModelBuilder) 是一个用来创建、编辑和管理模型的应用程序。模型是将一系列地理处理工具串联在一起的工作流，它将其中一个工具的输出作为另一个工具的输入，也可以将模型构建器看成用于构建可视化编程语言。模型构建器本身也是一个调试模型界面，没有加阴影就是没有运行通过的地方。

模型构建器可以使用 ArcGIS 10.7 工具箱中 923 个工具中的一个和多个工具，一个工具还可以使用多次，每个工具有先后顺序，所以理论上可以做无数个模型。模型可以相互嵌套，模型有迭代器，可以做很多批量处理，可以大大提高我们的工作效率。ArcGIS 软件的核心、精髓在此。

注意： 不能是来自菜单的工具，只能是工具箱的工具。

模型操作：在 ArcCatalog 中找到一个文件夹右击，再右击菜单的"工具箱"（不是 Python 工具箱），新建菜单→模型，在模型中增加工具有三种方式：

① 从工具箱中拖动工具到模型中；

② 将搜索到的工具拖动到模型中；

③ 主菜单"地理处理"→结果中将使用过的工具拖动到模型中。

在模型构建器中，工具之间有先后顺序，使用模型构建器中工具条中的 ![icon] 连接工具连接起来，黄色的圆角矩形表示工具，椭圆表示变量（大部分是数据），![icon] 是数据连接工具，不能是工具连接工具，也不能数据连接数据。

模型是一个新的工具，输入数据和输出数据要设置参数，设置方法：右击→"模型参数"。

10.1.1 节点坐标转Excel模型

测试数据：chp10\ 模型 \dc.shp（这里使用的数据可以是面，也可以是线状数据），将数据添加到 ArcMap 中，先手动操作，具体操作步骤如下：

（1）使用"要素折点转点（FeatureVerticesToPoints）"工具，可以在工具箱中输入关键字进行搜索,如图 10-1 所示。

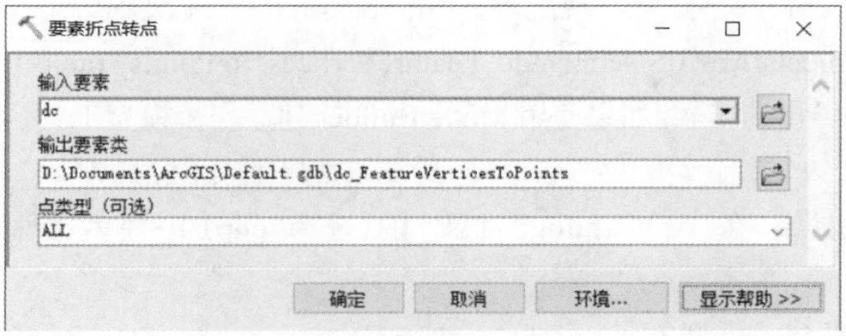

图 10-1 要素折点转点

点类型参数：选择 ALL,在每个输入要素折点处创建一个点,这是默认设置。

"要素折点转点"工具的输入要素可以是面,也可以是线,获得对象的所有(选 ALL 参数)节点,点的属性和面、线的输出结果一致。

（2）添加 XY 坐标（使用 AddXY 工具）,如图 10-2 所示。

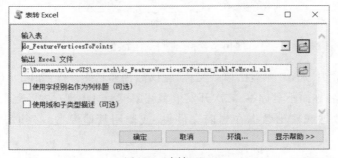

图 10-2 添加XY坐标

输入要素只能是点类型,获得点的 X、Y 坐标,输入表中如果没有 Point_X 和 Point_Y 字段,自动添加对应字段,如果有则更新字段的值；如果是三维点,获得 Z 值,使用字段 Point_Z 表示；如果是地理坐标系,得到的是经度和纬度。该工具没有产生新的输出数据,输入数据就是输出数据,只是增加了 Point_X、Point_Y 字段和更新字段内容,三维点增加了字段 Point_Z。

（3）对转出的且含有 X、Y 坐标的点数据,使用"表转 Excel（TableToExcel）"工具,将上面的数据转成 Excel 格式,如图 10-3 所示。

图 10-3 表转Excel

只将属性表输出到 Excel，输入数据可以是点、线、面和表，输出的 Excel 第一行是字段名，使用其他方法输出 Excel 表时，汉字经常出现乱码，使用"表转 Excel"工具不会出现汉字乱码。导出 Excel 完成后打开 D:\Documents\ArcGIS\scratch\de_FeatureVertices To Points_Table To Excel.xls 查看。

上述过程是手动导出的步骤。如果使用 ModelBuilder 建立一个模型工具，可自动实现上述过程，具体的方法如下：

（1）新建一个工具箱，在 ArcCatalog（目录）中，选择"chp10\ 模型文件夹下"，右击"新建工具箱"。

（2）右击工具箱新建→模型。

（3）打开主菜单地理处理→结果，如图 10-4 所示，工具图标后方括号内显示的是运行日期和时间，其中（095225）表示的是 9 点 52 分 25 秒，（07152018）表示的是 2018 年 7 月 15 日。

图 10-4　查看结果

（4）依次把"要素折点转点""添加 XY 坐标"和"表转 Excel"这三个工具用鼠标拖动到模型构建器中。

（5）使用模型构建器中的 连接起来，由于上一步输出是下一步的输入，依次连接上一个工具的输出数据和下一个工具，删除下一个工具输入数据对应的椭圆图形。

（6）单击模型构建器主菜单→"视图"→"自动布局"，让模型布局美观一些。

（7）设置参数：开始的输入要素和最后输出 Excel 设置参数，设置方法：使用选择工具后，右键设置参数，整个模型如图 10-5 所示：

图 10-5　面节点坐标转Excel模型

（8）模型修改名字：右击→属性，修改名称，建议标签和名称一样，如果 ArcGIS 二次开发软件调用模型，调用模型名称而不是标签，二次开发很多调用模型时出现："找不到模型"也就是这个原因。如果使用输入数据或输出数据在当前文件夹，或调用其他模型，必须勾选 ，如图 10-6 所示。

样例模型在 chp10\ 模型 \ 工具箱 .tbx\ 面节点坐标转 Excel，可以自己编辑，查看和修改模型。

注意：右击选择重命名操作修改的是模型标签，不是模型名称。

（9）不想让模型在运行时已有输入和输出值，在模型右击把输入和输出值删除就可以，这时所有填充颜色消失（没有输入和输出必填参数，工具和参量就是白色的）。

（10）模型参数顺序修改，右击→属性，切换参数，通过箭头修改先后位置，如图10-7所示。

图10-6 模型属性设置

图10-7 模型参数调整

10.1.2 行内模型变量使用

在模型构建器中，可以通过前后加 %（半角的百分号），一个变量替换成另一变量，这种变量替换方式称为行内变量替换。有关行内变量替换的一个简单例子，通过用户输入来代替模型中的某些文本或值，在模型迭代器中经常使用。模型内变量英文不区分大小写。

样例数据:\chp10\ 仅模型工具 \dc.shp，查询面积小于 100000 地块，假定要求"100000"是变量，修改步骤如下：

（1）右击模型→新建变量，类型为双精度，如图10-8所示。

（2）将上面创建的变量重命名为"最小面积值"，双击输入初始值：100000。

（3）在模型编辑器中加入"筛选（select）"工具，设置输入数据dc.shp，表达式为:"Shape_Area">% 最小面积值 %。如果查询字符串变量，字符串前后分别需加单引号，如图10-9所示。

图10-8 模型中创建变量

图10-9　模型中查询调用变量

(4) 为输入数据设置参数后，界面会多一个字母"P"（Parameter 的缩写），界面如图 10-10 所示。

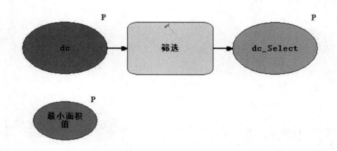

图10-10　查询面积小于某个值模型

(5) 运行该模型，界面如图 10-11 所示。

图10-11　模型运行界面

10.1.3　前提条件设置

前提条件可用于显式控制模型中的运算顺序。例如，使第一个过程的输出成为第二个过程的前提条件：可以让一个过程在另一个过程后面运行。任何变量都可用作工具执行的前提条件，并且任何工具都可以有多个前提条件。

在第 3 章中讲述的投影工具在投影之前，数据必须定义坐标系（也是定义投影），写如下一段 Python 代码，判断坐标系是否定义，没有定义返回 False，已定义返回 True。

```
#######################
import arcpy
import os
import sys
import traceback

TableName= arcpy.GetParameterAsText(0)
dsc = arcpy.Describe(TableName)
sr = dsc.spatialReference
prj = sr.name.lower()
arcpy.AddMessage("prj:"+prj)
try:
    if prj == "unknown":
        arcpy.SetParameter(1,False) #返回False
    else:
        arcpy.SetParameter(1,True) #返回True
except Exception as e:
    AddPrintMessage(e[0], 2)
```

在"chp10\ 模型 \ 工具箱 .tbx\ 检查坐标系是否存在"工具中，右击→"编辑"可以查看 Python 源代码，也可以编辑模型，模型如图 10-12 所示。

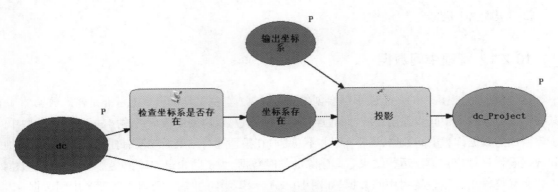

图 10-12　提前条件模型

图 10-12 中,箭头前面为虚线的表示前提条件,没有定义坐标系就不能投影,坐标系已定义才能投影。

如图 10-13 所示的模型,测试数据:chp10\ 模型 \ 填行政代码 .mxd,对应模型:chp10\ 模型 \ 工具箱 .tbx\ 填行政代码。依据行政区划图层（XZQ）中的行政代码,填写另外一个图层（地类图斑:DLTB）中的行政区划代码字段。

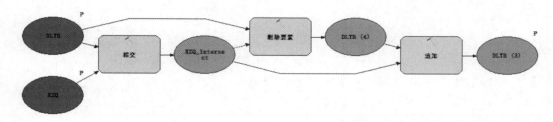

图 10-13　填写行政代码模型（相交后删除）

删除原 DLTB 的数据,必须在两个数据运行相交操作之后（保证 DLTB 数据在 XZQ 覆盖范围内）,否则,无法对 DLTB 使用 XZQ 图层中的字段代码进行赋值（相交的结果就为空）。这个模型通过相交,把 DLTB 按 XZQ 分割,并把两个表的属性加在一起,然后再将该部分数据追加到原 DLTB 数据结构中形成新的 DLTB 数据,从而实现自动填 DLTB 数据的行政区代码。

10.2　模型发布和共享

模型放在工具箱,工具箱是一个 tbx 文件,很多人想当然地认为把文件拷贝给其他人,其他人就可以使用了,这其实只是最基本的一步,还需要考虑:
① 管理中间数据;
② 考虑版本问题。

10.2.1　管理中间数据

运行模型时,模型中的各个流程都会创建输出数据（有些工具输出数据可能是输入数据）。其中某些输出数据只是中间步骤创建的,而后连接到其他流程,以协助完成最终输出的创建。由这些中间步骤生成的数据称为中间数据,通常（但并不总是）在模型运行结束后就没有任何用处了。可以将中间数据看作一种应在模型运行结束后即删除的临时数据。为了防止最终输出变量被删除,强烈建议不要将最终输出变量设置为中间数据。如图 10-5 所示模型中的"输出要素类",就是中间数据,中间数据一般放在默认数据库中,由于不同计算机的默认地理数据库位置可能不一样,所以必须管理中间数据。

管理中间数据的方法有两种：

（1）右击→托管，如图 10-14 所示。

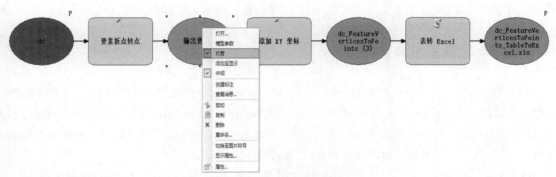

图 10-14　中间变量托管

托管的含义把中间数据放在各个机器的默认地理数据库中，只要是 ArcGIS 10 以上的版本都有默认的地理数据库。

（2）把中间数据放在内存中。

把输出数据的"托管"属性选项勾掉（不去掉托管，双击不能修改），双击，把原来默认数据库的一段修改成 in_memory（不区分大小写），由于内存读写速度远大于硬盘的读写，模型运行速度会大大提高，如图 10-15 所示。

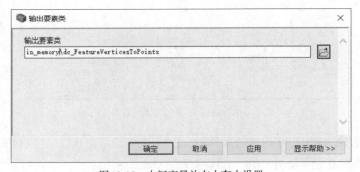

图 10-15　中间变量放在内存中设置

in_memory 是指内存数据库（也是内存工作空间），另外，在输出结果的命名中"\"是必须的，图 10-9 中变量 dc_FeatureVerticesToPoints 可以任意命名，放在内存中就不用设置为"托管"了，在决定将输出写入内存工作空间时，必须注意以下事项：

● 写入内存工作空间的数据是临时性的，在关闭应用程序时被删除；

● 表、要素类和栅格可写入内存工作空间；

- 内存工作空间不支持扩展的地理数据库元素，如属性域、制图表达、拓扑、几何网络以及网络数据集；
- 不能在内存工作空间中创建要素数据集或文件夹。

总结：所有中间数据都需要托管或者放在内存中；放在内存中，模型运行速度大大提高，当有很多中间数据时，模型运行速度会差几倍甚至几十倍，推荐把模型中间数据都放在内存中。

10.2.2　工具箱版本转换

由于受 ArcGIS 软件自身版本的原因，工具箱也有不用版本之间兼容性问题，在 ArcGIS 10.7 下创建的工具箱，在 ArcGIS 10.3 和 ArcGIS 10.7 下是兼容的，但在 ArcGIS 10.3 以下版本不能打开。另外，ArcGIS 10.2 和 ArcGIS 10.1 兼容，而 ArcGIS 10.0 和 ArcGIS 10.1 不兼容。为了能在其他版本下使用，需另存为其他版本后才可以使用和修改，如图 10-16 所示。

对于一些高版本才有的工具，如 ArcGIS 10.7 版本的工具"图形缓冲（GraphicBuffer）"，ArcGIS 10.3 版本中没有该工具，因此，在 ArcGIS 10.3 下的模型也无法使用；另外，在 ArcGIS 10.7 版本中改进的工具，导出 ArcGIS 成其他低版本后，可能变成无效状态，其图标变成如 ，这时就需要在模型构建器中重新验证该模型。

注意：模型中使用的工具需要对应的 ArcGIS 版本要有这个工具才可以。

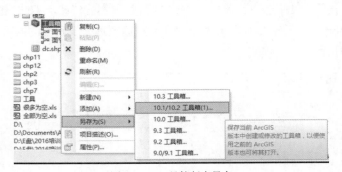

图 10-16　工具箱版本另存

反之，如果是在 ArcGIS 10.0 创建的工具箱，在 ArcGIS 10.7 中执行任何操作，如打开模型，即使没有修改，都会自动保存成 ArcGIS 10.7 工具箱，而在 ArcGIS 10.0 中无法再打开。这一点和 ArcMap MXD 文档是类似的。

10.3　迭代器使用

迭代是指以一定的自动化程度多次重复某个过程，通常又称为循环。模型中的迭代就是批量处理,这也是模型的强大之处。但一个模型只能支持一个迭代,不能多个,可能通过模型调用实现多个迭代。常用迭代器列表如表 10-1 所列。

表10-1　模型中常用迭代器列表

序　号	迭代器	含义描述
1	For 循环	按照给定的增量从起始值迭代至终止值。从头到尾执行固定数量的项目。就是编程语言中的for循环
2	迭代要素选择	按一个或者字段分组,迭代要素类中的,相同输出一个要素
3	迭代行选择	按一个或者字段分组迭代表(也可以要素)中的所有行,输出结果为表
4	迭代字段值	迭代字段中的所有值,相同返回一个值
5	迭代数据集	迭代数据库的所有数据集
6	迭代要素类	迭代工作空间所有要素数据
7	迭代栅格数据	迭代工作空间或栅格数据目录中的所有栅格数据

10.3.1　For 循环(循环输出DEM小于某个高程数据)

循环输出 DEM 小于某个高程数据,已创建的模型在:chp10\ 迭代器 \ 工具箱 .tbx\For 循环,可以双击运行,右击→编辑可以查看模型,最后变量为"% 输出数据库 %\dem% 值 %",其中"输出数据库"和"值"两个参数是调用前面两个变量,模型如图 10-17 所示。

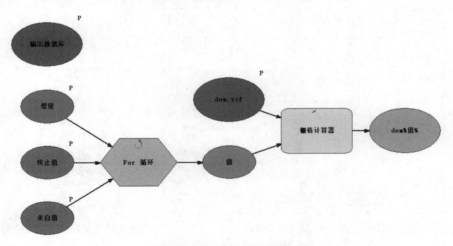

图10-17　模型中For迭代器使用

注意:加入 For 循环,右击→获得变量→从参数,分别设置"来自值""终止值""增量"几个参数,操作界面如图 10-18 所示。图 10-17 中,输出数据库是新建一个变量,数据类型是工作空间,栅格计算器操作见 15.4 节。

右击模型"For 循环模型"进入其属性设置界面,属性设置如图 10-19 所示。

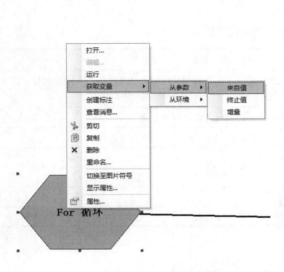

图 10-18　模型中For参数设置　　　　　图 10-19　模型For循环属性相对路径设置

勾选"存储相对路径名",单击"确定" 按钮。模型运行如图 10-20 所示。

在"来自值""增量" 和"终止值" 中分别输入 500、50 和 1000 后,结果如图 10-21 所示。

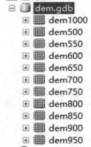

图 10-20　模型For循环运行界面　　　　　图 10-21　模型For循环运行结果

10.3.2　迭代要素选择(一个图层按属性相同导出)

迭代要素选择含义就是一个要素图层按一个或多个字段取出来循环,取出唯一值。一个图层按相同属性导出,模型是"chp10\ 迭代器 \ 工具箱 .tbx\ 迭代要素选择",可以双击运行,右击→编辑可以查看模型,实现工具箱"按属性分割(SplitByAttributes)"工具的功能,这个工具使用参见 11.3.2 小节。把"迭代要素选择"改成"迭代行选择","筛选"改成"表筛选",可以实现非图形表的属性相同导出一个单独数据表。

测试数据:chp10\ 迭代器 \ 测试数据库 .gdb\DLTB,模型在 chp10\ 迭代器 \ 工具箱 .tbx\ 迭代要素选择。模型如图 10-22 所示,最后"% 值 %"的变量值为"% 工作空间 %\% 值 %",一个变量是定义"工作空间",输出数据位置,"值"变量是迭代要素选择的循环的结果。

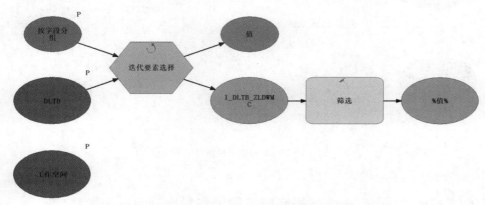

图 10-22　一个图层按属性相同导出模型

模型运行界面如图 10-23 所示。

选择分组的属性字段 ZLDWMC 后,工具的运行结果如图 10-24 所示。

图 10-23　一个图层按属性相同导出模型运行界面　　　　图 10-24　一个图层按属性相同导出模型运行结果

10.3.3　影像数据批量裁剪模型

图 10-25 所示的模型是一个影像数据被一个矢量数据按每一个图形批量裁剪,矢量数据每条记录迭代。

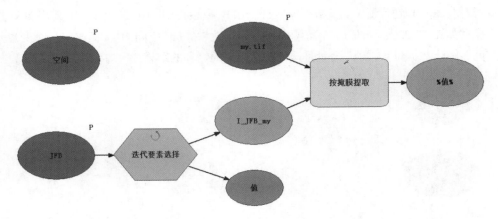

图10-25　影像的批量裁剪模型

10.3.4　迭代数据集(一个数据库所有数据集导出到另一个数据库)

迭代数据集:如果输入是数据库,对一个数据库所有要素数据集循环；如果输入是文件夹,对文件夹下所有数据库中的数据集循环。一个数据库所有数据集导出另一个数据库。

模型在 chp10\ 迭代器 \ 工具箱 .tbx\ 迭代数据集,可以双击运行。右击→编辑可以查看模型,最后复制输出值"% 名称 %" 的设置值为"% 输出数据库 %\% 名称 %",如图 10-26 所示。

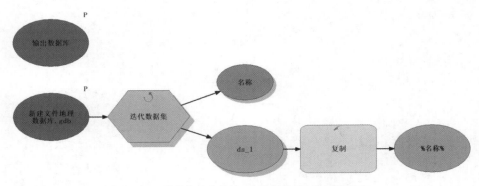

图10-26　数据集迭代复制一个数据库所有数据集模型

该模型的运行界面如图 10-27 所示。

图 10-27 数据集迭代运行界面

10.3.5 迭代要素类(批量修复几何)

迭代要素类：如果输入是数据库，对数据库中所有要素类（含数据集下要素类）循环；如果输入是文件夹，对文件夹下所有数据库中的要素类和 SHP 文件都循环。

模型在 chp10\ 迭代器 \ 工具箱 .tbx\ 迭代要素类，可以双击运行。右击→编辑可以查看模型，如图 10-28 所示。

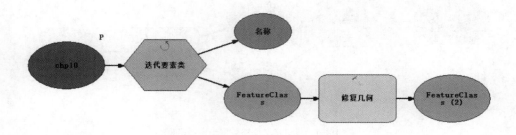

图 10-28 批量修改几何模型

双击"迭代要素类"迭代器，显示如图 10-29 所示界面，在该界面中勾选"递归（可选）"（勾选后表示将递归迭代所有子文件夹）。

输入值的参数配置后，该模型运行界面如图 10-30 所示。

图 10-29　迭代要素类，要勾选"递归"选项　　　　　图 10-30　批量修改几何运行界面

10.3.6　迭代栅格数据(一个文件夹含子文件夹批量定义栅格坐标系)

迭代栅格数据：就是对一个数据库或文件夹的所有栅格数据（含栅格数据集、镶嵌数据集）进行循环。模型实现：一个文件夹含子文件夹所有栅格数据定义坐标系。

测试数据:chp10\ 迭代器 \ 栅格批量定义坐标系。模型: chp10\ 迭代器 \ 工具箱 .tbx\ 迭代栅格数据，可以双击运行。右击→编辑可以查看模型，如果把"迭代栅格数据"修改为"迭代要素类"，就批量定义矢量数据的坐标系功能，具体模型如图 10-31 所示。

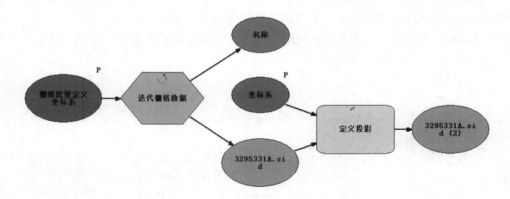

图 10-31　批量定义栅格数据坐标系模型

同样,在"迭代栅格数据"的参数定义界面中,勾选"递归"选项（勾选后将递归迭代所有子文件夹）,如图 10-32 所示。

图10-32 迭代栅格数据设置

运行界面如图 10-33 所示。

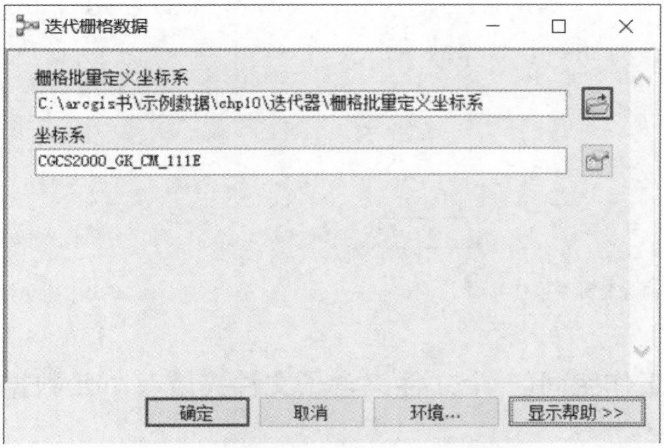

图10-33 批量定义坐标系运行界面

如果想清除某文件夹数据的坐标系,可在图 10-33 界面中单击坐标系后的 按钮,单击该按钮后系统弹出"空间参考属性"的定义界面,如图 10-34 所示。

在上述定义 XY 坐标系界面的坐标系选择按钮下,选择"清除"选项,即将当前的坐标系设置为未知(Unknow),从而实现批量清除坐标,如图 10-35 所示。

图10-34 清除坐标系操作界面

图10-35 批量清除坐标系界面

10.3.7 迭代工作空间(一个文件夹含子文件夹所有mdb数据库执行碎片整理)

迭代工作空间：就是对数据库或文件夹进行迭代。迭代工作空间（一个文件夹含子文件夹所有MDB 数据库的紧缩维护），样例模型:chp10\ 迭代器 \ 工具箱 .tbx\ 迭代工作空间,可以双击运行,右击→编辑可以查看模型,模型如图 10-36 所示。

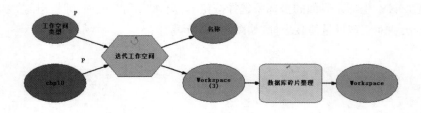

图10-36 批量压缩数据库模型

双击"迭代工作空间"迭代器,对迭代工作空间进行参数定义,参数配置界面如图 10-37 所示。同理,一定要勾选"递归"选项(勾选后将递归所有子文件夹),在工作空间类型中选择 ACCESS 选项是对所有的 MDB 数据库进行碎片整理,选择 FILEGDB 则是对所有 GDB 数据库进行碎片整理。

模型运行界面如图 10-38 所示。

图10-37　迭代工作空间的界面设置

图10-38　批量压缩数据库运行界面设置

10.3.8　多个迭代器(MDB转GDB)

由于 ModelBuilder 构建器模型中只能加入一个迭代器,在做复杂的数据操作处理事务时,可能需要用到多个迭代器,这时可以通过模型调用模型来实现,例如把一个 MDB 中的所有数据(含要素数据集、栅格数据和要素类)导出到另一个 GDB 数据库中。

创建子模型 1:转换所有数据集(要素数据集和栅格),模型如图 10-39 所示。

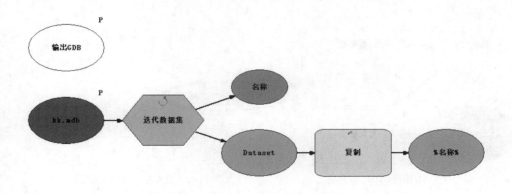

图10-39　转换所有数据集

创建子模型 2:转换所有要素类,模型如图 10-40 所示。

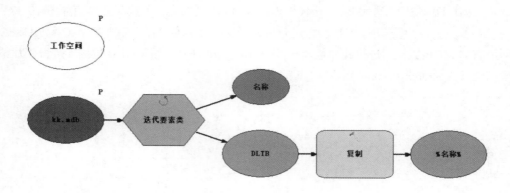

图 10-40　转换所有要素类

总的模型：chp10\ 迭代器 \mdb 转 gdb.tbx\ 模型，模型如图 10-41 所示。

该模型可以将 MDB 转 GDB，也可以将 GDB 转 MDB、SHP 转 GDB 等，具体的实现方法是在模型内部调用其他模型，同时建议两个模型放在统一工具箱。注意一定要勾选该模型属性定义界面中的"存储相对路径名"，如图 10-42 所示。

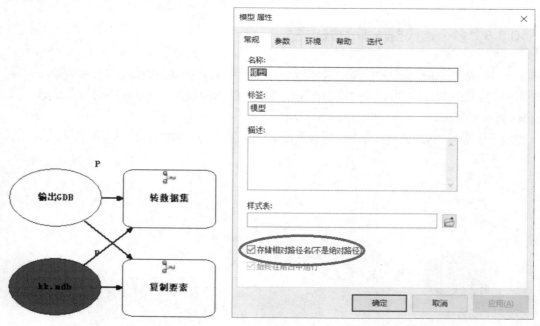

图 10-41　MDB转GDB　　　　　　图 10-42　设置存储为相对路径

10.4 模型中仅模型工具简介

模型内部已封装集成的"仅模型工具",仅用于"模型构建器"中,该工具可以增加和拓展模型的功能,包含"计算值""收集值""解析路径"等七类,如图 10-43 所示。

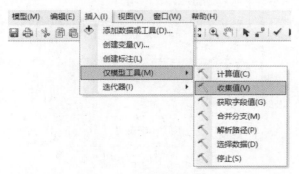

图 10-43 仅模型工具位置

10.4.1 计算值

使用"仅模型工具"中的"计算值"工具,主要用于编写 Python 程序,返回 Python 表达式的值。模型在 chp10\ 仅模型工具 \ 仅模型工具 .tbx\ 计算值,右击→"编辑",在编辑窗体中设置模型的前提条件,表中有对应字段,不执行添加字段处理;如没有字段,则对其添加字段模型,如图 10-44 所示。

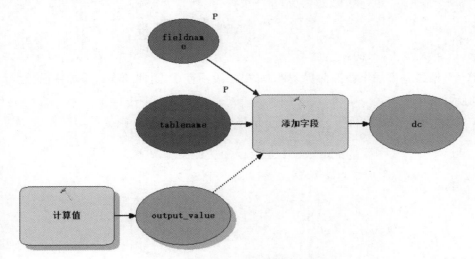

图 10-44 计算值工具调用模型

双击"计算值"工具,设置界面如图 10-45 所示。

图10-45　计算值工具调用界面

在上述界面中的"代码块"编辑框中，输入自定义的判断一个表中是否存在指定字段的函数语句，代码如下：

```
def FieldExists(TableName,FieldName):
    FieldName=FieldName.upper()
    desc = arcpy.Describe(TableName)
    for field in desc.fields:
        if field.Name.upper()==FieldName:
            return False
            break
return True
```

"计算值"结果是添加字段的前提条件，如果字段不存在，返回 True，添加字段，运行界面如图 10-46 所示。

图10-46　最终运行界面

10.4.2　收集值

"收集值"工具专用于收集迭代器的输出值或将一组多值转换为一个输入。收集值的输出可用作合并、追加、镶嵌和像元统计等输入数据有多个工具的输入。

模型在 chp10\ 仅模型工具 \ 仅模型工具 .tbx\ 收集值，该模型的主要功能是实现将一个文件下所有面合并在一起，模型如图 10-47 所示。

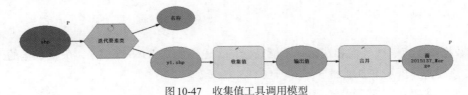

图10-47　收集值工具调用模型

10.4.3　解析路径（把一个图层数据源路径名称写入某个字段）

"解析路径"工具主要是用于分析输入文件的完整文件名、文件路径、文件名及文件扩展名等信息，其解析结果由解析类型参数控制。

示例：如果在"解析路径工具"的输入是 C:\ToolData\InputFC.shp，选择不同解析类型，其输出结果如表 10-2 所列。

表10-2　解析路径中解析类型和结果

解析类型	结　果
文件名和扩展名（FILE）	InputFC.shp
文件路径（PATH）	C:\ToolData
文件名（NAME）	InputFC
文件扩展名（EXTENSION）	shp

模型在 chp10\ 仅模型工具 \ 仅模型工具 .tbx\ 解析路径，右击→"编辑"，模型如图 10-48 所示。

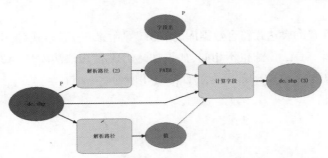

图10-48　一个图层数据源路径名称写入某个字段模型

第11章 矢量数据的处理

矢量数据就是点、线、面和注记，不能是栅格，也不能是 TIN 等数据，矢量数据的处理和第 12 章的矢量数据分析基本原理如下：

① 多个数据的坐标系尽可能一致。

② 多个数据的 XY 容差最好一致，如果不一致，结果取 XY 容差最大值，精度最低的，XY 容差除在创建要素时设置外，其他地方都不做任何修改。

③ 数据本身不要拓扑错误，否则无法操作，或者操作结果可能是错误的。

④ 多个数据的维数一致，都是二维或三维； 一个是三维 （加 Z ）而另一个是二维可能无法操作，一个是点图层而另一个是多点图层，也可能无法操作。

11.1 矢量查询

矢量查询包括。

（1）属性查询：基于某个或两个字段查询，一般是一个表（或要素），也可以是多个表（或要素），SHP 不支持多表复合查询，数据库 GDB 和 MDB 支持多表查询。

（2）空间查询：根据空间位置查询，一般是两个图层，必须有图形。

11.1.1 属性查询

ArcGIS 中的属性查询表达式符合数据库的 SQL（见附录三）表达式，这里主要是 WHERE 子句，使用不同的数据源，SQL 语法也不相同，如果是 MDB，使用语法就是 Access 的语法，如果是 Oracle，就是 Oracle 的语法。SQL 的常用语法如表 11-1 所列。

表11-1　SQL的常用语法

类　　型	字符串	空的判断	模糊查询
SHP	单引号	字符是=″，数字是=0	_（下划线）表示1位，%表示多位
个人数据库（MDB）	单双引号都可以	is Null	?表示1位，*表示多位
文件数据库(GDB)	单引号	is Null	_表示1位，%表示多位
Oracle	单引号	is Null而不是=Null	_表示1位，%表示多位
SQL Server	单引号	is Null	_表示1位，%表示多位

总结：字符串查询方法一般用单引号，数字如整数、双精度，不加引号；字段名不用加任何的引号和中括号；特殊查询时，如查询"北大"，MDB格式数据应输入：'北 * 大 *'，其他格式应输入：'北 % 大 %'；字符串模糊查询使用Like，同时加通配符，通配符除MDB是 * 外（如果使用C# ArcEngine开发，程序源代码中也使用 %，而不是 *），其他都是 %（半角）；精确查询使用 = 号。SQL中不区分大小写，如null和NULL是完全一样的。

查询中的 and 是并且、逻辑"与"的含义，要同时满足两个查询条件，查询结果更少；而关键字 or 是或者、逻辑"或"的含义，查询结果一般比单条件查询结果更多。

数字不能直接模糊查询，可以转字符串，转换语句如表11-2所列（FID，OBJECTID是数字）。

表11-2　数字模糊查询

类　　型	模糊查询
SHP	cast(FID as character) like '%1%'
GDB	cast(OBJECTID AS varchar(20)) like '%1%'
MDB	str(OBJECTID) like '*1*'
Oracle	OBJECTID like '%1%'
SQL Server	str(OBJECTID) like '%1%'

如果要查询个人地理数据库数据，可以将字段名称用方括号括起，如 [AREA]；对于文件地理数据库数据和 SHP，可以将字段名称用双引号括起，如 "AREA"，但是通常不需要，所以字段名通常什么也不加。

查询时，数字可以大于、小于和等于，字母也可以大于、小于和等于，按 ABC 字母顺序从小到大排序，数字在字母之前，如果有 a,b,A,B 大小写，按 aAbB 顺序从小到大排序。汉字也有大小，按汉字的拼音顺序，对于多音字，以第二个拼音顺序为准，如汉字"长"可能读"chang"，也可能读"zhang"，默认排序按"zhang"。

特殊字符的查询，在 GDB、SHP、Oracle 和 SQL Server 下查询含下划线 _ 和 % 等特殊字符的查询（XMMC 是字段名），查询方法如下：

```
XMMC LIKE '%\_%' escape '\' ---查询含下划线_的
```

```
XMMC LIKE '%\%%' escape '\' ---查询含百分号%的
Acess mdb中*和?的查询:
XMMC LIKE '*[*]*' ---查询含*的
XMMC LIKE '*[?]*' ---查询含?的
```

1. 属性查询操作

第一种方法：主菜单下"选择"菜单→"按属性选择"，如图 11-1 所示。该选择功能只能针对要素图层，且查询的图层必须加载到 ArcMap 地图窗口，查询后 ArcMap 地图窗口自动选择查询结果要素对象。

第二种方法：工具箱中"按属性选择图层（SelectLayerByAttribute）"工具。使用该工具时输入数据可以是要素图层，也可以是表，但必须加到 ArcMap 的地图窗口，查询后自动选择满足查询条件的要素对象。

第三种方法：工具箱中"筛选（Select）"工具。该工具的输入必须是要素类或要素图层，查询输出结果是独立要素。

第四种方法：使用工具箱中"表筛选（Table Select）"工具。该工具的输入可以是要素类或表，但查询输出结果只能是表。

图 11-1　属性查询界面

在图 11-1 中的图层列表中选择查询图层，双击字段进入输入框，单击"获得唯一值"按钮获得选中字段的唯一值（相同的只返回一个）。当查询出现 SQL 语法错误时，有一个重要的方法：将编辑框中的脚本复制到记事本中,仔细查看、分析,主要有字符是否加引号、引号是否半角、引号是否单引号、数字不加引号等。

2. 获得等高线计曲线

数据:\chp11\dgx.shp,高程字段 BSGC,等高距是 20m,是 100 的整倍数就是计曲线,如图 11-2 所示。

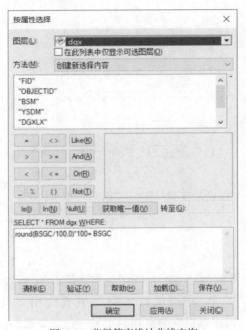

图11-2 获得等高线计曲线查询

不同的数据源,SQL 语句不太一样。SHP 和 GDB:round(BSGC/100,0)*100= BSGC,round 是四舍五入取位,其中 0 取整数; MDB:int(BSGC/100)*100= BSGC,int 是取整。

类似的查询操作,在 SHP 文件格式中,查询"FID"字段是否为偶数的要素对象,可使用 round(FID/2,0)*2= FID 这个查询语句来实现。

3. 获得等高线长度大于平均值

数据:chp11\ 复合查询 .mdb\dgx",查询等高线长度大于平均值,界面如图 11-3 所示。

注意: 图 11-3 中字段外带的中括号 [] 可以去掉,如 Shape_Length >(select avg(Shape_Length) from dgx),这里 avg 是平均值,数据可以是 MDB 和 GDB,但不可以是 SHP,SHP 不支持子查询,SQL 嵌套。

图 11-3　获得等高线长度大于平均值复合查询

11.1.2　空间查询

空间查询就是基于空间位置查询，GIS 特点就是既有属性也有空间位置，使用工具可以在主菜单中的"选择"菜单→"按位置选择"，或者使用工具箱中的"按位置选择图层(SelectLayerByLocation)"工具，可以根据要素相对于另一图层要素的位置来进行选择，空间查询一般是两个图层，当然也可以是一个图层，属性查询一般是一个，也可以是两个。

1. 查询河北省有哪些主要城市

使用数据：\chp11\ 空间查询 .mxd，使用工具条中的 选择省级行政区图层中的"河北"，使用"选择"菜单中的"按位置选择"菜单，如图 11-4 所示。

单击"按位置选择"后，按图 11-5 所示的界面设置有关查询的对象及查询要求等内容。该界面的"目标图层"中选择"地级城市驻地"，"源图层"选择"省级行政区"图层，同时勾选"使用所选要素"，在"目标图层要素的空间选择方法"中选择"与源图层要素相交"。

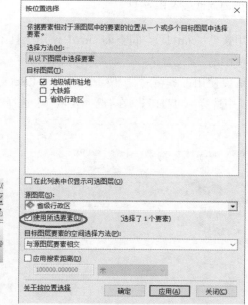

图11-4 空间查询菜单位置　　　　　　　　图11-5 查询河北省有哪些主要城市

在图 11-5 的界面中单击"确定"或"应用"按钮后,打开地级城市注点图层的属性表,如图 11-6 所示。

FID	Shape *	AREA	PERIMETER	name
207	点	0	0	廊坊市
208	点	0	0	唐山市
209	点	0	0	秦皇岛市
210	点	0	0	保定市
211	点	0	0	沧州市
212	点	0	0	邢台市
213	点	0	0	衡水市
216	点	0	0	邯郸市
234	点	0	0	张家口市
235	点	0	0	承德市
331	点	0	0	石家庄市

图11-6 查询河北省主要城市结果

2. 查询河北省有哪些县

使用数据：\chp11\ 空间查询 .mxd，使用工具条中的 ![icon] 选择省级行政区图层中的"河北"，使用选择菜单中的"按位置选择"，如图 11-7 所示。

也可以使用工具箱的"按位置选择图层（SelectLayerByLocation）"工具，如图 11-8 所示。在"关系"选项中选择"WITHIN"，在"选择要素"中选择"省级行政区"，其他选项采用默认值即可。

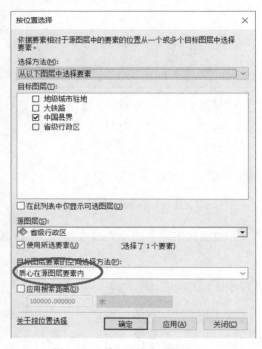

图 11-7　查询河北省有哪些县　　　　　　　　图 11-8　按位置选择图层查询

11.1.3　实例：县中（随机）选择10个县

（1）先融合（Dissolve），打开工具箱的"融合"工具，输入"中国县界"图层，不选择任何字段，其他都使用默认值，如图 11-9 所示。

（2）再使用"创建随机点（Create Random Points）"工具创建 10 个随机的点，在创建过程中使用的约束要素类就是上面融合的结果，创建点数是 10 个。如果不做上面的融合处理，则为每个县创建 10 个随机的点，如图 11-10 所示。

图11-9　全国的县合并在一起

图11-10　创建随机点界面

（3）随机点创建后，在 ArcGIS 中加入该图层，然后按位置选择，如图 11-11 所示。

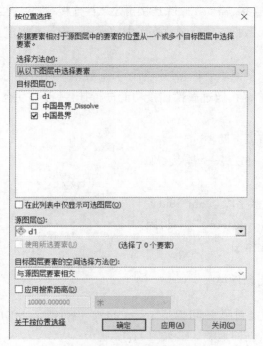

图11-11　按位置选择随机10个县

在图 11-11 中"按位置选择"的操作界面中，"目标图层"使用原"中国县界"图层，"源图层"使用前一步所创建的随机点图层，"目标图层要素的空间选择方法"选项使用"与源图层要素相交"方式。单击"确定"按钮后即可得到随机选择的 10 个县级行政区划界。

11.2　矢量连接

矢量连接有两种方式：属性连接和空间连接。属性连接用于多对一或一对多，如从表和主表的对应。支持矢量、栅格数据表和表格，如 Excel 等不带图形的表。空间连接一般是两个图形数据，但坐标系最好一致，拓扑没有问题。

11.2.1　属性连接

ArcGIS 下使用属性连接的条件是：字段类型相同——都是数字字段或字符串，不能将一个字符串字段和一个数字型字段连接一起，连接找不到字段就是这个原因；值相同——数值完全相同，如"1.0"和"1"不同，"北京"和"北京市"不同，"北京"和"北京 "（后面加空格）也不同。

属性连接，不生成新表，通过连接字段，把另一个表字段加在当前表后面（两个表之间只能建立一个连接，如果已建立字段连接，需要先删除连接再建属性连接。删除连接后，连接字段就自动消失，连接也只能通过一个字段），数据连接就是数据库中的视图 (View)，物理上是两个表，看起来可以做一个表使用。

属性连接功能可以用于代码填名称、名称填代码、属性输入 Excel 录入等。因此，属性数据录入也可以先在 Excel 表格录入后，通过属性连接功能进行挂接，但必须有一个字段用于匹配和一一对应。

属性连接的操作方法有以下两种。

（1）右击图层：连接和关联→连接，如图 11-12 所示。

（2）使用工具箱的"连接字段 (JoinField)"工具。注意不是"添加连接 (AddJoin)"工具，因为后者连接字段需要预先建索引。

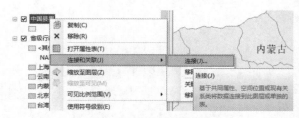

图 11-12　右击连接的操作

1. 三调中旧地类转换为新地类

（1）编写旧地类和新地类对照表，可以是 Excel 格式，也可以是 MDB 中的数据表，可以是文本文件，对照表:\chp11\ 连接 \ 新旧地类 .xls，如图 11-13 所示。

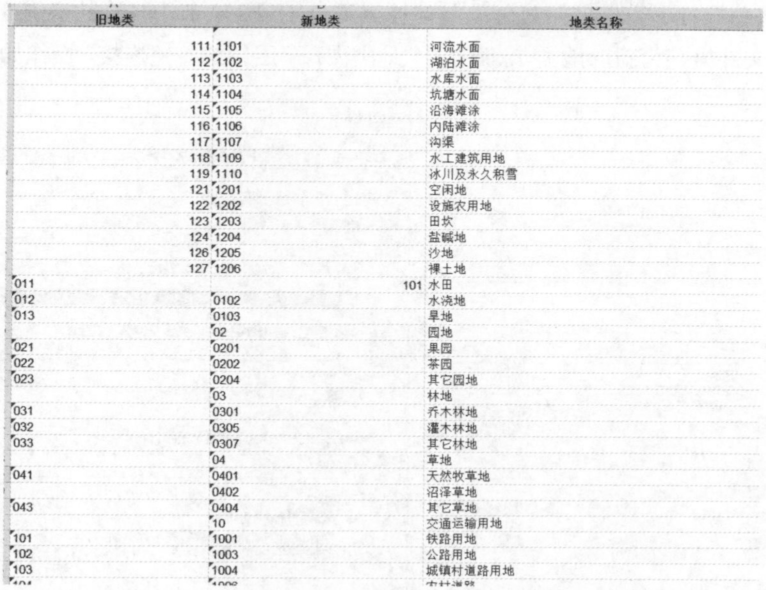

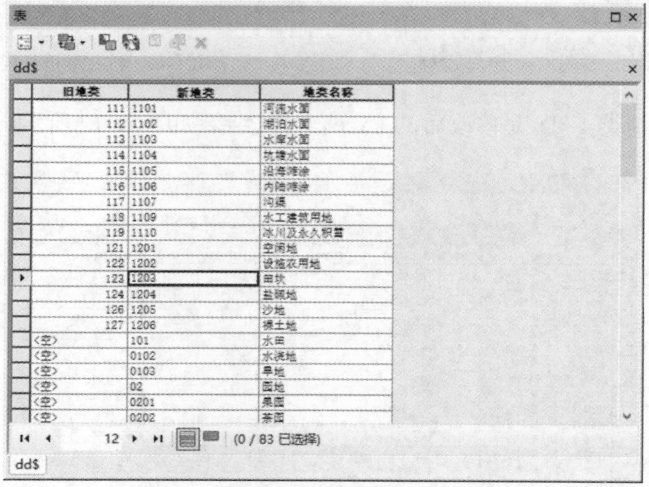

旧地类	新地类	地类名称
	111 1101	河流水面
	112 1102	湖泊水面
	113 1103	水库水面
	114 1104	坑塘水面
	115 1105	沿海滩涂
	116 1106	内陆滩涂
	117 1107	沟渠
	118 1109	水工建筑用地
	119 1110	冰川及永久积雪
	121 1201	空闲地
	122 1202	设施农用地
	123 1203	田坎
	124 1204	盐碱地
	126 1205	沙地
	127 1206	裸土地
011	101	水田
012	0102	水浇地
013	0103	旱地
	02	园地
021	0201	果园
022	0202	茶园
023	0204	其它园地
	03	林地
031	0301	乔木林地
032	0305	灌木林地
033	0307	其它林地
	04	草地
041	0401	天然牧草地
	0402	沼泽草地
043	0404	其它草地
	10	交通运输用地
101	1001	铁路用地
102	1003	公路用地
103	1004	城镇村道路用地

图 11-13　新旧地类对照表

（2）连接。数据：chp11\ 连接 \dltb.shp 和上面的新旧地类 .xls，xls 中的 dd$ 和这里的 dltb.shp 添加至 ArcMap 中，打开新旧地类 .xls 中的 dd$，数据表和 Excel 中看到的不一样，如图 11-14 所示。

旧地类	新地类	地类名称
111	1101	河流水面
112	1102	湖泊水面
113	1103	水库水面
114	1104	坑塘水面
115	1105	沿海滩涂
116	1106	内陆滩涂
117	1107	沟渠
118	1109	水工建筑用地
119	1110	冰川及永久积雪
121	1201	空闲地
122	1202	设施农用地
123	1203	田坎
124	1204	盐碱地
126	1205	沙地
127	1206	裸土地
<空>	101	水田
<空>	0102	水浇地
<空>	0103	旱地
<空>	02	园地
<空>	0201	果园
<空>	0202	茶园

图 11-14　ArcMap打开新旧地类对照表

图 11-14 中旧地类下面的很多行数据为“空”，而在 Excel 中不为空，这是 ArcGIS 使用 Excel 的一个常见问题，查看“旧地类”字段类型是双精度，不是文本，如图 11-15 所示。

解决方法：在“旧地类”列中的记录值前面加“,（半角的单引号，在 Excel 里的作用是标明该单元格是文本,即将值"111"修改成"'111")",具体原因请见 11.2.2 小节中 Excel 使用问题。修改完后将原新旧地类 .xls 文件另存为新旧地类 1.xls,选中"地类图斑"层,右击→"连接"操作如图 11-16 所示。

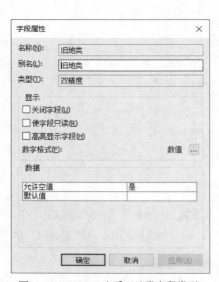

图 11-15　ArcMap查看旧地类字段类型 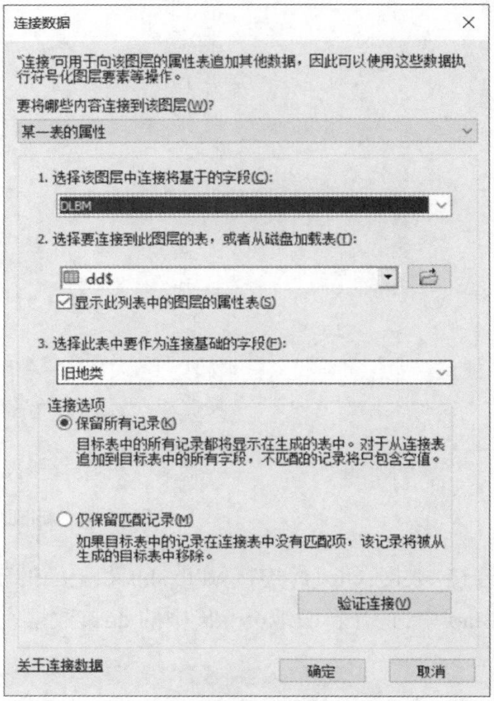　　　　图 11-16　连接新旧地类 1.xls表

这里 dd$ 是新旧地类 1.xls,是修改后的 Excel 文件,结果如图 11-17 所示。

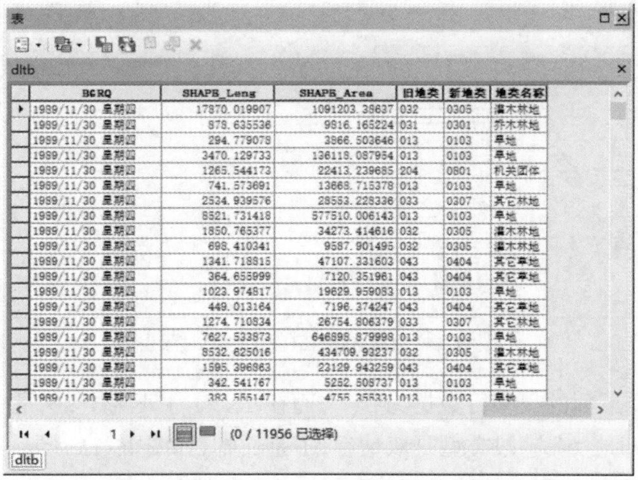

图 11-17　连接结果展示

（3）使用字段计算器更新地类图斑层中的字段 DLBM，如图 11-18 所示。单击"确定"按钮后，即可将新的地类代码按照对照关系更新到原字段中。

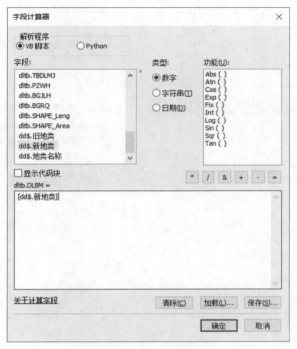

图 11-18　字段计算器更新

2. 三调中地类图斑只有坐落行政代码没有坐落名称

使用数据：chp11\ 连接 \dltb.shp 和 chp11\ 连接 \ 行政代码表 .xls。操作步骤如下：

（1）把 dltb.shp 和行政代码表 .xls 中的"行政代码表 $" 加入 ArcMap 中；

（2）在 ArcMap 下打开行政代码表 .xls 中的"行政代码表 $" 属性表，打开后的显示界面如图 11-19 所示。

（3）看到"代码"一列全部为空，由于 Excel 文件中首行"代码"中含有空格，重新启动 Excel 打开行政代码表 .xls，修改"行政代码表 $" 表的"代码"列，删除其中的空格。具体原因见 11.2.2 小节中 Excel 使用问题。

（4）修改"行政代码表 $" 表的"代码"列中的空格后，在 ArcMap 中选中地类图斑层，按右键菜单，重新建立连接。操作如图 11-20 所示，使用 DLTB 的 ZLDWDM 字段和"行政代码表 $" 表的"代码"字段关联后，数据匹配一切正常。

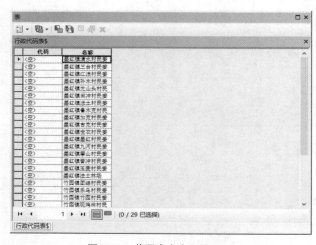

图 11-19　代码内容为空界面

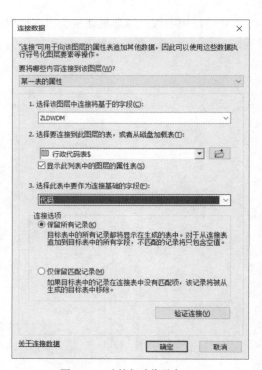

图 11-20　连接行政代码表

11.2.2　Excel使用问题

（1）在 ArcGIS 中打开 Excel 工作簿时，Excel 中所有内容均为只读。

（2）字段名称从工作表各列的首行中获取，字段名中不得含有空格或者特殊字符，否则那一列数据内容全部为空。反之，如果在 ArcGIS 下看到 Excel 的工作表中某一列数据全部为空，其原因是字段名有空格或其他特殊字符等。

（3）Excel 与标准数据库不一样，不会在输入数据时，强制字段类型。因此，在 Excel 中指定的字段类型对 ArcGIS 中显示的字段类型不起任何决定作用。ArcGIS 中的字段类型是由该字段的头八行（除第一行为字段名外）值扫描决定的。如果在单个字段中扫描到混合数据类型，则该字段将以字符串字段的形式返回，并且其中的值将被转换为字符串。反之，如果看到一列数据中很多为空，其原因是字段各类型不正确，解决方法是，在第二行到第九行任意一行前面加半角的单引号，强制变成字符串类型。

（4）在 ArcGIS 中，数值字段将被转换为双精度数据类型，即使如 1，2，3 等短整数，也不会定义成整数型。

（5）Excel 中文本类型字段长度最长是 255，超过 255 自动截断，只取前 255 个字符。解决方法是,在 Access 中导入 Excel 表,再连接对应的 MDB 下的表。

11.2.3 空间连接

"空间连接(SpatialJoin)"工具:根据空间关系将一个要素类的属性连接到另一个要素类的属性。目标要素字段和来自连接要素的被连接属性写入输出要素类。

操作方法:使用工具箱的工具——"空间连接(SpatialJoin)"。

下面使用数据:chp11\ 空间连接 .gdb 中的宗地基本信息(ZD),界址点 (JZD)。

1. 获得一个宗地有几个界址点

在 ArcMap 中加载样例数据库中的"宗地基本信息 (ZD)""界址点 (JZD)"图层。单击工具箱中的"空间连接"工具,操作界面如图 11-21 所示。在"目标要素"输入项选择"宗地基本信息"图层,"连接要素"则选择"界址点"图层,其他使用默认选项。

打开连接后生成的 ZD_SpatialJoin 属性表,如图 11-22 所示。

图 11-21 获得一个宗地有几个界址点空间连接

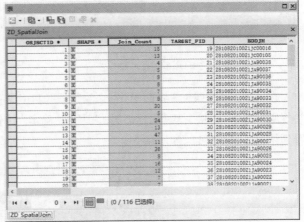

图 11-22 空间连接结果

其中 Join_Count 就是个数,一般要求一个宗地最少 4 个界址点。

2. 获得一个宗地的所有界址点号

使用"空间连接"工具对宗地和界址点进行空间连接,默认只能找到一个界址点号,对应字段(JZDH),该要求的操作是在前一操作过程的基础上更进一步。一定要找到所有的界址点号字段(JZDH)。

操作方法如下:目标要素和连接要素一样,在连接要素的字段映射,选中 JZDH 字段,右击→

"属性"，如图 11-23 所示。

右击 JZDH 字段属性后，弹出如图 11-24 所示的界面。

图 11-23　空间连接右键设置

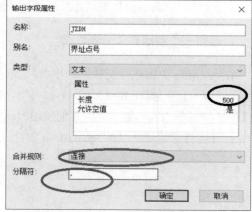

图 11-24　空间连接输出字段属性设置

在"输出字段属性"界面中，先修改字段长度（设置成 500），长度不够可能会导致操作失败，"合并规则"选择"连接"，填写分隔符"，"，单击"确定"按钮后，打开 ZD_SpatialJoin2 的属性表，就可以看到结果了，如图 11-25 所示。

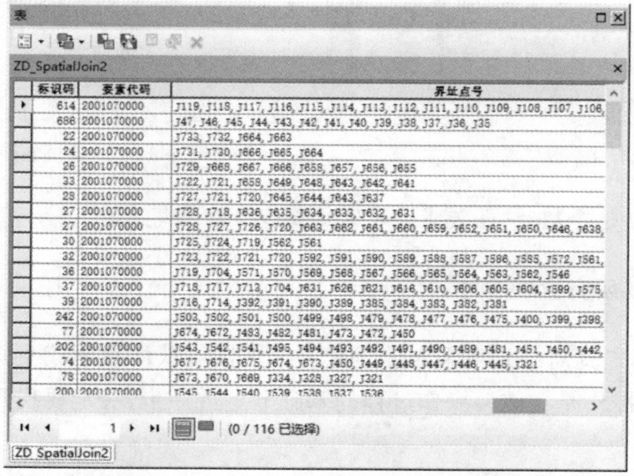

图 11-25　获得一个宗地的所有界址点号结果

11.3 矢量裁剪

11.3.1 裁 剪

"裁剪 (Clip)"：提取与裁剪要素相重叠的输入要素。裁剪工具在工具箱中,在"地理处理"菜单中也有对应的功能菜单项,两者一模一样,只是在菜单中更容易找到。编辑器下"裁剪"的区别是：编辑器下"裁剪"是在一个图层内部一个面裁剪另外几个面,而工具箱的"裁剪"是两个图层之间的裁剪。

1. 工作原理

（1）裁剪要素可以是点、线和面,具体取决于输入要素的类型。

① 当输入要素为面时,裁剪要素也必须为面,不可以是点和线。

② 当输入要素为线时,裁剪要素可以为线或面,不可以是点。用线要素裁剪线要素时,仅将重合的线或线段写入输出中。用面要素裁剪线要素时,将得到面范围（含边界）的线写入输出中。

③ 当输入要素为点时,裁剪要素可以为点、线或面。用点要素裁剪点要素时,仅将重合的点写入输出中；用线要素去裁剪点要素时,仅将与线要素重合的点写入输出中；用面要素裁剪点要素时,将得到面范围内（含边界上）的点。

（2）输出要素类将只包含输入要素的所有属性。

总 结："裁剪"输出结果属性和输入一致,图形类型也和输入一致,图形范围是重叠输入要素,裁剪要素融合在一起裁剪输入要素,一条公路跨了几个省,裁剪之后,还是一条公路,不会分割。

2. 具体实例

（1）获得一个宗地界址点图形数据。

测试数据:chp11\ 获得一个宗地界址点图形数据 .mxd,操作界面如图 11-26 所示。

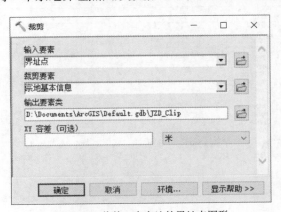

图 11-26 裁剪一个宗地的界址点图形

（2）获得一个四川省内所有县。

测试数据：chp11\ 获得一个四川省所有县 .mxd，在"省级行政区"图层中先选择四川，然后再使用"裁剪"工具，操作界面如图 11-27 所示。

图 11-27　裁剪一个省中所有县

如果输入要素和裁剪要素两者调换，会发现裁剪得到的结果为"四川省"，裁剪要素"中国县界"相当于所有的县界合并在一起裁剪。

11.3.2　按属性分割

"按属性分割（SplitByAttributes）"是 ArcGIS 10.4 后才有的工具，用于一个数据（表和要素都可以）按某个字段值分割成多个数据，经常用属性相同的记录分组分割一个图层，如"县级行政区"中按 PROVINCE（省级代码）字段分解，一个省的所有县变成一个图层。如果放在数据库中，由于 PROVINCE 值是数字，而在数据库中要素类不能用数字开头，会自动加一个 T（Table 简称）字符，如图 11-28 所示。

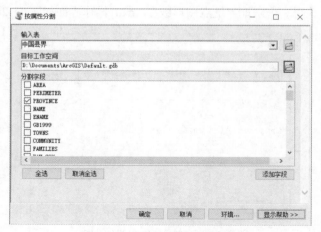

图 11-28　中国县界按字段值分解

目标工作空间是已存在数据库或文件夹，放入数据库就变成数据库格式，放在文件夹中就变成 SHP 文件格式。

11.3.3 分 割

"分割 (Split) "：叠加的分割要素将要素剪切成多个较小部分，如图 11-29 所示。

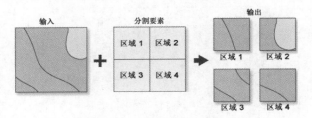

图 11-29 分割工具工作原理图

根据叠加的图形分割，输入要素分割为四个输出要素类。这四个分割要素类名称与分割字段值相对应。

原理：

（1）分割要素数据集必须是面。

（2）分割字段数据类型必须是字符串。其唯一值生成输出要素类的名称。分割字段的唯一值必须以有效字符开头，不能用数字开头，不能有特殊字符等。

（3）目标工作空间必须已经存在，和 11.3.2 小节的含义一样。

（4）输出要素类的总数等于唯一分割字段值的数量，其范围为输入要素与分割要素的叠加部分。

（5）每个输出要素类的要素属性表所包含的字段与输入要素属性表中的字段相同。

例：将县区按省级区域分割，如图 11-30 所示。和 11.3.2 小节中所介绍的属性分割的区别是：后者是根据属性分割，这里是根据图形分割。

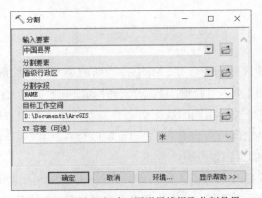

图 11-30 按省级行政区图形界线提取分割县界

11.3.4 矢量批量裁剪

使用一个图层批量裁剪多个图层，ArcGIS 本身没有类似的工具，我们可以使用 Python 代码编写一个工具。在 chp11\ 矢量批量切割 .tbx\ 矢量批量切割，如图 11-31 所示，输入图层可以是多个点、线、面和注记图层，是被裁剪的要素，字段要求是字符串字段，且是唯一值字段，字段值是裁剪后的数据库名字。

图 11-31　批量裁剪工具演示

11.4 数据合并

11.4.1 合　并

数据类型相同的多个输入数据集合并（Merge）为新的单个输出数据集。此工具可以合并点、线或面要素类或表。使用"追加工具"可将输入数据集合并到现有数据集，合并原理如下：

（1）使用该工具可将多个类型相同的数据集合并到新的单个输出数据集。所有输入数据集的类型必须相同。例如，点要素类之间可以合并，表之间也可以合并，但线要素却无法同面要素合并。二维线层不能和三维线层合并，单点和多点不能合并。

（2）该工具不会分割或更改来自输入数据集的几何。即使出现要素间重叠，输入数据集中的所有要素在输出数据集中也将保持不变。需要处理要素之间重叠的，使用"联合（Union）"工具。

（3）合并相当于把几个表的数据（行）合并在一起，输入数据集在列表中的顺序，确定输出的结果记录顺序，哪个在前，记录就在前。

（4）当多个数据合并，相同字段名自动对照，是以先加字段长度为准（如先加字段太短，合并就可能失败），不相同字段名全部列出，可以手工对照，不需要的字段可以自己删除。

测试数据：chp11\ 合并 .mdb 下 DK1 和 DK2，将 DK1 和 DK2 两个数据合并在一起，操作界面如图 11-32 所示。

图 11-32　数据合并

工具箱中合并工具和编辑器中合并的区别：编辑器中合并是一个图层的内部几个对象合并在一起，而工具箱中合并工具是几个图层合并成一个图层。

合并工具和连接功能的区别：连接是把两个表的字段加在一起，是对字段列合并；而合并是把两个表的记录加在一起，是对记录行合并。

11.4.2　追　加

将多个输入数据集追加（Append）到现有目标数据集。输入数据集可以是点、线、面要素类、表、栅格、注记要素类或尺寸要素类。表的字段由目标数据集确定，输入数据类型必须和目标数据集一致，记录添加到目标数据集后面。追加过程失败是因为目标数据集字段长度太短，或者输入数据和目标数据字段类型不一致，如目标是双精度，而输入数据是文本，而文本又非数字，追加就失败了。

经常用于非标准数据导出到标准数据库，目标数据字段类型和顺序，作为最终的标准数据库。

11.4.3 融 合

一个要素基于一个或多个指定的属性聚合（合并）要素，就使用"融合 (Dissolve)"工具。在融合过程中，主要使用以下参数。

融合字段：是指定字段具有相同值组合的要素将聚合（融合）为单个要素，融合字段会被写入输出要素类。不选融合字段，全部合并在一起。

多部分 (multipart) 要素：融合可能会导致创建出多部分要素。多部分要素是包含不连续元素的单个要素，在属性表中表示为一条记录。不选中"多部件要素"，只合并相邻的要素，不相邻的不合并。

汇总属性：作为融合过程的一部分，聚合要素还可包括输入要素中存在的所有属性的汇总。融合工具也是重要的统计工具，对于数字字段可以统计最大值、最小值、平均值和总计，字符串可以是第一个（保留这个字段方法也是这样的方法）、最后一个和个数，不能取总计和平均值。

测试数据：chp11\ 合并 .mdb\dltb。

① 不选融合字段，看到全部合并在一起；

② 按 DLMC 和 ZLDWMC 统计面积，界面如图 11-33 所示。

注意：这个工具在 ArcGIS 10.2 以下的版本操作，一定要放到后台运行（放在后台运行方法见 2.3.5 小节的工具设置前台运行），否则有些计算机可能会死机。

图 11-33　融合工具用于统计

总结：融合工具是对一个图层内部要素的合并。不选"融合字段"，全部图形合并在一起，最后记录只有一条；选"融合字段"，值相同的图形合并在一起。"融合工具"也是一个重要的统计工具。"融合工具"是图形合并，属性用于统计。统计数据一定要勾选☑创建多部件要素（可选），否则，统计结果是错误的。

11.4.4 消 除

通过将面相邻最大面积或最长公用边界的合并来消除面。消除（Eliminate）通常用于移除小面积图斑，经常用于制图综合（概念见附录三），处理小图斑和碎图斑。

原理：要消除的要素由应用于面图层的选择内容决定。必须在之前的步骤中选择要素内容（因为工具箱工具不选择处理所有对象，这里不可能处理所有要素）。

输入图层：面层，必须包含选择内容；否则，消除操作失败。

按边界消除面：默认按相邻公用边界边长最长合并，不选合并面积最大的。

排除图层：排除表达式和排除图层不会相互排斥，可将二者结合使用以对要消除的要素进行全面排除。

测试数据：chp11\合并.mdb\dltb。

（1）使用按属性选择，选择面积小于1000，如图11-34所示。

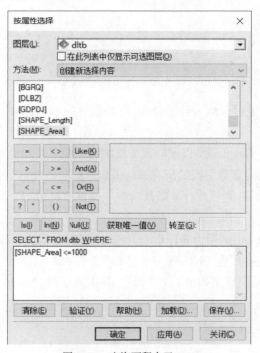

图11-34 查询面积小于1000

（2）在工具箱下找到"消除"工具，如图11-35所示。

图11-35　消除（选择对象和相邻公用边最长的合并）

总结："合并（Merge）"是将几个图层合并成一个图层；"追加（Append）"是将其他数据添加到当前数据后面；"融合（Dissolve）"是一个图层自己合并，不选字段时全部合并，如选择字段，则字段值相同的图形合并在一起，此时的属性用于统计；融合工具也是重要的统计工具；消除工具也是图层合并，是空间关系相邻合并，融合是按字段值相同（按属性）合并。

11.5　数据统计

11.5.1　频　数

"频数（Frequency）"：通过读取表和一组字段，并创建一个包含唯一字段值以及唯一字段值所出现次数的新表。原理如下：

（1）输出表将包含字段Frequency以及输入所指定的频数字段和汇总字段。

（2）输出表将包含所指定频数字段的所有属性值组合的频数计算（结果）。

（3）如果指定了汇总字段，则频数计算结果的唯一属性值将由每个汇总字段的数值型属性值进行汇总。汇总字段只能是数字字段。

频数工具适用于图形表，也适用于非图形表，经常用于查看某个字段值是否唯一，Frequency字段值是1则唯一，大于1就有重复。例如，将一个省的县合并在一起，统计一个省有多少个县，并统计面积，可使用该工具，具体操作界面如图11-36所示。其中的字段 Province 是"中国县界"图层中用于存储该县所在省份的字段。

图 11-36　按省统计总面积

11.5.2　汇总统计数据

汇总统计（Summary Statistics）工具为表中字段计算、汇总、统计数据。空值将被排除在所有统计计算之外。具体的汇总统计原理如下：

（1）输出表将由包含统计运算结果的汇总字段组成。

（2）使用此工具可执行以下统计运算：总和、平均值、最大值、最小值、范围、标准差、计数、第一个和最后一个。可以是数字型字段或者字符型字段。

（3）如果已指定案例分组字段，则单独为每个唯一属性值计算统计数据。如果未指定案例分组字段，则输出表中将仅包含一条记录。如果已指定一个案例分组字段，则每个案例分组字段值均有一条对应的记录。

下面的操作是实现将一个省的县合并在一起，并统计面积，具体操作界面如图 11-37 所示。

总结："融合"工具和"汇总统计数据"工具都可以用于汇总统计（数字字段可以统计总计、最大值、最小值、平均值、标准差和极差等，文本字段可以取个数、第一个和最后一个值等），如果只是统计汇总，"汇总统计数据"工具速度快很多，因为"融合"工具要处理图形合并，图形合并速度慢很多，"融合"工具必须是图形数据（要素类），而"汇总统计数据"可以是图形数据和表（没有图形）。"频数"工具主要用于统计个数和数字字段总计，不能是最大值、最小值等其他数值，最主要的用途是计算个数，"频数"工具必须选择字段，不能统计所有总量。

图11-37 汇总统计数据工具按省统计总面积

第12章　矢量数据的空间分析

空间分析是基于空间位置分析的总称,具体包括很多种针对图形位置关系进行的空间运算处理,如邻域分析中的缓冲区 (buffer) 和图形缓冲 (GraphicBuffer) 都是针对单个要素进行的邻域关系处理,3D 缓冲区 (Buffer3D) 也是一种特殊缓冲区,如叠加分析中的相交 (intersect)、擦除 (Erase)、识别 (Identity) 和更新 (Update) 等空间关系的操作处理。对空间分析用到的多个数据的要求和第 11 章的要求一样,即坐标系一样、XY 容差一样以及维数一致,数据不要有拓扑错误。

12.1　缓冲区

缓冲区（Buffer）：在输入要素周围某一指定距离内创建缓冲区多边形。缓冲区工具各个参数的含义。

（1）输入要素：要进行缓冲的输入点、线或面要素。也可以是注记,注记图层缓冲是注记图形的缓冲。

（2）输出要素类：包含输出缓冲区的要素类。输出结果一定是面要素。

（3）缓冲距离的描述：可以输入一个固定值或一个数值型字段作为缓冲距离参数。固定值所有要素的缓冲区大小一样,面可以正值也可以是负值,点和线只能是正值;字段值每个要素缓冲区大小由字段值来确定。做缓冲区数据最好是投影坐标系。

（4）侧类型（可选）：将在输入要素的哪一侧进行缓冲。此可选参数不适用于 Desktop Basic 或 Desktop Standard。FULL：对于线输入要素,将在线两侧生成缓冲区。对于面输入要素,将在面周围生成缓冲区,并且这些缓冲区将包含并叠加输入要素的区域。对于点输入要素,将在点周围生成缓冲区;这是默认设置。LEFT：对于线输入要素,将在线的拓扑左侧生成缓冲区。此选项对于点、面输入要素无效。RIGHT：对于线输入要素,将在线的拓扑右侧生成缓冲区。此选项对于点、面输入要素无效。

（5）OUTSIDE_ONLY：如果选中该选项,对于面输入要素,仅在输入面的外部生成缓冲区（输入面内部的区域将在输出缓冲区中被擦除）。此选项对于点、线输入要素无效。

（6）末端类型（可选）：线输入要素末端的缓冲区形状。此参数对于点、面输入要素无效。此可选参数不适用于 Desktop Basic 或 Desktop Standard,只有 Desktop Advanced 才可以使用。

- ROUND：缓冲区的末端为圆形，即半圆形，这是默认设置。
- FLAT：缓冲区的末端很平整或者为方形，并且在输入线要素的端点处终止。

图12-1　Round和Flat缓冲区别

如图 12-1 所示，外面的是 ROUND，内部是 FLAT。测试数据：chp12\ 缓冲区 \FlatRound.mxd。

（7）融合类型（可选）：指定要执行哪种融合操作以移除缓冲区重叠。

- NONE：不考虑重叠，均保持每个要素的独立缓冲区，这是默认设置。
- ALL：将所有缓冲区融合为单个要素，从而移除所有重叠。
- LIST：融合共享所列字段（传递自输入要素）属性值的所有缓冲区。

（8）融合字段（可选）：主要用融合类型为 List 选项时，具体使用的融合字段名称（可多选）。选择后，输出的缓冲区将按照所列字段值相同的相邻缓冲区进行融合。

12.1.1　矩形环

数据在 chp12\ 缓冲区 \ 矩形环 .mxd，界面如图 12-2 所示。

图12-2　矩形环的结果界面

创建矩形环的具体操作如图 12-3 所示，运行"缓冲区"工具，在缓冲"距离"栏中输入 –500m（点和线不能是负值），面若为负值向内，正值向外。在"侧类型"选项中选择 OUTSIDE_ONLY，即只生成外围一侧的缓冲，主要用于地图打印花边，面填充样式。

图12-3　矩形环缓冲操作界面

12.1.2　获得距离小于10米点

测试数据：chp12\ 缓冲区 \qqq.gdb\ 小于 10 米点"，操作步骤如下：

（1）先创建点的缓冲区，在缓冲区距离参数中输入 5 米，"融合类型" 选择 ALL，如图 12-4 所示。

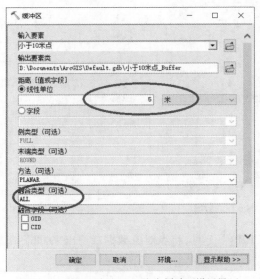

图12-4　获得距离小于10米点缓冲区设置界面

（2）所有的对象都合并在一起，需要分解，如图 12-5 所示。

图12-5　分解多部件要素

（3）通过生成要素对象的图斑面积值，找到面积大于单个圆的面积 (5×5×3.1415) 记录（小于 10 米的点创建缓冲后已融合成一个面，而大于 10 米的点之间则未与其他点的缓冲融合。因此，其面积为直径为 10 米的圆的面积）。使用选择菜单下的"按属性选择"工具，如图 12-6 所示；也可以使用"筛选（Select）"工具，如图 12-7 所示。注意，如果是 SHP 文件，没有 Shape_Area 字段，需要自己加字段。

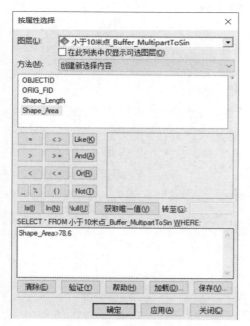

图12-6　查询大于一个整圆面积的数据

图12-7　筛选大于一个整圆的数据

（4）最后，通过"裁剪 (CLIP)"工具，将点对象数据裁剪出来，如图 12-8 所示。

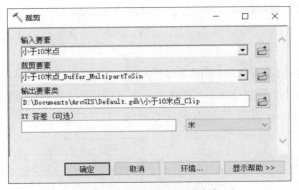

图 12-8　裁剪获得小于 10 米点

上述裁剪操作也可以使用"按位置选择"菜单实现，还可以使用"相交"工具实现。

通过模型，也可将上述过程集成为一个工具。模型在 chp12\ 缓冲区 \ 工具箱 .tbx\ 获得小于 10 米点，如图 12-9 所示。

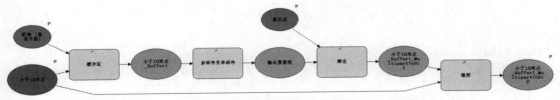

图 12-9　获得小于 10 米点模型

12.1.3　获得面状道路

利用缓冲区功能，可通过线状数据的宽度值，自动生成所需的面状数据。如已知城市道路宽度不一样，提供道路中心线和宽度，即可获得最终的道路面数据，类似规划数据获得实际路面，如图 12-10 所示。

图 12-10　道路宽度不一样的面

测试数据:chp12\缓冲区\提取道路面\提取到路面.mxd。

（1）打开 MXD 文档后,在线要素 line 图层,首先添加一个字段:kd2,"添加字段(Add Field)"启动后的界面如图 12-11 所示。

注意,已加字段 KD2,不能再添加相同字段。

（2）由于道路是面状道路中心线,计算宽度一半, VB 语法表达式为:[kd]/2, [] 是必须的,如图 12-12 所示。如果是 Python 语法,字段名前后必须加"!"。

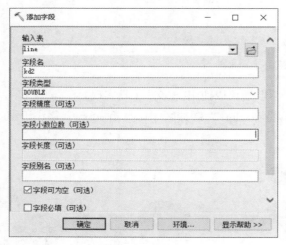

图12-11　加字段

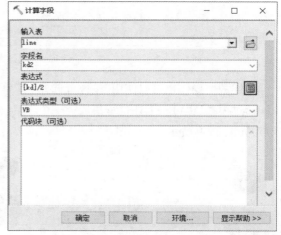

图12-12　计算宽度一半

（3）缓冲区中选择字段 kd2,侧类型选 FULL,融合类型选 ALL,如图 12-13 所示。

图12-13　线的缓冲

设置完缓冲距离的"字段""测类型""末端类型""方法（投影坐标或地理坐标,建议是投影坐标系,选 PLANAR）"以及"融合类型"等参数后,生成的结果如图 12-14 所示。

图 12-14 中所示相交的中间道路是直角的,没有道路右转弯的圆弧,下一步需要使用"平滑面（SmoothPolygon）"工具进行处理,操作界面如图 12-15 所示。

图 12-14　线缓冲的结果

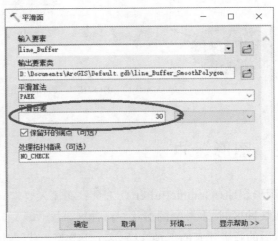

图 12-15　平滑面的直角

平滑容差越大,圆弧越大,结果如图 12-16 所示。

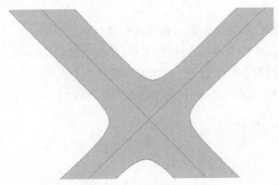

图 12-16　圆角道路结果

上述处理过程的模型,打开后如图 12-17 所示。

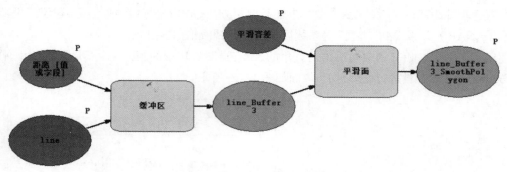

图12-17　获得面状道路的简单模型

12.2　图形缓冲

"图形缓冲（GraphicBuffer）"工具：在输入要素周围某一指定距离内创建缓冲区面。在要素周围生成缓冲区时，多种制图形状对缓冲区末端（端头）和拐角（连接）可用。这个工具也是 ArcGIS 10.4 以后的版本才有的工具，以后这个工具将替代缓冲区（Buffer）工具。

连接类型（可选）：两条线段连接拐角处的形状，该参数仅支持线和面要素。

● MITER：拐角周围的缓冲区为方形或尖角形状。例如，方形输入面要素具有方形缓冲区要素，这是默认设置。

● BEVEL：内拐角为方形，垂直于拐角最远点的外拐角将被切掉。

● ROUND：内拐角为方形，而外拐角则为圆形，和缓冲区（Buffer）工具得到的结果一样。

对于点状类型的图形数据，"图形缓冲"后生成数据是正方形 。

测试数据：chp12\ 缓冲区 \qqq.gdb\as\ 矩形，原始图形如图 12-18 所示。

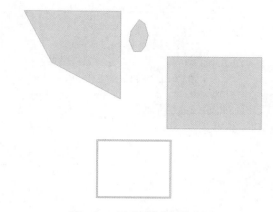

图12-18　图形缓冲前原始数据

针对该数据进行图形缓冲的操作界面如图 12-19 所示。

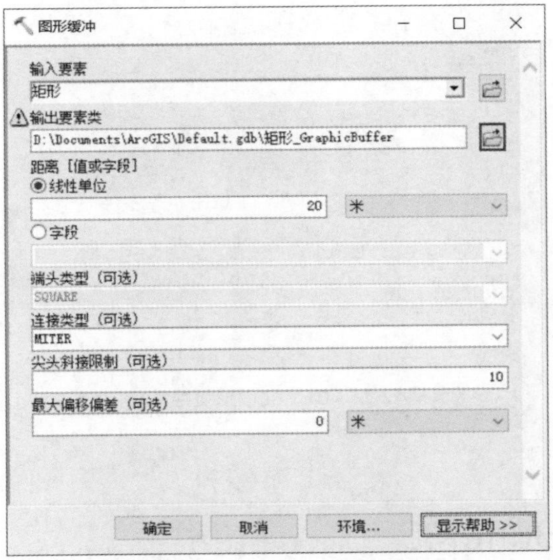

图 12-19　图形缓冲MITER方形设置

设置后缓冲生成的结果如图 12-20 所示。

在"连接类型"选项中选择使用 BEVEL，如图 12-21 所示。

图 12-20　图形缓冲后的结果

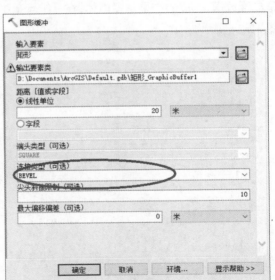

图 12-21　图形缓冲BEVEL设置

操作结果如图 12-22 所示。

图12-22　BEVEL图形缓冲结果

12.3　3D缓冲区Buffer3D

测试数据：chp12\缓冲区\3d缓冲.shp，该工具需要3D分析扩展模块支持，如图12-23所示。

输入要素只能是点和线，不能为面，可以是二维数据，也可以三维数据，前面两个缓冲工具只能是二维数据，生成的结果是多面体，在三维管道中经常使用，在 ArcScene 中加载后查看到的效果如图12-24所示。

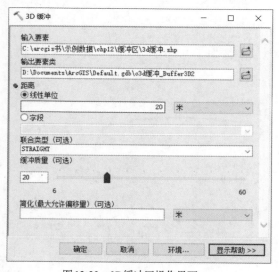

图12-23　3D缓冲区操作界面

图12-24　3D结果查看

12.4　相　交

计算输入要素的几何交集。所有图层（要素类）中相重叠的要素，要素的各部分将被写入输出要素类。

输入要素列表中指定了多个要素类或图层时，列表中这些条目的顺序并不影响输出要素类型，但是在处理过程中将使用工具对话框列表最顶部图层的空间参考，并将其作为输出空间参考。建议多个数据的坐标系一致，如果不一致，列表第一个的坐标系作为最后输出数据的坐标系。先后顺序确定了输出要素的字段顺序。

输入可以是几何类型（点、多点、线或面）的任意组合。输出几何类型只能是与具有最低维度（点 =0 维、线 =1 维、面 =2 维）几何的输入要素类相同的或维度更低的几何。指定不同的输出要素类型将生成输入要素类的不同类型的交集。输入要素中有点类型的要素和其他面、线要素，生成的结果一定是点，而面与面相交的结果可能是面要素、线要素或者点要素。

相交（Intersect）工具可以处理单个输入要素，也可以处理多个输入要素。在单个输入要素的情况下，会查找单个输入中的内部要素之间的交集，使用此工具可以发现面层的重叠要素、线重叠和重复点，线的相交点或面层的公用边。多个图层相交，计算多个图层之间的交集，不再考虑单个图层内部的交集。一个图层相交，是图层内要素间的相互交集，两个图层则是两个图层之间的叠加，不再处理每个图层内部要素之间的相互叠加关系。例如一个图层内有 2 个重复点，使用该工具相交后得到的结果为 2 个；而对于两个不同的输入图层，其中 A 图层的 1 个点和 B 图层的 1 个点重复，则 A 图层和 B 图层相交后返回的结果为 1 个点，但 A 与 B 图层的字段都保留。

12.4.1　面相交

面输入可以是单个，也可以是多个，如果是多个，该工具主要是计算多个图层之间的叠加区域（单个图层内部的重叠不再考虑），面状图层之间有以下三种方式相交：

（1）两个面层相交，"输出类型" 默认值（INPUT）可生成重叠区域，结果如图 12-25 所示。

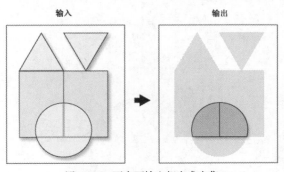

图 12-25　两个面输入相交求交集

287

（2）两个面层相交，将"输出类型"指定为 LINE 可生成公共边界，同样数据为例，则交线只有一条，如图 12-26 所示。如果一个面图层相交，获得的公用边是两条。

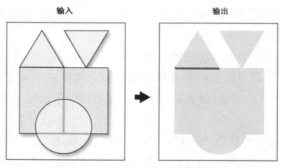

输入　　　　　　　　　　输出

图 12-26　两个面输入相交求交线

（3）两个面层相交，将"输出类型"指定为 POINT 可生成交点，如图 12-27 所示。看到 5 个点，实际上是 7 个点，有重复点，其中点 FID=1：面 1 中 FID=1 和面 2 中 FID=1 的交点；点 FID=2：面 1 中 FID=2 和面 2 中 FID=1 的交点；点 FID=3：面 1 中 FID=2 和面 2 中 FID=3 的交点；点 FID=4 和点 FID=5 是重复点，分别是面 1 中 FID=1 和面 2 中 FID=1 的交点，面 1 中 FID=2 和面 2 中 FID=1 的交点；点 FID=6 和点 FID=7 是重复点，分别是面 1 中 FID=1 和面 2 中 FID=2 的交点，面 1 中 FID=2 和面 2 中 FID=2 的交点，在 ArcGIS 的帮助中没有这个点，可以确定帮助写错了。但我们认为输出结果也有错误，面 1 中 FID=1 和面 2 中 FID=2 不应该有交点（属于公共边），如果存在这个点，根据对称性原理，最左边点也应该有，因此可以得出不仅帮助写错了，输出结果也有错误。

结论：点 6、7 应只有其中一个点，为面 1 中的 FID=2 与面 2 中的 FID=2 的交点，而面 1 中的 FID=1 与面 2 中的 FID=2 是公共边，不属于交点。ArcGIS 所有的帮助中没有该交点。

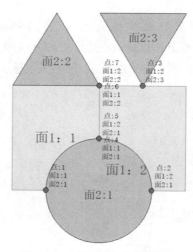

面2:3

面2:2

点:7
面1:2
面2:2

点:3
面1:2
面2:3

点:6
面1:1
面2:2

点:5
面1:2
面2:1

面1: 1

点:4
面1:1
面2:1

点:1
面1:1
面2:1

面1: 2

点:2
面1:1
面2:1

面2:1

图 12-27　两个面输入相交求交点

12.4.2 线相交

如果所有输入要素均为线要素类,可以单条或多条线,则可使用相交工具确定输入要素类中的要素与点和线在何处叠置和相交。

(1)线输入和线输出,一个图层找到重复的线;两个图层之间的重复线,一个图层内不再输出,如图 12-28 所示。

图12-28 两个线层相交和线输出

(2)线输入和点输出,输出两个线图层之间的交点,如图 12-29 所示。

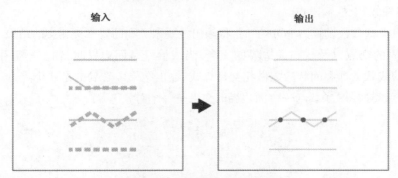

图12-29 相交线输入和点输出

12.4.3 点相交

如果所有输入均为点要素类,在一个图层就是找重复点;如果多个图层则找哪些点是所有输入要素类共用的点,本图层内部的不考虑。

12.4.4　混合相交

相交工具可用于处理不同几何的要素类。默认的（允许的最高）输出类型与具有最低维度几何的要素类相同。

（1）面和线输入，输出线。

图 12-30 显示的是输出类型参数设置为 LINE 时，将线要素类与面要素类相交的结果。输出线要素是面内部的线和面边界上的线。

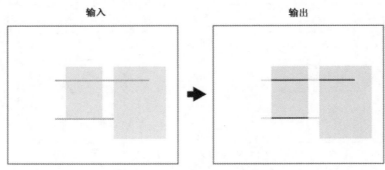

图 12-30　线面相交输出线

（2）面和线输入相交，输出点。

相交的输出类型参数设置为 POINT 时，将输出线要素类和面要素类相交的结果。输出点要素是线端点与面边界的交点以及线与面边界的交点。当线恰好是面边界时，输出不会生成任何点。如图 12-31 所示的线状数据和面状数据做相交计算式，输出结果中看到的是 4 个点，但左边的 2 个点是一个对象，多点类型（一条线与一个面边界的交点是一个对象）。

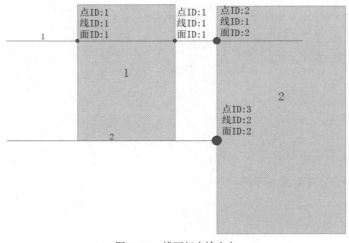

图 12-31　线面相交输出点

（3）以面、线和点输入，获得点输出。

图 12-32 显示的是将点要素类、线要素类和面要素类相交的结果，输出只能是点要素类。输出中的每个点同时线上，在面的范围内（含边界）。

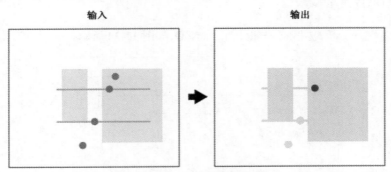

图 12-32　点线面相交输出点

12.4.5　相交应用

1. 查找重复点

数据：\chp12\ 叠加分析 \ 相交 \ 叠加分析 .gdb\JZD，如图 12-33 所示。

图 12-33　找重复点相交操作

291

打开 JZD_Intersect 属性表,有 25 个重复点(空间上重复),可以使用删除相同项处理删除重复点,具体的处理方法参见 6.4.1 小节。

2. 查找重复面(含部分重叠)

数据:\chp12\ 叠加分析 \ 相交 \ 叠加分析 .gdb\ZD,如图 12-34 所示。

图12-34　找重复面相交操作

打开 ZD_Intersect 属性表,有 53 个重复图斑,有些是部分重叠,有些是完全重叠,同样可以使用删除相同项,处理完全重复面,具体的处理方法参见 6.4.1 小节。

3. 检查等高线是否交叉

数据:\chp12\ 叠加分析 \ 相交 \ 叠加分析 .gdb\GDX,可以使用拓扑检查,拓扑规则是"不能相交",也可以使用"相交" 工具,将"输出类型" 设置为 POINT,如图 12-35 所示。

查看 dgx_Intersect 的图形,如图 12-36 所示。

左边两个点是交叉点(等高线不能相交),只能手工处理;右边是两条等高线没有接在一起,可以编辑合并在一起。

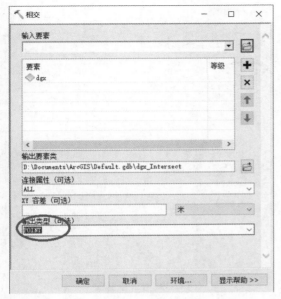

图12-35　等高线求交点相交操作

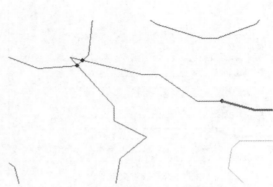

图12-36　等高线求交点查看结果

4. 查找省级行政区交界点

数据：china\省级行政区.shp。

（1）首先，面转成线（直接相交求交点，少很多点），如图12-37所示。

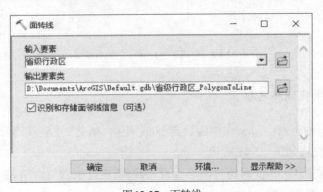

图12-37　面转线

（2）使用上面输出的线求交点，输出类型选 POINT，如图12-38所示。生成的结果中有很多重复点，这是因为一个图层内是在要素之间相互获得交点。

（3）由于有很多重复点，使用删除相同项，删除重复点，如图12-39所示。

图12-38　线求交点

图12-39　删除重复点

处理结果：删除 183 个重复点，前面很多步操作可以做一个模型，本书已整理的模型：chp12\ 叠加分析 \ 相交 \ 工具箱 .tbx\ 查找省级行政区交界点，如图 12-40 所示。

注意：得到的数据图形类型为"多点"，多点要素转点要素，使用"多部件至单部件（MultipartToSinglepart）"工具。

图12-40　查找省级行政区交界点模型

5. 填写县所在省的代码和名称

数据在 china\ 省级行政区 .shp 和中国县界 .shp。使用"相交"工具获得每个县所对应的省级行政区的代码、名称等信息，如图 12-41 所示。

因为县界图形不能跨省，相交时跨省图形会自动裁剪，反过来就可以用来检查哪些县跨省了。先使用相交工具，再使用频率工具，操作如图 12-42 所示。

图12-41 相交获得县所在省的代码和名称

图12-42 统计个数找哪个县跨省

打开中国县界_Intersect_Frequency属性表，Frequency大于1，有96个，如图12-43所示。

图12-43 跨省界数据

相关操作：地类图斑填行政代码和名称，就和行政区相交，只要不跨行政区，都可以执行类似操作。

12.4.6 相交和裁剪的比较

相交和裁剪的不同点：裁剪只是两个图层之间，而相交可以是有多个图层；另外，裁剪的结果永远是输入要素（属性和图形都是），相交是多个图层的字段属性，类型由用户选择决定，相交多个数据的顺序决定字段顺序。

相交和裁剪的相同点：当两个图层范围相同时，相交类似于裁剪；当两个图层范围不相同时，裁剪类似于相交，裁剪获得重叠的输入要素（裁剪要素融合成一个对象裁剪），而相交是分别相交后的结果，记录要多一些。

12.5 擦 除

通过将输入要素与擦除（Erase）要素相叠加来创建要素类。只将输入要素处于擦除要素外部边界之外的部分，复制到输出要素类，输出数据属性字段和输入要素一样，如图12-44所示。

图12-44 擦除原理图

原理如下：

（1）将与擦除要素几何重叠部分的输入要素几何擦除。

（2）擦除要素可以是点、线或面，只要输入要素的要素类型等级与之相同或较低。面擦除要素可用于擦除输入要素中的面、线或点；线擦除要素可用于擦除输入要素中的线或点；点擦除要素仅用于擦除输入要素中的点。

（3）输出要素：和输入要素一样，图形和属性都是输入要素，和裁剪类似，裁剪是得到共同部分，擦除是输入要素非共同的部分。

应用案例：找到县中哪些数据超出全国范围，测试数据：china\ 省级行政区 .shp 和中国县界 .shp，操作界面如图 12-45 所示。

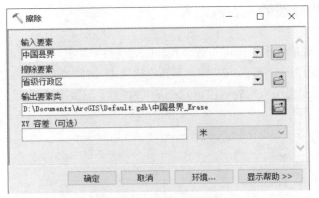

图12-45　擦除工具操作图

　　打开结果数据"中国县界 _Erase",可以看到原始数据有一些问题;反过来,输入要素是"省级行政区",擦除要素是"中国县界",得到的数据超出所有县合并后的范围。造成这个问题的主要原因是数据本身的错误。

12.6 标 识

　　计算输入要素和标识(Identity)要素的几何交集。与标识要素重叠的输入要素或输入要素的一部分将获得这些标识要素的属性。标识原理如图 12-46 所示。

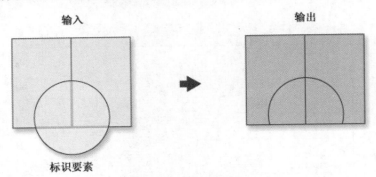

图12-46　标识原理图

　　原理如下:

　　(1)输入要素可以是点、多点、线或面。注记要素或网络要素不能作为输入。

　　(2)标识要素是面要素,或与输入要素的几何类型相同,必须是两者之一。

　　(3)如果输入要素为线而标识要素为面,并且选中了保留关系参数,则输出线要素类将具有两个附加字段 LEFT_poly 和 RIGHT_poly。这些字段用于记录线要素左侧和右侧的标识要素的要素 ID。

12.6.1　获得界址线的左右宗地号

测试数据：chp12\ 叠加分析 \ 标识 \ 获得界址线的左右宗地号 .gdb\JZX 和 ZD 两个数据，使用
"标识"工具的操作如图 12-47 所示。在"输入要素"选项中选择"界址线"层，将"标识要素"设置为
"宗地基本信息"层，即实现用宗地的字段信息更新"界址线"图层中的属性。

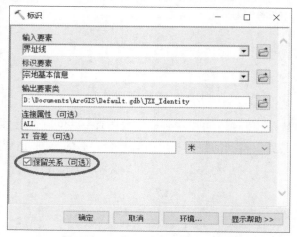

图 12-47　获得界址线的左右宗地号操作

勾选"保留关系"，结果如图 12-48 所示。

图 12-48　获得界址线的左右宗地号操作结果

LEFT_DJH 为空的就是左边没有，这里左右和线的方向有关。

12.6.2　比较去年和今年的地类变化

测试数据：chp12\叠加分析\标识\比较去年和今年的地类变化.gdb，启动"标识"工具后，在"输入要素"和"标识要素"栏中分别输入"去年 DLTB"图层和"今年 DLTB"图层。"标识"工具的界面设置如图 12-49 所示，不选"保留关系"选项。本操作也可以使用相交工具。

"标识"工具运行结束后，下一步使用"筛选（Select）"工具，比较地类，如图 12-50 所示。

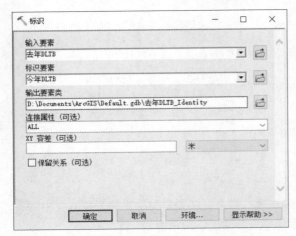

图12-49　比较去年和今年的地类变化标识操作

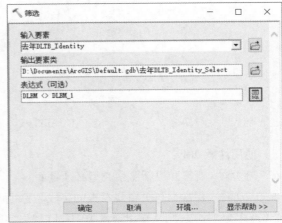

图12-50　查询地类名称不同的数据

"筛选"工具执行完成后，打开去年 DLTB_Identity_Select 属性表，可以看到有 10 个不同之处，如图 12-51 所示。

FID_去年DLTB	地类编码	地类名称	座落单位代码	座落单位名	FID_今年DLTB	地类编码	地类名称	座落单位代码	座
254	043	其他草地	2729271012080000000	新云村民委员	254	031	有林地	2729271012080000000	新云
279	031	有林地	2729271002000002000	兴荣厂村民小	1904	043	其他草地	2729271002000003000	小河
280	031	有林地	2729271002000003000	小河村民小组	1904	043	其他草地	2729271002000003000	小河
548	043	其他草地	2729271012080000000	新云村民委员	548	031	有林地	2729271012080000000	新云
901	033	其他林地	2729271002010003000	尚阳村民小组	901	031	有林地	2729271002010003000	尚阳
1551	033	其他林地	2729271012080000000	新云村民委员	1551	031	有林地	2729271012080000000	新云
1572	043	其他草地	2729271002010003000	尚阳村民小组	1572	031	有林地	2729271002010003000	尚阳
1837	033	其他林地	2729271002000003000	兴荣厂村民小	1904	043	其他草地	2729271002000003000	小河
1918	013	旱地	2729271002000004000	毛彦营村民小	988	033	其他林地	2729271002000004000	毛彦
2054	033	其他林地	2729271002000003000	小河村民小组	1904	043	其他草地	2729271002000003000	小河

图12-51　浏览查询结果

12.7　更　新

　　计算输入要素和更新（Update）要素的几何交集。输入要素的属性和几何根据输出要素类中的更新要素来进行更新，更新原理如图 12-52 所示。

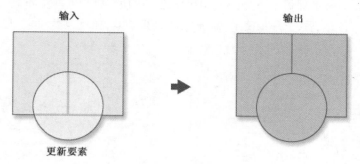

图 12-52　更新原理图

　　使用注意如下：

　　（1）输入要素和更新要素类型必须是面。

　　（2）输入要素类与更新要素类的字段名称须保持一致，如果更新要素类缺少输入要素类中的一个（或多个）字段，则从输出要素类中移除缺失字段的输入要素类字段值。

　　（3）图形相当于输入要素被更新要素擦除后，添加更新要素，如果输入要素和更新要素图形相同，相同属性字段将被更新要素的属性替换。

　　使用要求：获得变更后数据，测试数据：chp12\ 叠加分析 \ 更新 \ 变更 .mxd，如图 12-53 所示。

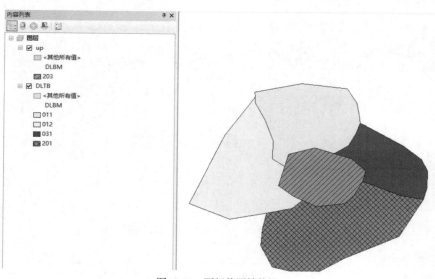

图 12-53　更新前原始数据

执行"更新"操作,如图 12-54 所示。

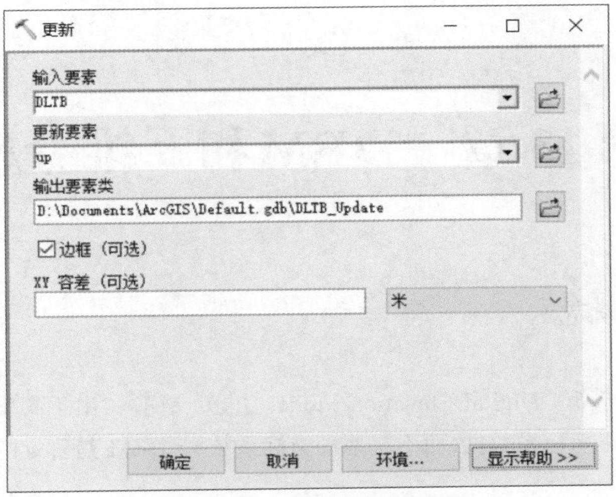

图 12-54　更新操作

操作结果如图 12-55 所示。

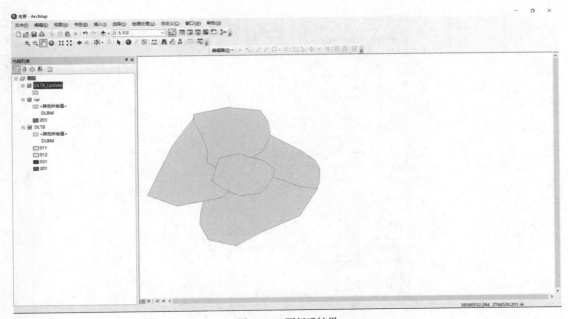

图 12-55　更新后结果

第13章 DEM和三维分析

13.1 DEM的概念

DEM 是数字高程模型（Digital Elevation Model）的英文简写，由于高程是以 m 单位，因此做 DEM 一般要求使用投影坐标系数据，而不是地理坐标系数据，DEM 是三维的基础，做 DEM 一定要勾选"3D 扩展模块"。

加载"3D 扩展模块"的方法：主菜单"自定义"→"扩展模块"，勾选"3D Analyst"模块，建议勾选所有模块，如图 13-1 所示。

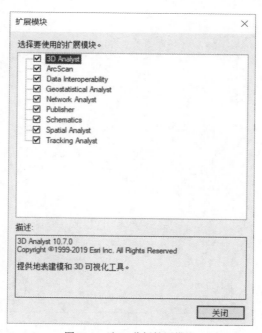

图13-1　选3D分析扩展模块

DEM 的广义概念：在一些专题地图上，第三维 Z 不一定代表高程，专题地图的量测值，如气压值、温度、降雨量、pH 和 PM2.5 等，都可以称为 DEM 数据。

DEM 在 ArcGIS 中的表现形式有如下 4 种：

① TIN　　　　　　　不规则三角网

② Terrain　　　　　TIN 升级（地形）

③ Grid（raster）　　栅格

④ LAS 数据集　　　激光雷达点云数据

TIN 是不规则三角网的英文首字母缩写，一种将地理空间分割为不重叠的相连三角形的类似矢量数据结构。每个三角形的折点都有 X、Y 和 Z 值的采样数据点。这些采样点通过线相连，从而构成 Delaunay 三角形。TIN 用于存储和显示表面模型。TIN 用于表示一个表面，或者说是连续的数据，而不能表示离散的数据。TIN 通常用于表示大数据应用中的地形表面，而高程点则允许不规则地分布，以容纳表面中具有较大差异的各个区域，并且高程点的值和实际位置将作为结点保留在 TIN 中。

TIN 支持的最大结点数取决于计算机上连续的可用内存资源。在 ArcGIS 10.2 中考虑将结点总数限制到 600 万以下，以保持响应显示性能和总体可用性。三角化网格面超过 600 万，无法创建出 TIN，使用 Terrain（地形），Terrain（地形）支持海量数据。

由于栅格可以跟其他软件如 MapGIS 和 AutoCAD 交换，所以通常说的 DEM 基本都是栅格格式。栅格是像元（或像素）的矩形阵列，每个栅格都存储了它所覆盖的表面部分的值。一个指定像元包含一个值，因此，表面的详细程度取决于栅格像元的大小。

TIN 和栅格两种模型各有优缺点，相比而言，栅格模型比较简单和高效，TIN 模型比较精确，耗内存大。所以，一般栅格模型多用于区域性的、小比例尺的应用，而 TIN 模型则更常用于精细的、大比例尺的应用。

LAS 数据集存储对磁盘上一个或多个 LAS 文件以及其他表面要素的引用。LAS 文件采用行业标准二进制格式，用于存储机载激光雷达数据。LAS 数据集可以以原生格式方便快捷地检查 LAS 文件，并在 LAS 文件中提供了激光雷达数据的详细统计数据。

LAS 数据集还可存储包含表面约束的要素类的引用。表面约束为隔断线、水域多边形、区域边界或 LAS 数据集中强化的任何其他类型的表面要素。

LAS 文件包含激光雷达点的数据。

13.2　DEM的创建

13.2.1　TIN的创建和修改

创建 TIN，可以是等值线，也可以采样离散点，也可以点线同时，注意：数据必须有一个数字字段，如高程值等。使用工具是"创建 TIN(CreateTin)"，如图 13-2 所示，如果输入点要素，类型选"Mass_ Points（离散点）"，高度字段必须指定，根据指定高程创建 TIN；如果输入线要素，类型选"Hard_

Line(硬线)"，高度字段必须指定，根据指定高程创建 TIN；默认创建 TIN 的范围是输入数据外接多边形范围，可以使用面要素，类型设置为"Hard_Clip(硬裁剪)"，用于对 TIN 的裁剪，高度字段不用指定，如果指定，没有任何作用；如果输出 TIN 不需要那个范围，只能是面要素，类型设置为"Hard_Erase(硬擦除)"，高度字段不用指定；如果在范围内高程是恒定的，如等值面，类型设置为"Hard_Replace(硬替换)"，高度字段就是高程值，必须指定。

  "硬线"会强迫性地打断表面的平滑，比如当执行多项式平滑时。"软线"就不会去破坏表面平滑。

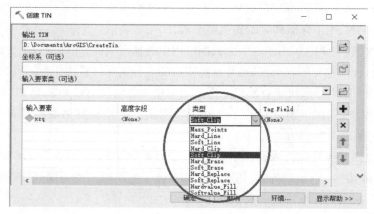

图13-2 TIN创建

  TIN 是有版本的，ArcGIS 10.7 创建 TIN，ArcGIS 10.0 是无法打开的，10.1 到 10.7 之间是兼容的，在工具的"环境"设置中，可以输出 10.0 版本，如图 13-3 所示。

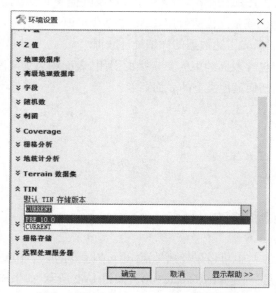

图13-3 输出ArcGIS 10.0 TIN格式环境设置

1. 按行政区划创建TIN

使用数据：\chp13\dem.gdb\ds\DGX 和 XZQ。

操作界面如图 13-4 所示。

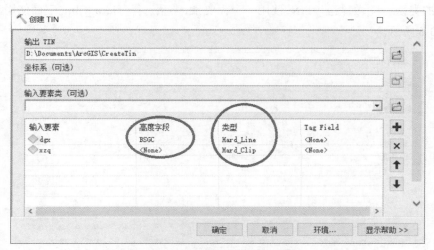

图13-4 多个数据创建TIN设置

输入要素"dgx（等高线）"，高度字段选 BSGC（表示高程），类型选 Hard_Line，如果认为生成 TIN 有问题，那就是这里的高程值有问题，我们知道，高程不能超过 8844.43m。

输入要素"xzq（行政区）"，高程字段不选（选字段，输出结果在该范围内增加对应的高程），类型选"Hard_Clip"，操作结果如图 13-5 所示。

图13-5 TIN结果展示

2. TIN编辑

TIN 既不是矢量数据，也不是栅格数据，对 TIN 修改，如裁剪，不能使用矢量数据的"裁剪（Clip）"工具。修改 TIN 需使用工具箱中的"编辑 TIN（EditTin）"工具，"编辑 TIN"中的类型和"创建 TIN"中的类型一样，如裁剪 TIN，使用一个面要素，类型选择 Hard_Clip。下面使用等值面修改 TIN，如图 13-6 所示。

图13-6　TIN编辑修改

结果如图 13-7 所示，等值面每个图形范围内所有高程值一样。

图13-7　TIN编辑修改后结果

TIN 高程值修改,也可以通过如下方法生成原始数据,修改原始数据后再生成 TIN。如果最早是线,使用工具箱中"TIN 线（TinLine ）"工具把 TIN 转成原始等高线,高程填写在 Code 中,也可以自己填写其他字段,如图 13-8 所示。

图13-8　TIN生成最原始的等值线

如果生成 TIN 最初的数据是点,TIN 结点获得原始点,如图 13-9 所示,使用"TIN 结点（TinNode）"工具,高程填写在"点字段"中,如果不指定字段,则得到的是三维点,可以通过"添加 XY 坐标 (AddXY) 工具" 获得 Z 值。

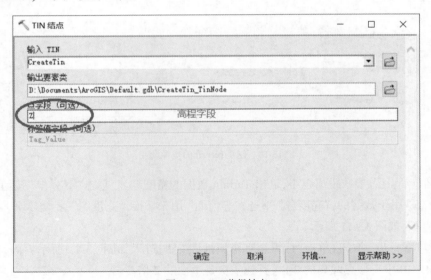

图13-9　TIN获得结点

13.2.2　Terrain的创建

Terrian 优点是支持海量大数据,但 Terrain 创建要求也高,必须放在数据集中,如果是大数据,数据库必须是文件数据库（GDB）或者 SDE 数据库,不能是个人数据库（MDB）。TIN 适合小数据,

Terrian 适合大数据；TIN 创建比较简单，Terrain 创建比较复杂，一般情况下建议先创建 TIN，创建失败的情况下再创建 Terrain。

使用数据：\chp13\dem.gdb\ds\DGX 和 XZQ、等值面，操作方法是右击 ds 数据集，向导式操作，不要使用工具箱的工具。

（1）右击 ds 数据集→新建→ Terrain，一定要 3D 分析扩展支持，出现如图 13-10 所示的界面。

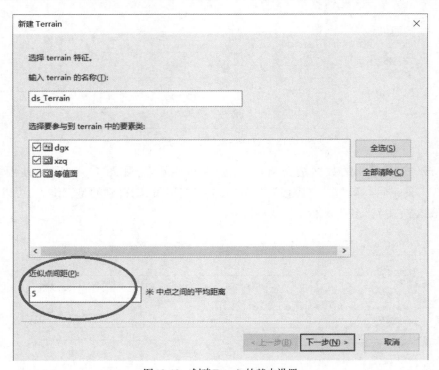

图 13-10　创建Terrain的基本设置

（2）"近似点间距"参数距离越小，输出 Terrain 数据的精度越高。单击"下一步"按钮。

（3）XZQ 是用于裁剪的，"高度源"不选，"等值面"用于替换，"高度源"字段必须选择包含高程值的字段"高程"，如图 13-11 所示。

（4）单击"下一步"按钮，单击"计算金字塔属性"按钮，进入如图 13-12 所示界面，窗口大小第一个值是图 13-10 中近似点间离的 2 倍，其他依次是上面的 2 倍。

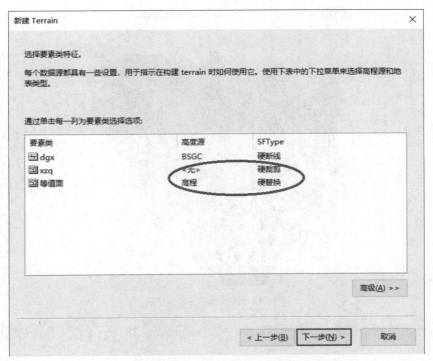

图 13-11 创建Terrain的要素字段和类型设置

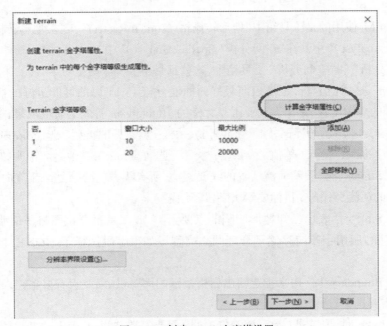

图 13-12 创建Terrain金字塔设置

（5）单击"下一步"按钮就可以得到如图 13-13 所示的结果。

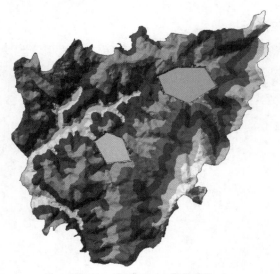

图13-13 创建Terrain结果展示

修改 Terrain，使用"向 Terrain 添加要素类（AddFeatureClassToTerrain）"工具，设置和上述一样。

13.2.3 栅格DEM的创建

创建栅格 DEM 使用的是工具箱中"地形转栅格（TopoToRaster）"工具，地形转栅格这个工具既在"3D 分析（3D Analyst）"中又在"空间分析（Spatial Analyst）"中，ArcGIS 10.7 版本下共有 31 个工具同时存在"3D 分析"和"空间分析"工具箱中，这些都是重要的工具。

"地形转栅格"是插值分析，也是目前最好的插值分析工具（以前可能最好的插值分析是克里金），创建 DEM 的专用工具，是澳大利亚国立大学的 Hutchinson 等人的研究成果，输入数据可以是点、线或面，如图 13-14 所示的界面，输入是（离散、采样）点数据，"类型"选 PointElevation，"字段"一定要选一个数字字段；输入（等值）线数据，"类型"选"Contour"，其他参数说明如下：

（1）类型选 Stream 时，表示河流位置的线要素类。所有线方向必须是河流流向，要素类中应该仅包含单条组成的河流（不能多目标要素），字段不用输入。

（2）类型选 Sink 时，表示已知地形凹陷的点要素类。此工具不会试图将任何明确指定为凹陷的点从分析中移除。所用字段应存储了合理凹陷高程；如果字段选择了 NONE，将仅使用凹陷的位置。

（3）类型选 Boundary 时，用来指定输出栅格范围的面要素。面要素有多条记录，自动融合在一起裁剪栅格，不需要选字段。

（4）类型选 Lake 时，要求是（指定湖泊位置的）面要素类。湖面范围内的高程最小值，相当于等值面,面的高程值取湖面范围内的最小值,此输入不用选字段,可以参考图 13-15。

（5）类型选 Cliff 时,表示是悬崖的线要素类。必须对悬崖线要素进行定向以使线的左侧位于悬崖的低侧,线的右侧位于悬崖的高侧,就是线右侧高程要高一些,左边低一些。此输入类型没有字段（Field）选项,如图 13-15 所示。

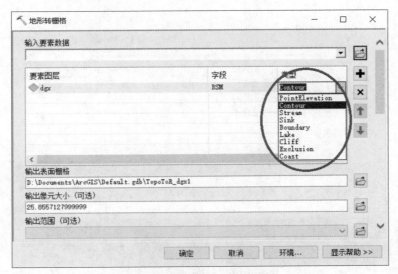

图 13-14　创建栅格 DEM 基本设置

输出栅格位置在默认数据库,也可以修改并输出到一个文件夹中存放为文件格式,文件一定要加扩展名如 .tif 和 .img 等,因为文件是靠扩展名来区分的,如果放在数据库中时不能加扩展名,因为".""是特殊字符。

输出像元大小,就是输出栅格的分辨率,默认的参考值:栅格范围的宽度或高度除以 250 之后,得到的较小值、默认值都是比较大的,实际操作的值应该小一些,1 : 10000 的理论参考值是 2.5m,1 : 2000 理论值是 0.5m,其他比例尺以此类推。实际输入值可以比理论参考值更小一些,这样精度就更高一些。但输入值太小,操作时间比较长,有时操作会出现 010235 错误,解决方法是修改分辨率为较大的值。

使用的数据:chp13\dem.gdb\ds\悬崖线、坑洼点、水系、dgx、湖泊、xzq,操作界面如图 13-15 所示。

dgx 字段选"BSGC(标示高程)","类型"选 Contour;

坑洼点选字段"GC(地形凹陷点高程)","类型"选 Sink;

悬崖线"字段"不选,"类型"选 Cliff,线方向左边高程低,右边高程高,如图 13-16 所示;

湖泊是面要素,"字段"不选,"类型"选 Lake;

水系是线要素,"字段"不选,"类型"选 Stream,线的方向就是河流方向,如图 13-17 所示;

xzq 是面要素,"字段"不选,"类型"选 Boundary,定义输出栅格范围。

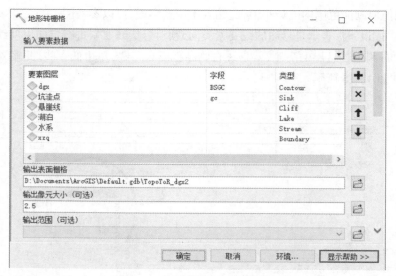

图13-15　创建栅格DEM复杂设置

图13-16　悬崖线左边高度低

图13-17　水系要求线的方向就是河流方向

如果运行出现类似错误：ERROR 010168，输出 C:\WINDOWS\system32\zpa44 已存在错误，执行 (TopoToRaster) 失败，请打开 ArcMap，以管理员的身份运行 ArcMap，以便解决类似问题。

没有足够的可用系统资源。处理期间，地形转栅格中使用的算法将尽可能多地在内存中保存信息（点、等值线、汇、河流和湖泊数据可同时访问），为了便于处理大型数据集，建议在运行该工具之前关闭不需要的应用程序以释放物理内存。磁盘上最好也具备足够的系统交换区空间。

等值线或点输入对于指定的输出像元大小可能过小。如果一个输出像元覆盖了多个输入等值线或点，则算法将无法为该像元确定一个值。要解决此问题，请尝试执行以下任意操作：

（1）修改像元大小，设置比较大一点的值，然后在执行"地形转栅格"后重采样至较小的像元大小。

（2）使用输出范围和像元间距对输入数据中各较小的组成部分进行栅格化。使用"镶嵌"工具将生成的各栅格组成部分进行组合。

（3）将输入数据裁剪为多个重叠的部分，然后分别对每部分运行"地形转栅格"。使用"镶嵌"工具将生成的各栅格组成部分进行组合。

运行"地形转栅格"后，DEM设置选择拉伸，勾选"使用山体阴影效果"选项，如图13-18所示。

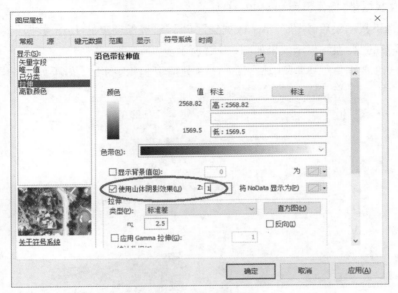

图13-18　DEM样式设置

配置后的 DEM 显示效果如图 13-19 所示。

图13-19　DEM效果展示

13.2.4　LAS数据集的创建

测试数据：chp13\las\2000_densified10.las。

（1）在 ArcGIS 10.6 以上版本中，可以直接打开 LAS 数据；在 ArcGIS 10.6 以下版本中，使用工具箱中的"创建 LAS 数据集（CreateLasDataset）"工具，如图 13-20 所示，先把 LAS 文件（激光点云数据）生成 LAS 数据集，操作界面如图 13-21 所示。

（2）创建 LAS 数据集后，添加"LAS 数据集"工具条，确保创建的 LAS 数据集名称在对应的选择框中，单击下的"高程"，显示效果如图 13-22 所示。

（3）单击"LAS 数据集"工具条中最后的"LAS 数据集 3D 视图"，效果如图 13-23 所示。

图 13-20　LAS数据集工具条

图 13-21　LAS文件创建LAS数据集

图 13-22　LAS数据集显示效果

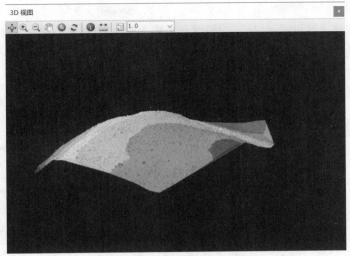

图13-23　LAS数据集3D视图效果图

13.3　DEM分析

　　DEM 分析：使用已有 DEM，可以是 TIN、Terrain 和 LAS 数据集，也可以是栅格格式的 DEM，对其做各种应用分析，如生成等值线、坡度坡向分析、计算体积和可视性分析等。这个操作需要 3D 分析扩展模块支持，一定要把"3D 分析扩展模块"选中。

13.3.1　表面等值线

　　如果使用 TIN、Terrain 或 LAS 数据集生成等值线，使用的工具是"表面等值线（SurfaceContour）"，该工具在"3D 分析"工具箱的"三角形表面"下。

　　数据在 chp13\dem.gdb\ds\ds_Terrain。运行"表面等值线"工具，操作界面如图 13-24 所示。

　　"等值线间距"可以根据自己的需要输入，如 20。如果是等高线，就生成 20m 等高距的等高线，如果是其他如 PH 分布图，就是 PH 的等值线。

　　如果原始是等高线，其等高距是 20m，此处创建 TIN 成 Terrain，在使用"表面等值线工具"生成等值线时，输入 5m 或者 2m，都可以实现等高线的加密，如果还是 20m 等高距，比较原始等高线，可以看到很多等高线和原始等高线重复（如果需要完全相同的等高线，使用"TIN 线"工具，如图 13-8 所示），所以创建 TIN 的精度高。等高线加密（等高距更小）的方法：先创建 TIN，再使用 TIN 生成等值线（表面等值线工具）。

　　如果原来的等高线图形有问题，可以通过"相交"工具求出交点，当然也可以通过拓扑检查。如果等高线高程属性有问题，可以先生成 TIN，再由 TIN 生成相同等高距的等高线，如果新的等高线图形有交叉，说明高程属性有问题，反之图形没有交叉，不一定高程属性没有问题。

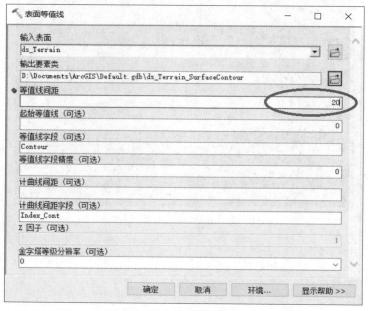

图13-24　表面等值线操作

13.3.2　等值线工具

"等值线（Contour）"工具使用的只能是栅格格式数据，不能是 TIN 等，使用数据：chp13\dem.img，操作如图 13-25 所示。

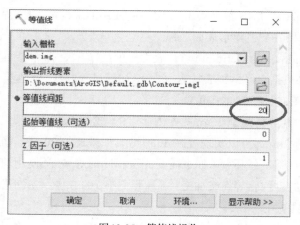

图13-25　等值线操作

"等值线间距"可以根据自己的需要输入,如 20。如果是等高线,就生成 20m 等高距的等高线,和上面表面等值线生成结果差别比较大。

如果最早是等高线,等值线间距是 20m,先使用"地形转栅格"工具生成栅格 DEM,再使用"等值线"工具将生成 20m 等高线,可以发现后面生成的等值线很多和原始的等高线不重合,但变得比较平滑。等值线的平滑:先使用"地形转栅格"工具生成 DEM,当然栅格 DEM 的分辨率一定要小,再使用"等值线"工具生成原来等高距的等高线。当然,同时对等高线加密(等高距减小)和平滑也是类似的方法。

如果原来由于种种原因,等高线没有接好,一段一段的,可以先使用"地形转栅格"工具生成栅格 DEM,再使用"等值线"工具将栅格数据生成等值线,就可以把等高线接在一起。

13.3.3　坡度工具

"坡度(Slope)"工具使用的数据是栅格 DEM 数据,要求数据必须是投影坐标系数据,不要使用地理坐标系数据,使用地理坐标系数据计算的结果是近似值。

坡度是很重要的地形数据,表示地表单元陡缓的程度,坡度值越小,地势越平坦,就容易爬上去;坡度值越大,地势越陡峭,就不容易爬上去。一般用度表示,坡度值的范围为 0°～90°。坡度是栅格数据,每个像元周围有 8 个像元,取其相邻的像元方向上值的最大变化率。

使用数据:chp13\dem.img,操作界面如图 13-26 所示。

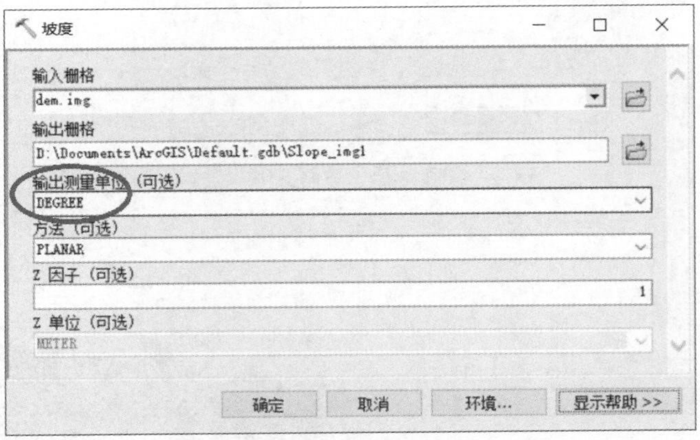

图13-26　坡度操作

"输出测量单位"为"DEGREE(度)",不要做任何修改。由 DEM 可以生成坡度,但由坡度不能生成 DEM,因为坡度是相对的,而 DEM 是绝对的。

13.3.4　坡向工具

"坡向(Aspect)"工具可确定下坡坡度所面对的方向。输出栅格中各像元的值可指示出各像元位置处表面所朝向的罗盘方向。将按照顺时针方向进行测量，角度范围介于 0°（正北）~360°（仍是正北），即完整的圆。不具有下坡方向的平坦区域将赋值为 –1。

通过坡向工具，可完成以下任务：

（1）在寻找最适合滑雪的山坡的过程中，查找某座山所有朝北的坡（0°~22.5°，或者337.5°~360°）。

（2）在统计各地区生物多样性的研究中，计算某区域中各个位置的日照强度，在北半球，就是朝南的区域（角度为 157.5°~202.5°）。

（3）作为判断最先遭受洪流袭击的居住区位置研究的一部分，在某山区中查找所有朝南的山坡，从而判断出雪最先融化的位置。

（4）识别出地势平坦的区域，以便从中挑选出可供飞机紧急着陆的一块区域。坡向为 –1，大片区域就可以停飞机。

使用数据：chp13\dem.img，操作界面如图 13-27 所示。

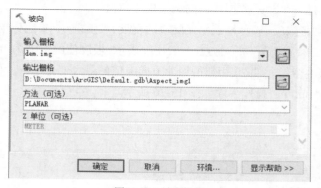

图 13-27　坡向操作

结果如图 13-28 所示。

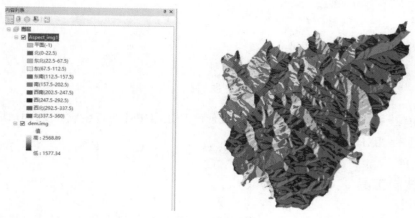

图 13-28　坡向结果

13.3.5　添加表面信息

"添加表面信息（AddSurfaceInformation）"工具：输入要素类，可以是点、线或面等，且这些数据应该在输入表面范围内，否则得不到对应的值；如果输入要素是点，输入表面是 DEM 高程图，可以得到点的 Z 值；如果输入要素是线或面，获得最小、最大和平均 Z 值（就是海拔），如果获得沿DEM 的表面长度，如道路，ArcGIS 默认投影长度和实际长度差别比较大；如果获得沿 DEM 的表面面积，表面面积接近实际面积，如坡地和林地，而 ArcGIS 默认投影面积和实际面积差别比较大。

测试数据：chp13\ 计算实际长度 .mxd，计算道路实际长度，如图 13-29 所示。

图13-29　获得道路真实长度

以此类推，如果输入表面是 PH 分布图，就可以得到一个面范围内 PH 最大值、最小值和平均值，输入表面数据可以是 TIN，Terrain 或栅格。

实验得到：栅格数据速度很慢，推荐使用 TIN 和 Terrain，速度快。如果获得的值为空，可能是因为输入数据超出了 TIN。

13.3.6　插值 Shape

"插值 Shape（InterpolateShape）"工具可通过为表面的输入要素插入 Z 值将 2D 点、折线或面要素类转换为 3D 要素类。输入表面可以是栅格、不规则三角网 (TIN) 或 Terrain 数据集。就是二维按表面转三维，二维的点转三维的点，二维的线转三维的曲线，二维的面转三维的曲面，这样使用起来就更加直观了。"输入表面"可以是栅格，受栅格分辨率约束，速度较慢，推荐使用 TIN 和 Terrain。

测试数据：chp13\ 计算实际长度 .mxd，二维道路生成三维的道路，如图 13-30 所示。

生成的线是三维线，在 ArcScene 中，如图 13-31 所示。

图13-30 二维道路生成三维的道路

图13-31 ArcScene看三维道路

　　如果"输入表面"的要素是面，建议使用"面插值为多面体（InterpolatePolyToPatch）"工具，效果会更好一些。如果没有 DEM，可以使用"依据属性实现要素转 3D（FeatureTo3DByAttribute）"工具，把二维数据生成三维数据。

13.3.7　表面体积

　　表面体积（SurfaceVolume）工具用于计算表面和参考平面之间区域的面积和体积。使用数据：chp13\dem.img，操作界面如图 13-32 所示。

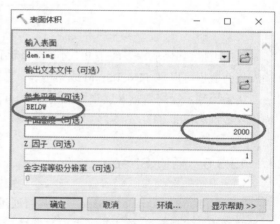

图13-32 计算2000以下表面积和体积

　　"输出文本文件"可选，设置一个文本文件就是把结果输出到文本文件中，不设置则输出在运行的提示信息中。"参考平面"是可选的，ABOVE 项：体积和面积计算将表示指定平面高度和位于该平面上方的部分表面之间的空间区域，这是默认设置用于计算山村；BELOW 项：体积和面积计算将表示指定平面高度和位于该平面下方的部分表面之间的空间区域，用于计算水库。"平面高度"是可选的，输入后按输入计算；不输入按目前高程最小值计算。运行信息类似于：完整表面体积：2D 面积 =14671588.635925；3D 面积 =16772914.206227，体积 =1672340389.4611，参考平面为 ABOVE，平面高度是 2000，就是高程高于 2000 的二维投影面积，3D 面积是大于 2000 数据的表面面积，体积大于 2000 形成的三维体积。

13.3.8　面体积

面体积（PolygonVolume）工具：计算面和 Terrain 或 TIN 表面之间的体积和表面积。只计算输入面和 TIN 或 Terrain 数据集表面的叠置部分。首先，面的各边界将与表面的内插区相交，这会确定两者之间的公共区域。然后，为所有公共重叠区域计算体积和表面积。体积表示表面与面要素上方或下方（根据参考平面参数中的选择）空间之间的区域。

在平面上方 ABOVE 计算：计算平面与表面下侧之间的体积。如果比面范围的最大高程还要大（含等于），获得的体积和表面积就是 0。

在平面下方 BELOW 计算：计算平面与表面上侧之间的体积。此外，还会计算同一表面部分的表面积。如果比面范围的最小高程还要小（含等于），获得体积和表面积就是 0。可以用来计算一个水库的库容量。

体积字段 Volume：表中没有对应字段，ArcGIS 自动增加字段，如果有该字段，更新对应字段的值，其他如表面面积字段 SArea 是类似的操作。

使用数据：chp13\ 面体积 .mxd，如图 13-33 所示。

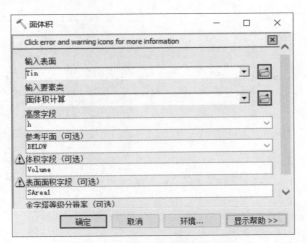

图 13-33　TIN计算下体积和表面积

13.3.9　填挖方

填挖方（CutFill）工具：通过在两个不同时段提取给定位置的栅格表面，计算填多少方，挖多少方。要求两个栅格的坐标系一致，且都是投影坐标系，分辨率一致，范围一致。

使用数据：chp13\DEM.img 和之后 .img，操作界面如图 13-34 所示。

图13-34　填挖方计算

"填挖方"工具计算后的结果如图 13-35 所示。

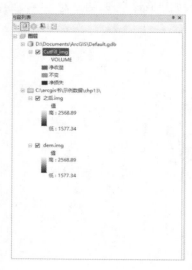
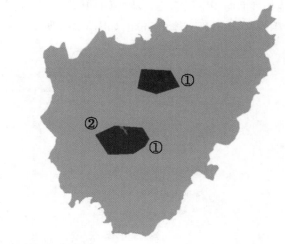

图13-35　填挖方计算结果

　　图 13-35 中，①处是需要挖的，②处是需要填的，打开数据表有填挖方的具体体积（VOLUME）字段，正值是挖，负值是填。

　　总结：计算体积，有表面体积（SurfaceVolume）、面体积（PolygonVolume）和填挖方（CutFill）等几个工具，由于体积单位是 m³，所以使用数据都是投影坐标系，而不是地理坐标系。表面体积工具只需要一个 DEM（栅格、TIN 或 Terrain）就可以了；面体积工具需要使用一个 TIN 或 Terrain 格式 DEM 和一个面数据；填挖方则需要两个栅格 DEM 表面数据，一个是原始的 DEM，一个是最后结果的栅格 DEM。

第14章　三维制作和动画制作

ArcGIS 三维制作有两个软件：ArcGlobe 和 ArcScene，都是 ArcGIS 3D Analyst 扩展模块的组成部分，做三维对计算机要求比较高，尤其对显卡的要求更高。

ArcGlobe 应用程序通常专用于超大型数据集，并允许对栅格和要素数据进行无缝可视化。此应用程序基于地球视图，所有数据均投影到全局立方体投影中，以不同细节层次显示并组织到各个切片中。为获得最佳性能，请对数据进行缓存处理，这样会将源数据组织并复制到切片中；矢量要素通常被栅格化并根据与其关联的位置进行显示，这有助于快速导航和显示；ArcGlobe 适合大范围制作三维。

测试数据：\chp14\ 其他三维 \3d\Maps and GDBs\VirtualCity.3dd，打开如图 14-1 所示。

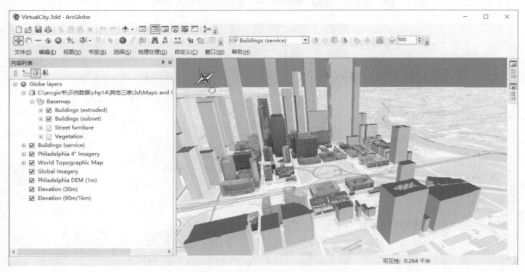

图14-1　ArcGlobe打开测试数据

ArcScene 是一种 3D 查看器，非常适合生成允许导航 3D 要素和栅格数据并与之交互的透视图场景。ArcScene 基于 OpenGL，支持复杂的 3D 线符号系统以及纹理制图，也支持表面创建和 TIN 显示。所有数据均加载到内存，允许相对快速的导航、平移和缩放功能。矢量要素渲染为矢量，栅格数据缩减采样或配置为自己所设置的固定行数 / 列数。适合小范围制作三维。下面所有操作都是基于 ArcScene 的。

14.1 基于DEM地形制作三维

基于 DEM 的制作,必须有 DEM 数据,可以是 TIN、Terrain 和栅格 DEM,使用 TIN、Terrain 速度比较慢,建议使用栅格 DEM,分辨率大,速度快一点,可以见第 13 章的相关知识,坐标系建议是投影坐标系,用到多个数据坐标系时坐标系最好一致。

14.1.1 使用DOM制作

DOM 是数字正射影像图,可以是卫星影像,也可以从无人机拍摄得到。和 DEM 空间 XY 位置一定要叠加在一起。使用数据:chp14\dem.gdb\DOM 和 DEM,操作如下:

(1)打开 ArcScene(注意:不是 ArcMap)。

(2)添加 chp14\dem.gdb\ 和 DEM 的数据。

(3)右击 DOM 数据,设置如图 14-2 所示。在"基本高度"选项中,选择"在自定义表面上浮动"选项。

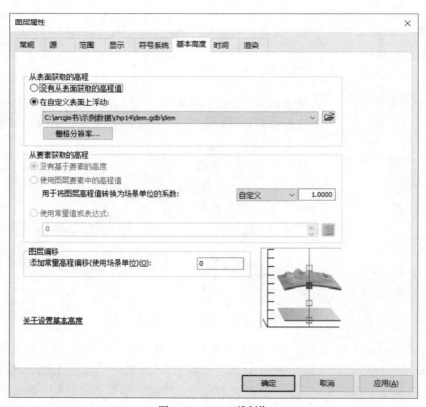

图 14-2　DOM三维制作

（4）关闭 DEM 图层，效果如图 14-3 所示。

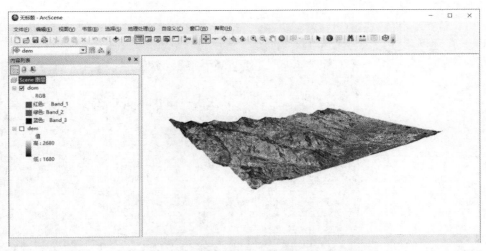

图14-3　DOM三维效果

（5）感觉效果不太明显，可设置场景属性。设置"垂直夸大"倍数为 2 倍，如果是地理坐标系数据，这里的"垂直夸大"倍数一般都很小，远远小于 1，如 0.0001，按钮基于范围进行计算，给出理论的参考值。场景的坐标系最好和数据的坐标系一致，最好是投影坐标系；如果是地理坐标系，建议使用"投影（Project）"工具转换；同时设置背景色，如图 14-4 所示。

图14-4　场景属性设置

（6）效果如图 14-5 所示。

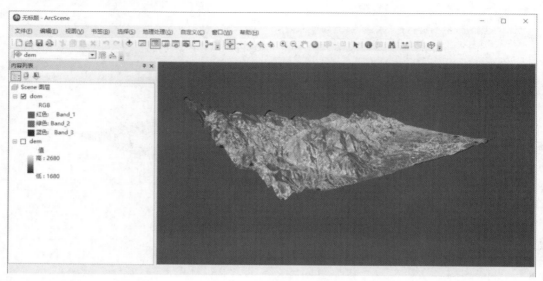

图14-5　场景属性背景设置

（7）如果觉得影像不够清晰，右击影像图层→"属性"，在"渲染标签"页中设置"栅格影像的质量增强"为最高，如图 14-6 所示。

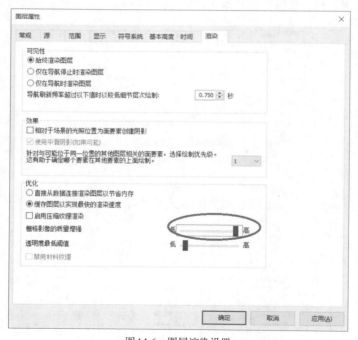

图14-6　图层渲染设置

（8）打开 DEM，右击→属性设置，设置图层偏移，如图 14-7 所示。

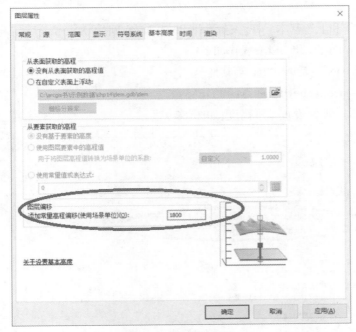

图 14-7 图层偏移设置

（9）得到结果如图 14-8 所示。

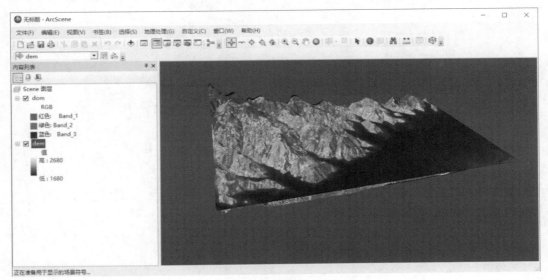

图 14-8 图层偏移设置效果

（10）如果这个 DEM 是水库的水面高度，就可以看到哪些被淹没，哪些没有被淹没。

14.1.2　使用矢量制作

矢量数据的操作和上述基本一样。矢量数据和 DEM 空间的 XY 位置一定要叠加在一起。使用数据：chp14\dem.gdb\DLTB 和 DEM，操作如下：

（1）打开 ArcScene（不是 ArcMap 等其他）。

（2）添加 chp14\dem.gdb 中的 DOM 和 DEM 数据。

（3）右击 DLTB →属性设置基本高度，如图 14-9 所示。

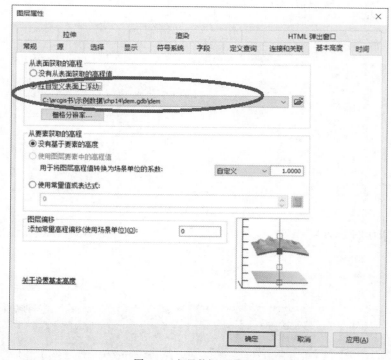

图14-9　矢量数据三维设置

（4）设置"符号系统"，如图 14-10 所示。

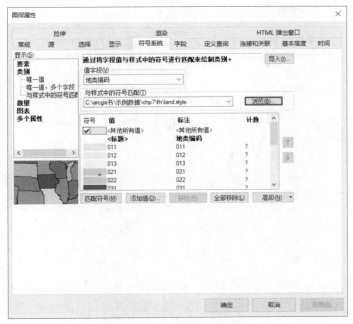

图14-10 矢量数据样式设置

（5）效果如图 14-11 所示。

图14-11 矢量三维效果查看

14.1.3 保存ArcScene文档

使用 14.1.2 小节做好的数据，单击"保存"按钮，原来没有保存可以另存，保存时注意：SXD 文档位置和数据的位置应在同一文件夹中，如图 14-12 所示。

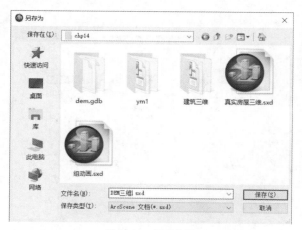

图 14-12　保存文档

保存后，还需要设置相对路径，这一点和 ArcMap 文档类似，设置方法在主菜单文件菜单→
Scene 文档属性下，如图 14-13 所示，一定要勾选存储数据源的相对路径名（而不是使用绝对路径，
文件夹位置不能变化），把文档复制给其他人时，数据会一起复制。用到外部模型如 3DS 时，SKP 不
需要复制，模型自动保存在 SXD 文档中。

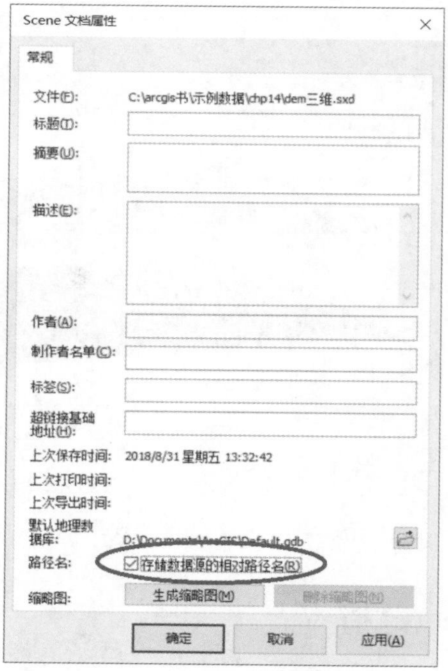

图 14-13　Scene文档相对路径设置

对于已保存的 ArcScene 文档,文件菜单"另存为"菜单可以减小 SXD 文件的大小,提高性能。ArcScene 文档有版本问题,10.0 和 10.1 不兼容,10.1 和 10.2 兼容,10.2 和 10.3 不兼容,10.3、10.4、10.5、10.6 和 10.7 兼容。需要在其他版本下使用的,需通过保存副本方式保存为其他版本,如图 14-14 所示。其他对应 ArcScene 软件才可以打开。

图 14-14　转换其他 Scene 版本

14.2　基于地物制作三维

上面的三维是基于地形中的地貌,最主要的是需要 DEM 数据,地形中还有一种是地物,如房屋。如果房屋是面,可以通过拉伸来实现,这种三维效果并不好,我们一般使用点数据,点就是房屋中心点(可以通过"要素转点",内部选项不勾选就是中心点),房屋的真实模型使用 3DMAX 的 3DS,或者 Google Sketchup 建模的 SKP 文件,在 ArcScene 中进行符号设置就可以了。

14.2.1　面地物拉伸

使用数据:\chp14\ 建筑三维 \fw.mdb\fw。

(1)在 ArcScene 中加载数据 fw 层。

(2)右击属性,设置拉伸值可以输入固定值或选择字段值,如图 14-15 所示。

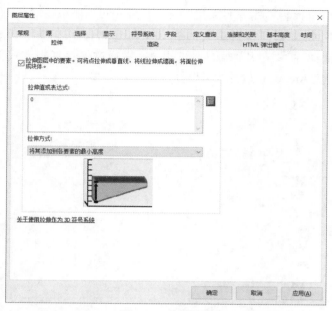

图14-15　拉伸设置

（3）单击▦选择一个字段 fwcs。

（4）设置样式颜色和"垂直夸张"倍数为 5，显示结果如图 14-16 所示。

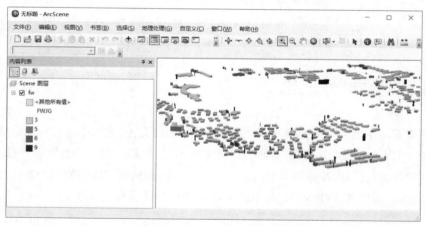

图14-16　房屋填充颜色拉伸三维

图 14-16 中房屋的三维成果和真实的房屋三维还相差较远。做真实的三维，需采用点数据。

14.2.2　真实房屋三维

数据：chp14\ 建筑三维 \fw.mdb\point。

（1）加载对应数据。

（2）右击数据 Point 图层→属性，在"符号系统"中设置，选择"类别"中的"唯一值"，右击合并设置分成两类，如图 14-17 所示。

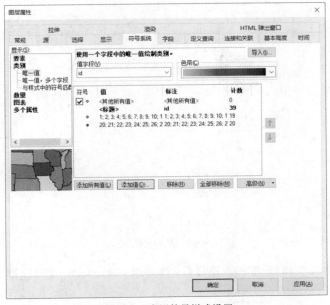

图 14-17 房屋符号样式设置

（3）双击第一类，如图 14-18 所示。

（4）单击"编辑符号"按钮，进入"符号属性编辑器"操作界面，如图 4-19 所示，在"类型"中，选择"3D 标记符号"，导入模型：chp14\ 建筑三维 \skp\ 陕西省委 new.skp。

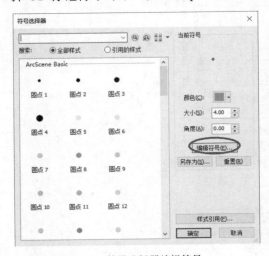

图 14-18 符号选择器编辑符号

图 14-19 符号属性编辑器导入外部 SKP 文件

（5）以此类推，导入模型：chp14\ 建筑三维 \skp\ 陕西省委 new.skp\ 钟楼 .skp。

（6）得到的结果放大，显示效果如图 14-20 所示。

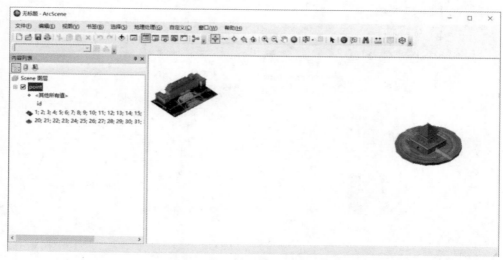

图 14-20　最后房屋显示

（7）发布，保存 SXD 文档，设置相对路径（文件菜单→ ArcScene 文档属性），如图 14-21 所示。

图 14-21　Scene文档设置相对路径

（8）按上面的方法复制给其他人时，数据和 SXD 文档要复制，使用模型文件不需要复制，数据和文档保持相对路径不变。

（9）发布三维数据的最好方法：使用"3D 图层转要素类（Layer3DToFeatureClass）"工具，操作如图 14-22 所示。

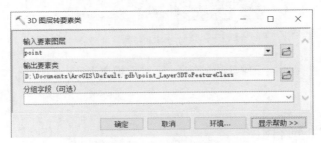

图 14-22 3D图层转多面体发布三维

3D 图层转成多面体要素，以后只要有多面体文件可以查看三维，不需要文档，也不需要外部模型文件。

14.2.3 查看已有三维

（1）测试数据：chp14\ 其他三维 \ 面积三维拉伸 .sxd，使用面积拉伸，如图 14-23 所示。

显示效果能否展示成三维，和场景属性中垂直夸大倍数设置有关（如图 14-4 中的场景属性设置），可以让软件基于范围进行计算，给出理论参考值，自己设置的值在参考值的附近。

（2）数据：chp14\ 其他三维 \ 加阴影 .sxd，如图 14-24 所示。

图 14-23   面积三维拉伸地图

图 14-24   地图加阴影

下面的阴影是使用拉伸固定值后的显示效果（设置方法看图 14-15 的拉伸设置，输入 1000）。另一个行政区图层，设置"图层偏移"，图 14-7 的图层偏移设置中输入 1001，自动放在上面，三维上下和图层顺序无关，和图层自己的物理高度有关。

（3）虚拟城市三维，测试：chp14\ 其他三维 \ 虚拟城市 .sxd，该数据是 ArcGIS 帮助练习的数据，效果如图 14-25 所示。

图14-25　真实建模和拉伸三维展示

有一些是拉伸，一些是实际三维建模的结果，三维建模更真实、逼真。

14.3　三维动画制作

三维发布，方式如下：

（1）使用"3D 图层转要素类（Layer3DToFeatureClass）"工具，将三维数据转换成多面体。

（2）导出 2D 图片，使用"文件"→"导出场景"→"2D"菜单，可以导出 PDF、PNG、SVG、JPG、TIF、EMF、EPS 和 GIF 等，如图 14-26 所示。

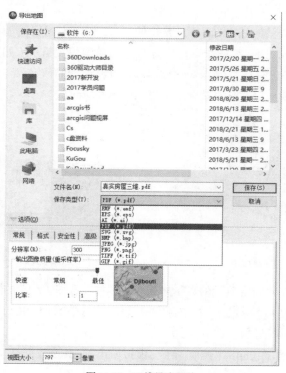

图14-26　三维导出图片

（3）导出 3D，使用"文件"→"导出场景"→"3D"菜单，导出 WRL 格式，可以在有 WRL 插件的浏览器上浏览。

（4）制作动画，导出 AVI 格式视频加载动画工具条。

14.3.1 关键帧动画

数据：chp14\ 真实房屋三维 .sxd，调整好视图位置，单击捕获视图按钮，循环多次（最少 2 次才可以）。所有操作记录在"动画"下拉菜单的"动画管理器"中，如图 14-27 所示。

单击"动画管理器"菜单，如图 14-28 所示。

图 14-27 动画管理器位置

图 14-28 动画管理器内容

总的时间为 1，其他是百分比，可以手工修改，也可以在图 14-28 中的"时间视图"标签页中移动每一帧的位置顺序，调整动画播放顺序。

播放动画：单击动画工具条的最后一个打开动画控制器按钮，单击"选项"按钮，可以设置总的播放时间，默认总的时间是 10s，可以修改播放方式：正向播放一次、反向播放一次、正向循环或反向循环，可以根据情况选择，如图 14-29 所示。

单击"导出动画"，可以导出 AVI 格式视频文件。

14.3.2 组动画

组动画，主要用于洪水淹没分析，数据：chp14\ 组动画 .sxd，打开后如图 14-30 所示。

图 14-29 动画控制器

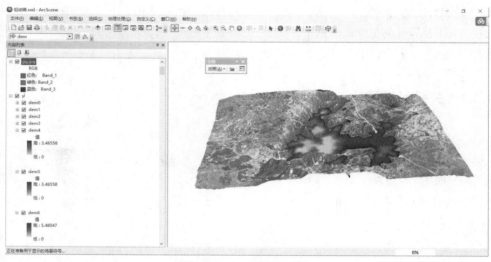

图14-30　组动画数据展示

　　组动画的制作，最主要的是准备数据，准备数据的步骤如下：先创建一个图层组 yl，在 yl 图层组下新建很多图层，图层名称依次是 dem0 和 dem1 等，每个图层，如 dem12 在基本高度中，如图 14-31 所示，在"图层偏移"中输入 12m，可以根据你的数据，所有图层依次按照从小到大（或者从大到小）、高程差，平均分配；由于高程不一样，水面大小不一样，后面栅格计算器按高程裁剪水面。

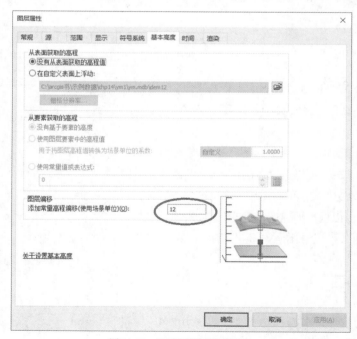

图14-31　组动画图层偏移设置

组动画操作：

（1）单击动画工具条，在"动画"下拉菜单中单击"创建组动画"，如图 14-32 所示。

（2）在"选择图层组"中选择当前已打开的图层组 y1，如图 14-33 所示。

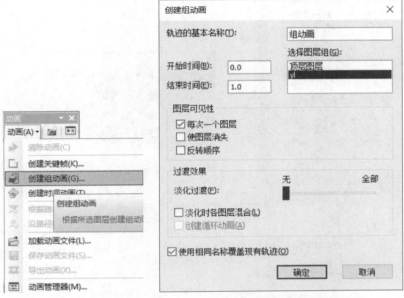

图 14-32　创建组动画位置　　　　　　　图 14-33　创建组动画选择图层组

（3）打开"动画控制器"就可以播放了，正向播放就是模拟洪水慢慢上涨的过程，反向播放就是洪水慢慢退去的过程。

（4）这个组动画可以和"关键帧"动画结合在一起使用，也可以自己导出动画。

14.3.3　时间动画

时间动画：模拟在某个时间点出现的位置，模拟物体的移动。使用数据：chp14\ 时间动画 .sxd，打开如图 14-34 所示。

数据准备步骤如下：先找到汽车运行线路（可以人为模拟），数据是一条记录，就是前进路线，使用工具箱中"增密（Densify）"工具按相同距离增加一个点，要素折点转点，计算每个点到下一个点的角度，并放在角度字段中，同时增加时间字段，按点顺序设置时间，如"使用字段计算器"，设置如：Now() + [OBJECTID]-196，按记录顺序，表示共 196 条记录，最后一条记录对应的时间就是今天的时间，如图 14-35 所示。

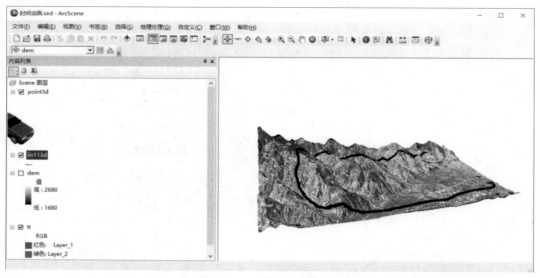

图 14-34　时间动画成果查看

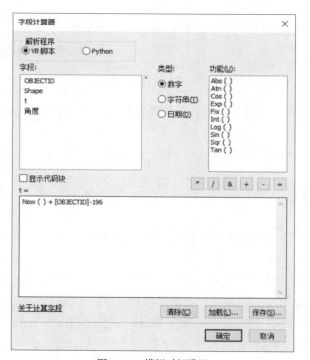

图 14-35　模拟时间设置

　　再使用"插值 SHAPE"工具，2D 转 3D，点的设置如下：符号系统→单一符号→高级，按角度旋转，这个车头方向才是对的，如图 14-36 所示。

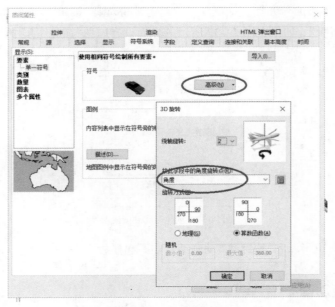

图14-36　汽车方向设置

时间动画演示操作如下：

（1）右击"point3D"图层，进入"图层属性"设置界面，在"时间"标签页中勾选"在此图层中启用时间"，如图 14-37 所示。"时间步长间隔"不影响动画长度，本动画时间总长如图 14-29 所示。

图14-37　图层启动时间动画

（2）单击动画工具条的"动画"下拉菜单的"创建时间动画"菜单项，系统提示"成功创建新的动画轨迹"，如图14-38所示。如果在图14-37所示的界面没有勾选"在此图层中启用时间"选项，这里会显示创建失败。

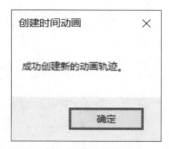

图14-38　创建时间动画成功

（3）播放该动画，也可以和"关键帧"动画结合在一起播放。

14.3.4　飞行动画

使用数据：chp14\飞行动画.sxd，效果如图14-39所示。

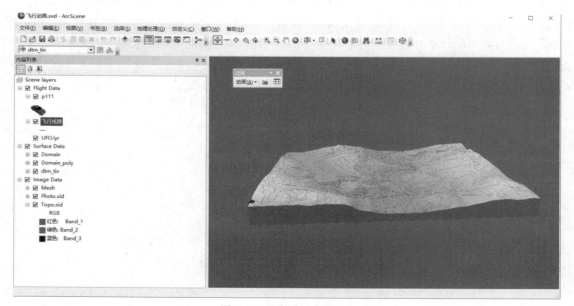

图14-39　飞行动画成果展示

保留DoMain图层，把其他所有图层都关闭，如图14-40所示。

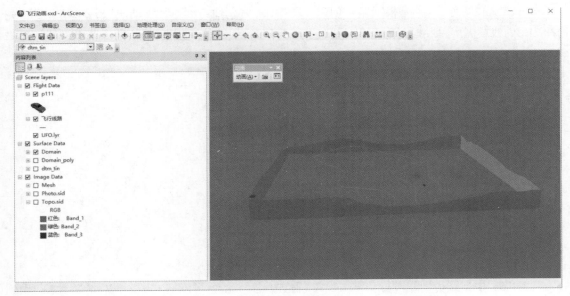

图 14-40 周围框效果

数据 Domain 是一个三维的线,右击图层→属性,设置拉伸,3D 数据是"将其用作要素的拉伸数值",如图 14-41 所示。

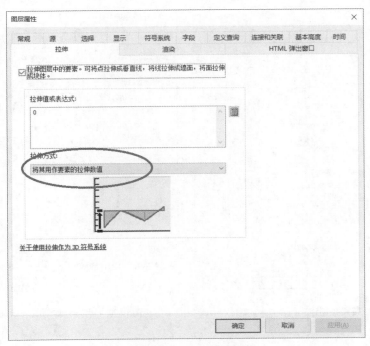

图 14-41 三维线拉伸

飞行动画有两种，一种是根据路径创建飞行动画，另一种是沿路径移动图层，要激活，必须先选择 3D 的线或者屏幕临时画一个 3D 线，这里选择飞行线路的线数据，激活两个菜单，如图 14-42 所示。

图 14-42　飞行动画的位置

（1）单击"根据路径创建飞行动画"，设置"垂直偏移"量，就可以播放了，可以和"关键帧"动画结合在一起使用，如图 14-43 所示。

（2）单击"沿路径移动图层"，设置"图层"（一般是点图层，只有样式设置）和垂直偏移，就可以播放动画了，可以和"关键帧"动画结合在一起使用，如图 14-44 所示。

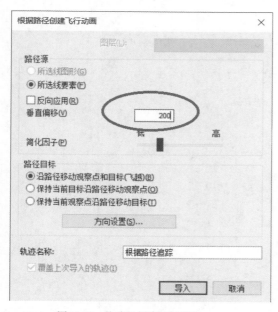

图 14-43　按路径创建飞行动画

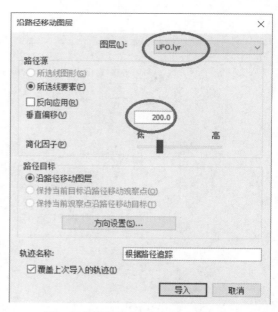

图 14-44　沿路径移动图层动画设置

第15章　栅格数据处理和分析

15.1　栅格概念

一个离散的阵列代表一幅连续的图像,最小单位为像元,一个像元的高度和宽度就是分辨率,一个像元有几个值就有几个波段。影像数据可以存在于文件中,如 TIF、IMG 等,也可以放在数据库中,在 ArcGIS 中所有栅格数据也称影像数据,一个栅格数据也叫栅格数据集。

15.1.1　波段

栅格数据由像元组成,在每个像元上有几个值就有几个波段,我们看到的彩色有三个波段:R(红色)、G(绿色)和 B(蓝色)。

有些有 4 个波段,如 chp15\4 个波段 .tif,如图 15-1 所示,RGB 值选不同的波段,显示的效果不同。由于只有高程,第 13 章的 DEM(数字高程模型)就是一个波段,一个波段经常用黑白拉伸来表示。

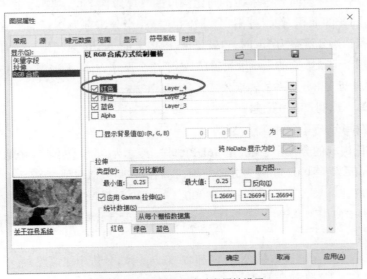

图 15-1　栅格数据多波段属性设置

多个波段的数据，只加其中一个波段，就会变成黑白色，使用"波段合成（CompositeBands）"工具，就可以保存一个实实在在的栅格数据，测试数据：chp15\test.tif，从 ArcCatalog 中找到那个波段拖动到"波段合成"工具界面中，操作界面如图 15-2 所示。

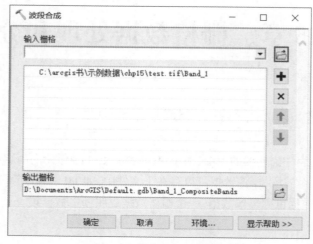

图 15-2　提取一个波段数据

当然这个工具也可以把几个单波段合成一个多波段栅格数据。

15.1.2　空间分辨率

影像空间分辨率是指地面分辨率在不同比例尺的具体影像上的表现。影像分辨率是栅格数据非常重要的指标，同样的面积，像素越多，分辨率也越高。当分辨率为 2.5m 时，一个像元代表地面 2.5m×2.5m 的面积；当分辨率为 1m 时，也就是说，图像上的一个像元相当于地面 1m×1m 的面积，即 $1m^2$。分辨率是用于记录数据的最小度量单位，小于这个尺寸物体，无法观察。

比例尺（只要分母）和分辨率的转换公式：

- 空间分辨率 = 比例尺 ×0.0254　/ 96
- 比例尺 = 空间分辨率 ×96 / 0.0254

其中 96 是我们肉眼的分辨率，一般是 96DPI，即一英寸为 96 个像元，一个像元是 96 分之 1 英寸，1 英寸为 25.4mm，就是 0.0254m。为方便使用，我们做一些近似取值：96≈100，0.0254≈0.025，可以获得 1：10000 比例尺，2.5m 就是 1：10000，1：2000 是最低 0.5m，分辨率 0.5m 对应比例尺 1：2000。改变分辨率使用工具箱中"重采样（Resample）"工具，测试数据：chp15\test.tif，如图 15-3 所示。

改变分辨率一般是原来的整数倍，X 方向和 Y 方向一致，分辨率建议改大，不建议改小，改小后数据精度并不会提高，但文件却变大了。

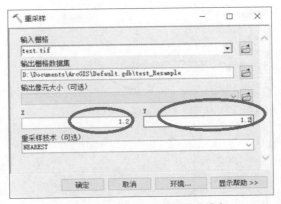

图15-3　重采样设置栅格数据分辨率

15.1.3　影像格式

ArcGIS 影像格式主要有两种：

（1）文件格式，可以是 .tif 和 .img 等，放在文件夹中，靠扩展名区分；

（2）放在数据库，不能加扩展名，因为"."是特殊字符，不能作为数据库中栅格数据集的名称。

影像在数据库中的存储有三种方式。

（1）栅格数据集：大多数影像数据和栅格数据（例如正射影像或 DEM）均作为栅格数据集提供。栅格数据集是指存储在磁盘或地理数据库中的任何栅格数据模型。文件格式也是这种。

（2）镶嵌数据集：以目录形式存储并以单个镶嵌影像或单个影像（栅格）的方式显示或访问的栅格数据集（影像）。镶嵌数据集中的栅格数据集可以采用本机格式保留在磁盘中，也可以在需要时加载到地理数据库中。可通过栅格记录以及属性表中的属性来管理元数据，将元数据存储为属性，可以更方便地管理和提高对选择内容的查询速度。把多个栅格数据集添加到镶嵌数据集中，可以实现影像数据合并功能，但注意实际的栅格数据并不存在于镶嵌数据集中。

（3）栅格目录：是以表格式定义的栅格数据集的集合，其中每个记录表示目录中的一个栅格数据集。栅格目录可以大到包含数千个影像。栅格目录通常用于显示相邻、完全重叠或部分重叠的栅格数据集，而无须将它们镶嵌为一个较大的栅格数据集，以后这个格式将淘汰。

影像格式转换使用工具箱中的"复制栅格（CopyRaster）"工具，这个工具也可以转换位数，如 16 位转 8 位，实际工作中经常需要使用，如 Photoshop 这类软件只能打开 8 位彩色 TIF 图像的软件。测试数据：chp15\test.tif，转换成 .img，把 16 位转 8 位，操作界面如图 15-4 所示。在"像素类型"下面选择 8_BIT_UNSIGNED：8 位无符号数据类型。支持的值为 0~255。

图15-4　复制栅格数据实现栅格格式转换

15.2　影像色彩平衡

"色彩平衡"就是多个栅格颜色不太一致时，通过色彩平衡把颜色调整成近似或者一致。色彩平衡在日常工作中经常使用。

"色彩平衡"要求放在地理数据库的镶嵌数据集下，所有影像数据必须有坐标系，坐标的位置必须是正确的位置，就是已地理配准。测试数据：chp15\ 色彩平衡 .mxd，有两幅影像，颜色不一致，如图 15-5 所示。

图15-5　原始有色差的两幅影像

操作如下：

（1）先建文件地理数据库。

（2）右击地理数据库，新建"镶嵌数据集"，输入名称 kk，坐标系和这些栅格数据坐标系一致。也可以直接使用工具箱的"创建镶嵌数据集（CreateMosaicDataset）"工具，如图 15-6 所示。

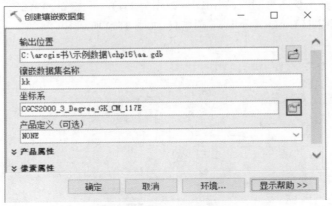

图15-6　创建镶嵌数据集界面

（3）右击镶嵌数据集 kk，添加"栅格数据"，也可以直接使用"添加栅格至镶嵌数据集（AddRastersToMosaicDataset）"工具，"输入数据"选 Dataset（数据集），单击打开按钮，选择对应的两个栅格，单击"确定"按钮后导入数据，原来的数据必须保留，这是因为镶嵌数据集使用的就是原来的数据，只是类似索引被关联起来，如图 15-7 所示。

图15-7　镶嵌数据集添加栅格数据

（4）完成后，右击镶嵌数据集 kk，单击增强→色彩平衡菜单，也可以直接使用"平衡镶嵌数据集色彩（ColorBalanceMosaicDataset）"工具，"颜色表面类型"选择 FIRST_ORDER，该技术所创建的颜色改变更为平滑，而且使用的辅助表存储空间更少，但可能需要花费更长的时间进行处理。所有像素都根据从二维多项式倾斜平面获取的多个点进行更改，如图 15-8 所示。

（5）如果放大或缩小视图有问题，右击镶嵌数据集 kk，单击优化→构建概视图菜单就可以解决，等同于使用"构建概视图（BuildOverviews）"工具，如图 15-9 所示。

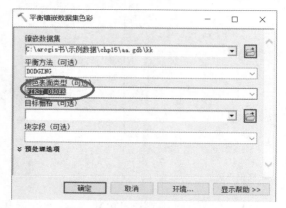

图15-8　色彩平衡操作

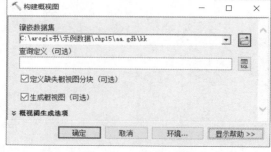

图15-9　构建镶嵌数据集视图

单击"确定"按钮，结果如图 15-10 所示，可以看到颜色比较接近了。

图15-10　镶嵌数据集色彩平衡后的结果

15.3　栅格重分类

重分类（Reclassify）：将栅格图层的数值进行重新分类组织或者解释，重分类的关键是确定原数据到新数据之间的对应关系，重分类只能从详细到粗略，不能逆操作。使用 ArcGIS 扩展模块，选择"3D 分析"或"空间分析扩展"模块。

重分类只能处理一个波段数据,对多波段影像按第一个波段处理。

测试数据:chp15\Slope.tif,分成 0°~2°、2°~6°、6°~15°、15°~25° 和 25° 以上,分成 5 级,操作步骤如下:

(1)找到重分类工具,运行界面如图 15-11 所示。

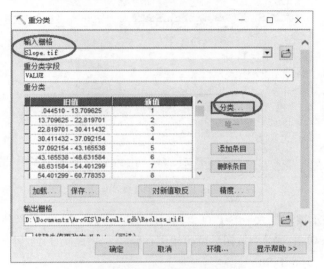

图15-11　栅格数据重分类

(2)单击"分类"按钮,在"类别"设置项中选择 5,在界面的右下角依次输入中断值(2、6、15、25 和 90),如图 15-12 所示。

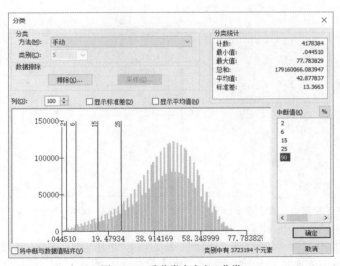

图15-12　重分类自定义 5 分类

（3）单击"确定"按钮后，最小值修改成 0，如图 15-13 所示。

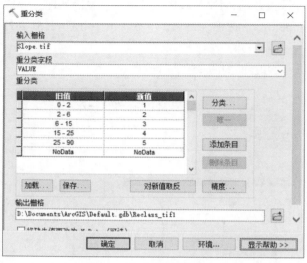

图15-13　重分类结果界面

其中"0 - 2"是表示坡度数大于等于 0°，同时小于等于 2°，注意在"-"符号的前后各有一个空格，这是必须的，否则，单击"确定"按钮后就出错了；而"2 – 6"是大于 2° 小于等于 6°，以此类推；最后一个大于 25°，小于等于 90°。

（4）单击"确定"按钮后，结果如图 15-14 所示。

（5）打开属性表，后面的 Count 就是像元个数，可以通过分辨率计算面积，我们分类的目的主要用于统计数据，也可以栅格转面，再融合统计面积，如图 15-15 所示。

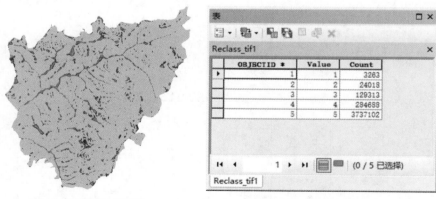

图15-14　栅格分类结果　　　　　图15-15　栅格分类属性表

注意：栅格数据不一定有属性表，有属性表的可以使用"删除栅格属性表（DeleteRaster-AttributeTable）"工具删除栅格数据的属性表；没有属性表的栅格数据，可以通过"构建栅格属性表

（BuildRasterAttributeTable）"工具创建属性表，但仅限单个波段的像素类型为整数的栅格数据，多个波段或像素类型为浮点数的栅格，无法构建属性表。矢量数据一定有属性表。

15.4　栅格计算器

"栅格计算器（RasterCalculator）"工具是栅格数据计算的利器，是栅格数据空间分析中数据处理和分析时最常用的方法，应用非常广泛，能够解决各种类型的问题，尤其是建立复杂的应用数学模型的基本模块。使用的栅格数据必须是单个波段，多个波段只对第一个波段运算。输入数据可以是一个栅格，也可以是多个栅格；用到多个栅格数据，要求坐标系相同，CELLSIZE 大小（分辨率）相同，栅格范围一致，范围不同时取交集。栅格计算器是 ArcGIS 的空间分析模块，一定要勾选空间分析扩展模块。

ArcGIS 提供了非常友好的图形化栅格计算器界面，计算原理就是对每个像元数值进行计算，不仅可以方便地完成基于数学运算符（加、减、乘、除等）的栅格运算、逻辑运算符（大于、小于，等于），以及基于数学函数的栅格运算，它还支持直接调用 ArcGIS 自带的栅格数据空间分析函数和工具，并且可以方便地实现同时输入和运行多条语句，如计算坡度，可以直接使用 Slope 函数，工具箱中关于输出栅格有关的工具都可以使用，函数名就是工具名称，而不是看到的标签（平时看到的工具汉字就是标签）。

栅格计算器使用 Python 语法，使用函数严格区分大小写，大小写是有规律的，每一个单词首字母大写，其他小写，如 Con 工具，请确保将其输入为 Con，而不是 con 或 CON。栅格图层名称必须包含在半角双引号内。引号总结：在查询写 SQL 时是单引号，其他都是双引号。

使用测试数据：chp15\dem.tif，先把数据加入 ArcMap 中。

例 1：算数运算 "dem.tif"/3+500，如图 15-16 所示。

图 15-16　栅格计算器算数运算

该操作可以对栅格加密,公式可以自己写,其他人不会知道公式,就不能还原最早的栅格数据。

例2：算数运算：9000—"dem.tif",可以发现高的地方变低,低的地方变高,也就是平时讲的反地形,海洋中山脉和陆地的山脉正好相反,在陆地上的山谷线就是海洋的山脊线。

例3：逻辑计算："dem.tif"<1000,计算后,满足条件返回1,不满足条件（大于等于1000）则返回0。

15.4.1　空间分析函数调用

测试数据：chp15\dem.tif、dem1.tif、clip.shp 和 dgx.shp。

例1：计算坡度。栅格表达式：Slope("dem.tif"),如图 15-17 所示。

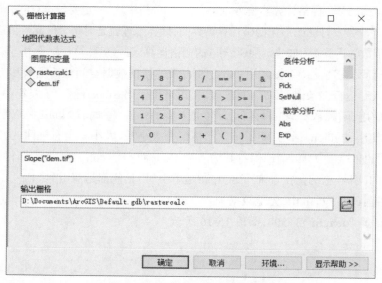

图15-17　栅格计算器函数调用界面

例2：重分类。分成两类：2000 以下分成 1,大于 2000 分成 2,栅格表达式：Reclassify("dem.tif", "VALUE", "0 2000 1; 2000 9000 2"),都是双引号,分类中间使用";"隔开,输出结果就是分类栅格。

例3：裁剪影像。使用面 clip.shp 裁剪 dem.tif,数据确保添加到 ArcMap 中,栅格表达式：ExtractByMask("dem.tif", "clip")。

例4：生成 DEM。使用 dgx.shp,高程字段 gc,调用工具"地形转栅格 (TopoToRaster)"工具,输出分辨率 10,栅格表达式：TopoToRaster ("dgx gc Contour", "10")。

例5：计算填挖方。栅格表达式：CutFill("dem.tif", "dem1.tif")。

注意：栅格计算器使用数据必须加载到 ArcMap 中。

15.4.2 Con函数使用

测试数据：chp15\dem.tif、chp15\dem1.tif。

针对输入栅格的每个输入像元执行 if/else 条件评估。语法如下：

Con (in__raster, in_true_raster_or_constant, {in_false_raster_or_constant}, {where_clause})

Con 函数的参数说明如表 15-1 所列。

表15-1　Con函数的参数说明表

参　数	说　明	数据类型
in__raster	表示所需条件结果为真或假的输入栅格，可以是整型或浮点型	栅格
in_true_raster_or_constant	条件为真时，其值作为输出像元值的输入，可为整型或浮点型栅格，或为常数值	栅格或数值常量
in_false_raster_or_constant(可选)	条件为假时，其值作为输出像元值的输入；可为整型或浮点型栅格，或为常数值	栅格或数值常量
where_clause(可选)	决定输入像元为真或假的逻辑表达式；表达式遵循 SQL 表达式的一般格式。where_clause 的一个示例为 "VALUE > 100"	SQL 表达式

例如，DEM 值小于 1000，返回 1，大于 1000 的返回 0，Con("dem.tif" < 1000, 1, 0)，也可以为 Con("dem.tif", 1, 0, "VALUE <1000")；如果只返回小于 1000 的范围，表达式：Con("dem.tif" < 1000, 1)，再使用工具箱中"栅格转面（RasterToPolygon）"工具就可以得到洪水淹没的范围。

15.4.3 空和0转换

在栅格数据中，有一种空叫 NoData，数据缺失。NoData 与 0 不同，0 是有效数值。NoData 不能做任何数学运算，我们经常需要把 dem.tif 中的空值转换成 0，表达式：Con(IsNull("dem.tif"), 0, "dem.tif")，如果是栅格文件加扩展名，而数据库中的栅格数据，就是数据名称。

有时需要 0 转换成空，如 raster1 数据，表达式为 Con("raster1"!=0, "raster1") 或 SetNull("raster1"==0, "raster1")，这里 raster1 是 dem.tif 空转换成 0 的结果。

15.4.4 比较影像的不同

这个影像只能是一个波段，多个波段的各个波段分别比较。

有两种方法，第 1 种是相减，表达式："dem.tif" - "dem1.tif"，为 0 就相同，不为 0 则不同；第 2 种是相同不返回，返回不相同的差值，表达式：Con("dem.tif" != "dem1.tif", "dem.tif" - "dem1.tif")。

第 16 章　综合案例分析

16.1　计算坡度大于25°的耕地面积

样例数据:\chp16\ 计算坡度 .mxd,可以看到有两个数据,一个是坡度图 Slope,一个是 DLTB 矢量数据,操作步骤如下:

（1）要获得大于 25° 的坡度,使用"栅格计算器（RasterCalculator）"工具,表达式:Con("%Slope%" > 25, 1),in_memory 表示结果放在内存中,界面如图 16-1 所示。

（2）栅格数据直接计算面积不太方便,用栅格转面数据计算面积,使用"栅格转面（RasterToPolygon）"工具,不勾选"简化面",如图 16-2 所示。

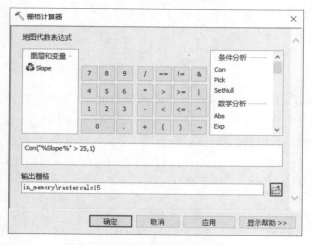

图16-1　栅格计算器的计算坡度大于25°

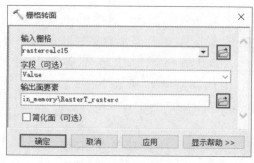

图16-2　栅格转面

（3）使用"筛选（Select）"工具获得耕地,表达式:DLBM LIKE '01%',如图 16-3 所示。

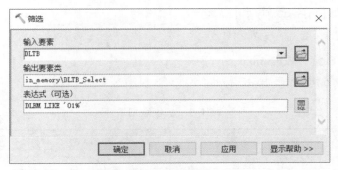

图16-3　查询耕地

（4）获得两个图层的共同部分，使用"相交（Intersect）"工具。

（5）最后按 DLBM 和 DLMC 字段汇总在一起，使用"融合（Dissolve）"工具，如图 16-4 所示。

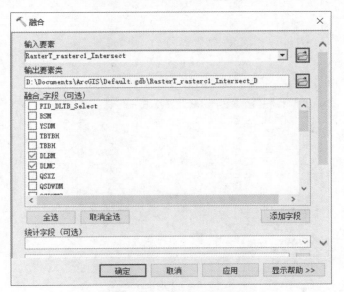

图16-4　按DLMC和DLBM统计

操作步骤看下面的模型：chp16\ 获得坡度大于 25 的耕地 \ 工具箱 .tbx\ 模型，中间变量建议放在内存中，方法：in_memory\ 内存中名字，该模型打开后如图 16-5 所示。

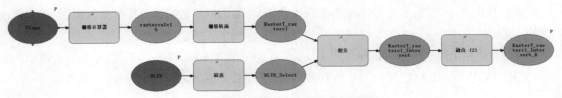

图16-5　计算坡度大于25的耕地面积模型

16.2　计算耕地坡度级别

测试数据:\chp16\ 计算坡度 .mxd。

将坡度分级分成 5 级,如表 16-1 所列。

表16-1　坡度级别表

代　码	坡度级别	代　码	坡度级别
1	≤2°	4	（15°　～25°　]
2	（2°　～6°　]	5	>25°
3	（6°　～15°　]		

（1）使用栅格"重分类 (Reclassify)"工具,对坡度图分级,如图 16-6 所示。

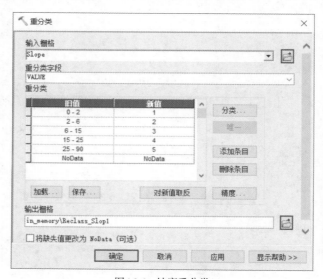

图16-6　坡度重分类

（2）耕地图斑涉及两个以上坡度级时,取面积最大的坡度级为该耕地图斑的坡度级,使用"以表格显示分区统计（ZonalStatisticsAsTable）"工具,统计方法选 MAJORITY,确定值栅格中与输出像元同属一个区域的所有像元中最常出现的值,就是面积最大时,如图 16-7 所示。

注意：使用这个工具,有些数据计算无法计算,因为使用栅格数据的分辨率太大时,矢量数据地块大小（宽度和高度）一定要大于栅格数据的分辨率。区域字段一定是唯一值。

（3）最后使用"连接字段 (JoinField)"工具,不是"添加连接（AddJoin）"工具,因为后者需要先建索引。使用 BSM 字段,BSM 是唯一值,所有 BSM 值不能有重复,如图 16-8 所示。

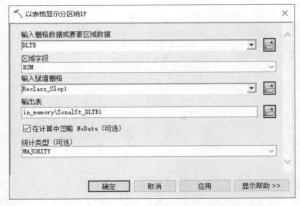

图16-7 以表格显示分区统计计算DLTB坡度级

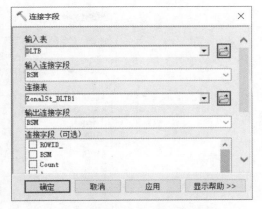

图16-8 连接原始DLTB获得坡度级别

模型在 chp16\ 工具箱 .tbx\ 计算耕地坡度级别,模型如图 16-9 所示。

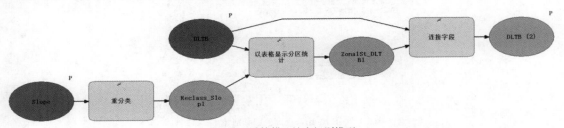

图16-9 计算耕地坡度级别模型

16.3 提取道路和河流中心线

测试数据:\chp16\ 计算坡度 .mxd 中 DLTB。

(1)先找面状道路和河流,使用"筛选 (Select)"工具,表达式:DLMC = '公路用地' OR DLMC = ' 河流水面 ',如图 16-10 所示。

(2)使用"融合 (Dissolve)"工具,融合字段 DLMC:DLMC,如图 16-11 所示。

(3)使用"要素转线 (FeatureToLine)"工具,如图 16-12 所示。

(4)手动在道路和河流的末端开个口,使用编辑器工具条中的分割工具 ,每一条记录都需要末端开口,这是下一步操作的要点。

(5)使用"提取中心线(CollapseDualLinesToCenterline)"工具,给一个最大的宽度,满足条件的最小值,如图 16-13 所示。

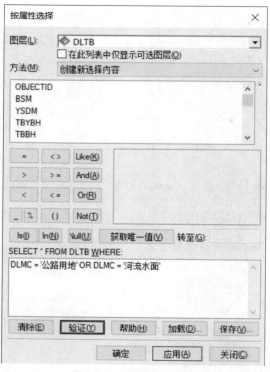

图16-10　查询公路和河流

图16-11　公路合并和河流合并在一起

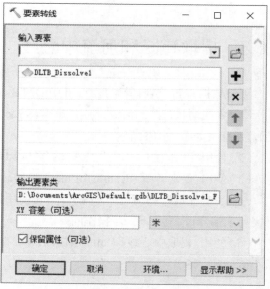

图16-12　面状公路、河流转成线

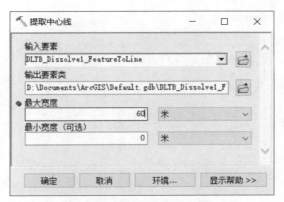

图16-13 提取末端开口的双线的中心线

16.4 占地分析

测试数据：\chp16\ 占地分析 .mxd，FW 是项目范围，DLTB 是土地利用现状。

（1）使用"相交 (Intersect)"工具：可以把两个表字段都加在一起，项目跨地块，图形自动分割，属性字段的两个表都加过来，如图 16-14 所示。

（2）使用"融合 (Dissolve)"工具，融合字段，选"项目名称"和 DLMC，如图 16-15 所示。

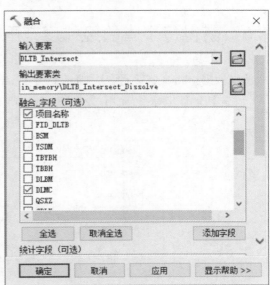

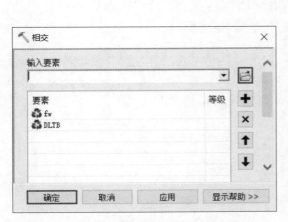

图16-14 项目范围和土地利用现状相交　　图16-15 按DLMC和项目名称统计

（3）"表转 Excel(TableToExcel)"工具：把汇总的结果转到 Excel 中，如图 16-16 所示。

图16-16　统计结果转Excel的XLS文件

模型在 chp16\ 工具箱 .tbx\ 计算耕地坡度级别，模型如图 16-17 所示。

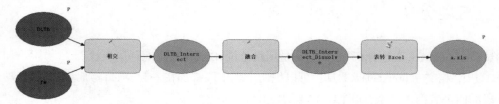

图16-17　占地分析模型

16.5　获得每个省的经纬度范围

测试数据：china\ 省级行政区 .shp，获得一个省的最大和最小经纬度。数据是投影坐标。

（1）先转地理坐标系，使用"投影（Project）"工具，如图 16-18 所示。

图16-18　投影坐标系转换为地理坐标

（2）获得外接包络矩形，使用"最小边界几何（MinimumBoundingGeometry）"工具，几何类型选ENVELOPE，操作界面如图16-19所示。

图16-19 获得包络矩形

（3）获得点，使用"要素折点转点（FeatureVerticesToPoints）"工具，选择"点类型"为 ALL，如果直接原始数据生成，点太多，速度太慢；包络矩形点会少很多，速度快，如图16-20所示。

（4）使用"添加 XY 坐标（AddXY）"工具获得点的坐标，如图16-21所示。如果地理坐标系获得点的经度和纬度，自动增加 POINT_X 字段，对应的是经度；POINT_Y 字段，对应的是纬度。

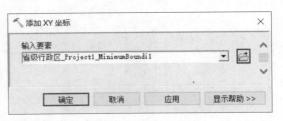

图16-20 获得包络矩形所有点

图16-21 获得的点坐标

（5）使用"汇总统计数据（Statistics）"工具，获得经纬度范围。统计字段 POINT_X，统计类型选 MIN，获得最小的经度；POINT_X，统计类型选 MAX，获得最大的经度；POINT_Y，统计类型选 MIN，获得最小的纬度；POINT_Y，统计类型选 MAX，获得最大的纬度。分组字段选 NAME，一个省统计一条，如图16-22所示。

（6）使用"连接字段（JoinField）"工具，连接到最早的省级行政区，如图16-23所示。

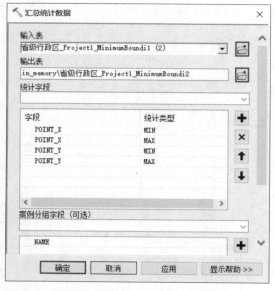

图16-22　从点层获得每个省的最大最小经纬度

图16-23　连接到最早省级行政区

（7）由于 SHP 字段最长是 10 个英文，查看结果如图 16-24 所示，分别是最小的经度、最大的经度、最小的纬度和最大的纬度。

NAME	MIN_POINT_	MAX_POINT_	MIN_POINT1	MAX_POINT1
新疆	73.45169	96.395554	34.348905	49.174051
国家	78.438076	99.152617	26.87067	36.490151
青海	89.419209	103.029832	31.554164	39.339398
甘肃	92.789665	108.679632	32.587005	42.795906
内蒙古	97.170115	125.987327	37.418109	53.317399
四川	97.343306	108.521624	26.061993	34.301083
云南	97.559827	106.1919	21.143072	29.22079
贵州	103.612428	109.527241	24.605391	29.205882
宁夏	104.226492	107.63373	35.220031	39.380001
广西	104.50494	112.030703	21.392068	26.391066
重庆	105.309538	110.153106	28.16963	32.202834
陕西	105.496215	111.252235	31.693315	39.590601
湖北	108.344959	116.092775	29.029453	33.264894
海南	108.616888	111.033529	18.163515	20.133712

图16-24　查看结果

模型在 chp16\ 工具箱 .tbx\ 获得省的经纬度范围，如图 16-25 所示。

图16-25　获得每个省的经纬度范围模型

16.6　填挖方计算

测试数据：chp16\ 填挖方计算 \ 原始高程数据 .txt 和之后高程数据 .txt，打开原始高程数据 .txt，数据如图 16-26 所示。

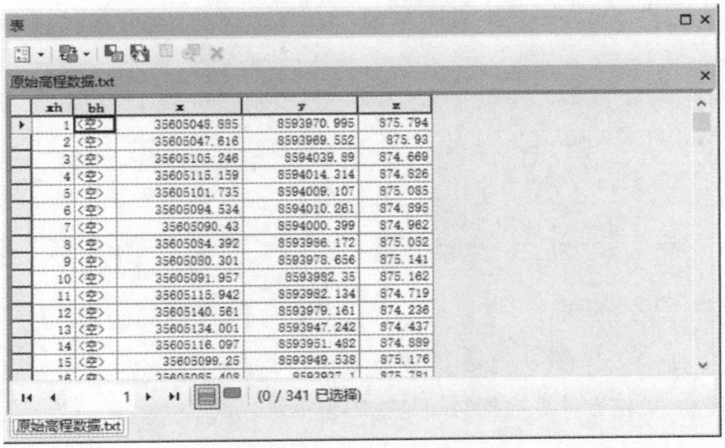

	xh	bh	x	y	z
▸	1	<空>	35605048.885	8593970.995	875.794
	2	<空>	35605047.616	8593989.552	875.93
	3	<空>	35605105.246	8594039.89	874.669
	4	<空>	35605115.159	8594014.314	874.826
	5	<空>	35605101.735	8594009.107	875.085
	6	<空>	35605094.534	8594010.261	874.895
	7	<空>	35605090.43	8594000.399	874.962
	8	<空>	35605084.392	8593986.172	875.052
	9	<空>	35605080.301	8593978.656	875.141
	10	<空>	35605091.957	8593982.35	875.162
	11	<空>	35605115.942	8593982.134	874.719
	12	<空>	35605140.561	8593979.161	874.236
	13	<空>	35605134.001	8593947.242	874.437
	14	<空>	35605116.097	8593951.482	874.889
	15	<空>	35605099.25	8593949.538	875.176

图 16-26　原始文本文件内容查看

X 坐标是 8 位，前 2 位是 35，根据坐标系知识，35 是带号，是 3 度分度，使用“创建 XY 事件图层（MakeXYEventLayer）”工具生成点，如图 16-27 所示。

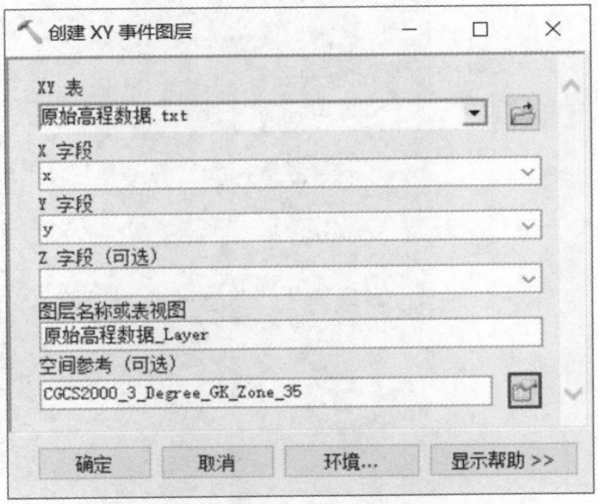

图 16-27　文本文件生成点

对“之后高程数据 .txt”按一样的方式生成点。

分别使用“地形转栅格（TopoToRaster）”工具生成 DEM，如图 16-28 所示。

最后使用“填挖方（CutFill）”工具，如图 16-29 所示。

图16-28　点生成DEM

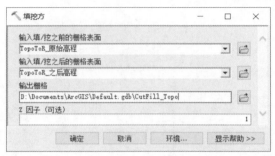

图16-29　计算填挖方

　　结果如图16-30所示，深色代表要填，浅色代表要挖，打开上面的输出结果属性表，可以看到具体的填挖方数字。注意，填挖方计算数据必须是投影坐标系。

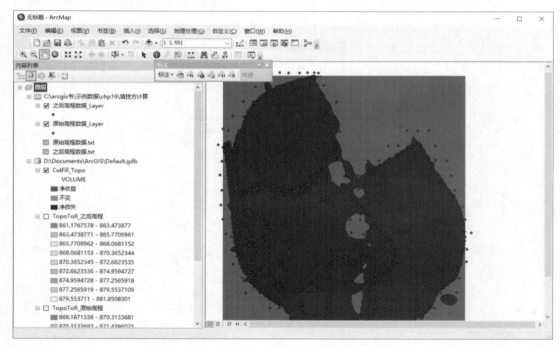

图16-30　填挖方结果查看

16.7 计算省份的海拔

测试数据：chp16\ 一些省的 dem\ 省 .mxd，打开后可以看到一个省份数据，一个是 DEM。根据 13.3.3 小节，可以用"添加表面信息（AddSurfaceInformation）"工具，操作后若提示错误，原因有两个：①两个数据坐标系不一致，当然可以转成一致的，把栅格 DEM 使用投影栅格工具，转换成和省 .shp 一致的坐标系，转换后操作不失败，但操作时间太久；②添加表面信息工具适合 TIN、Terrain，如果栅格很大，速度太慢。

采用"以表格显示分区统计（ZonalStatisticsAsTable）"工具，操作如图 16-31 所示。

区域字段是唯一值字段，这里选 PROV_CODE 字段，测试发现这个字段值不能是汉字，如选 Name 字段，操作结果错误（湖北省会变成湖北，少一个字，下面无法连接），这个 ArcGIS 的 Bug，ArcGIS 10.7 中没有问题，如图 16-32 所示。

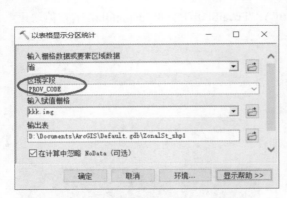

图 16-31 计算省海拔最大最小生成表格

图 16-32 省连接上面的结果

16.8 异常DEM处理

测试数据：chp16\ 异常 dem\demnull.tif，打开后可以看到数据有很多空值，填上合理值即可，如图 16-33 所示。

每一个点取 3×3 方格的平均值，空值也取周围点平均值，使用"焦点统计（FocalStatistics）"工具，如图 16-34 所示。

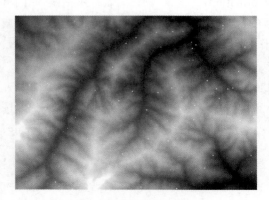

图16-33　原始有多空值的DEM

图16-34　每个点取方格平均值

使用栅格计算器表达式：Con(IsNull("demnull.tif")、"FocalSt_tif1" 和 "demnull.tif")，空值取焦点统计结果，不是取原来的值，如图 16-35 所示。

结果如图 16-36 所示。

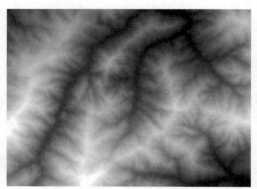

图16-35　使用栅格计算器把空替换成焦点统计的结果

图16-36　最后栅格数据

16.9　地形图分析

有等高线和等高点,假定等高线高程没有问题,需要判断哪个等高点高程可能有问题。测试数据:chp16\ 地形分析 .mxd。

(1)有等高线和范围,生成 TIN,如图 16-37 所示。

(2)根据 TIN,填写高程点(gcd)的高程,如图 16-38 所示。

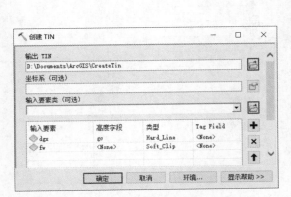

图 16-37　使用等高线生成TIN

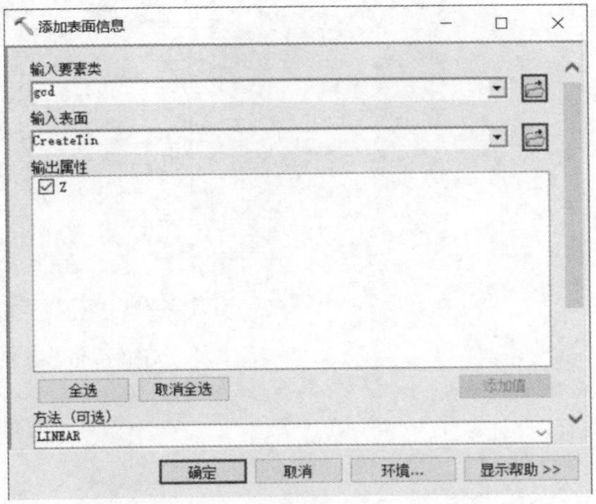

图 16-38　通过TIN获得等高点高程

(3)高程点(gcd)增加字段 d。

(4)使用计算字段,计算差值,如图 16-39 所示。

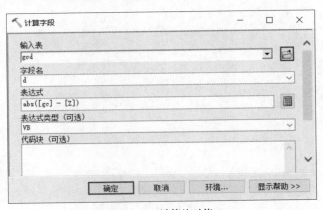

图 16-39　计算绝对值

最早等高线 (dgx) 的等高距是 1m,d 大于 1 时,可能等高点高程有问题。如图 16-40 所示,线上的标注是等高线高程,等高点高程是线上加粗的数字,在 2538 和 2539 两条等高线之间,而等高点是

2540.48，差值是1.7，所以是错误的。

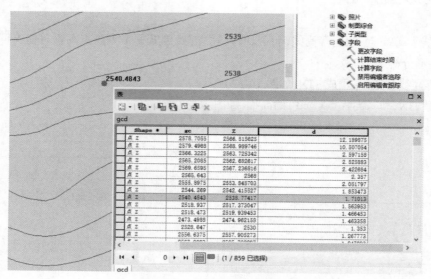

图16-40 查看属性表分析数据

附　录

附录一　ArcGIS中各种常见的文件扩展名

1. .shp　Shapefile 文件扩名，目前这种格式 ArcGIS 不建议使用。

2. .mxd　ArcMap 文档文件：存储一个文档有几个数据框，每个数据框有哪几个图层，每个图层的样式、标注，存在版本问题，一定要保存为相对路径。

3. .lyr　ArcMap 中一个图层样式文件，存储和设置图层相关属性，比如在 ArcMap 中的 Layer Properties 里设置的东西都可以存储在图层文件中，像符号化、标注、显示比例尺范围、超链接、表格关联等。有版本问题。

4. .mxt　ArcGIS 制图模板文件，其中 Normal.mxt 是 ArcMap 配置文件，删除后 ArcMap 界面可以还原初始化安装时的界面。

5. .prj　用于存储坐标系信息的文件。

6. .mdb　个人数据库文件，Access 可以打开，有版本问题，9.3 和 10.0 不兼容，10.0 和 10.7 兼容。

7. .gdb　文件地理数据库，文件夹的扩展名，和 mdb 一样有版本问题。

8. .sqlite　是一款轻型的数据库，Android 原生数据库文件，Android 手机等移动设备经常使用。

9. .Geodatabase　ArcGIS 手机移动设备访问本地离线数据库文件，矢量格式可以编辑。

10. .tbx　ArcGIS 工具箱文件，有版本问题，各个版本不兼容。

11. .tpk　ArcMap 地图切片包文件。

12. .mpk　地图包，把数据和 mxd 文档打包一个压缩文件，ArcGIS 10.0 以后都可以打开。

13. .gpk　地理处理包，把运行工具或模型和使用数据打包一个压缩文件，可以通过解包后使用。

14. .img　遥感影像的文件格式，也是 ERDAS 软件和 ENVI 软件常用格式。

15. .py　ArcGIS Python 源码文件。

16. .xyz　XYZ 文件会以浮点值形式存储 X、Y 和 Z 坐标，是激光点云数据，文件中的每一行表示一个不同的点记录。可以使用"3D ASCII 文件转要素类"生成 ArcGIS 数据。

17. .las　LAS 文件采用行业标准二进制格式，用于存储机载激光雷达数据。

18. .sxd　ArcSence 文档文件,需要保存为相对路径,有版本问题。

19. .3dd　ArcGlobe 文档文件,需要保存为相对路径,有版本问题。

20. .sde　ArcSDE 连接文件名称的扩展名。

21. .tlb　.Net 开发 ArcGIS 插件,可以通过自定义菜单→自定义模式→有文件添加,有版本问题。

22. .esriaddin　是 ArcGIS addin 开发的 ArcGIS 插件的扩展名。

23. .rul　ArcGIS 的拓扑规则文件,在拓扑中加载规则文件,相同的要素类名可以直接使用。

24. .exp　查询的 SQL,查询时保存,下次加载可以直接使用。

25. .lxp　标注的表达式,标注时保存下来,下次可以加载可以直接使用。

26. .gtf　不同坐标系的转换参数文件。

附录二　ArcGIS工具箱工具使用列表

序 号	工具中文名称	工具英文名称	所属工具大类
1	更改字段	AlterField	
2	添加字段	AddField	
3	删除字段	DeleteField	
4	数据库碎片整理	Compact	
5	恢复文件地理数据库	RecoverFileGDB	
6	创建个人地理数据库	CreatePersonalGDB	
7	创建文件数据库	CreateFileGDB	
8	投影	Project	
9	投影栅格	ProjectRaster	
10	计算字段	CalculateField	数据管理（Data Management）
11	添加几何属性	AddGeometryAttributes	
12	镶嵌至新栅格	MosaicToNewRaster	
13	分割栅格	SplitRaster	
14	导出拓扑错误	ExportTopologyErrors	
15	删除相同的	DeleteIdentical	
16	要素转点	FeatureToPoint	
17	要素转面	FeatureToPolygon	
18	多部件至单部件	MultipartToSinglepart	
19	排序	Sort	
20	创建地图切片包	CreateMapTilePackage	

序　号	工具中文名称	工具英文名称	所属工具大类
21	点集转线	PointsToLine	
22	添加 XY 坐标	AddXY	
23	要素折点转点	FeatureVerticesToPoints	
24	面转线	PolygonToLine	
25	要素转线	FeatureToLine	
26	在折点处分割线	SplitLine	
27	在点处分割线	SplitLineAtPoint	
28	修复几何	RepairGeometry	
29	按属性选择图层	SelectLayerByAttribute	
30	按位置选择图层	SelectLayerByLocation	
31	创建随机点	CreateRandomPoints	
32	融合	Dissolve	
33	消除	Eliminate	
34	创建 LAS 数据集	CreateLasDataset	数据管理（Data Management）
35	波段合成	CompositeBands	
36	重采样	Resample	
37	复制栅格	CopyRaster	
38	创建镶嵌数据集	CreateMosaicDataset	
39	添加栅格至镶嵌数据集	AddRastersToMosaicDataset	
40	平衡镶嵌数据集色彩	ColorBalanceMosaicDataset	
41	构建概视图	BuildOverviews	
42	最小边界几何	MinimumBoundingGeometry	
43	创建 XY 事件图层	MakeXYEventLayer	
44	创建要素图层	MakeFeatureLayer	
45	删除栅格属性表	DeleteRasterAttributeTable	
46	构建栅格属性表	BuildRasterAttributeTable	
47	要素类至地理数据库(批量)	FeatureClassToGeodatabase	
48	Excel 转表	ExcelToTable	
49	3D ASCII 文件转要素类	ASCII3DToFeatureClass	
50	要素类 Z 转 ASCII	FeatureClassZToASCII	转换（Conversion）
51	CAD至地理数据库	CADToGeodatabase	
52	导出为 CAD	ExportCAD	
53	表转 Excel	TableToExcel	
54	栅格转面	RasterToPolygon	

续表

序 号	工具中文名称	工具英文名称	所属工具大类
55	联合	Union	
56	擦除	Erase	
57	按属性分割	SplitByAttributes	
58	筛选	Select	
59	表选择	TableSelect	
60	空间连接	SpatialJoin	
61	裁剪	Clip	
62	按属性分割	SplitByAttributes	
63	分割	Split	
64	合并	Merge	分析（Analysis）
65	追加	Append	
66	频数	Frequency	
67	汇总统计数据	Statistics	
68	缓冲区	buffer	
69	图形缓冲	GraphicBuffer	
70	相交	Intersect	
71	标识	Identity	
72	更新	Update	
73	连接字段	JoinField	
74	捕捉	SNAP	编辑（Editing）
75	等值线注记	ContourAnnotation	制图（Cartography）
76	提取中心线	CollapseDualLinesToCenterline	
77	按掩膜提取	ExtractByMask	
78	重分类	Reclassify	
79	栅格计算器	RasterCalculator	
80	克里金法	Kriging	空间分析（Spatial Analyst）
81	值提取至点	ExtractValuesToPoints	
82	以表格显示分区统计	ZonalStatisticsAsTable	
83	焦点统计	FocalStatistics	
84	3D缓冲区	Buffer3D	
85	创建TIN	CreateTin	
86	编辑TIN	EditTin	三维（3D Analyst）
87	TIN线	TinLine	
88	TIN结点	TinNode	

序 号	工具中文名称	工具英文名称	所属工具大类
89	地形转栅格	TopoToRaster	
90	表面等值线	SurfaceContour	
91	等值线	Contour	
92	坡度	Slope	
93	坡向	Aspect	
94	添加表面信息	AddSurfaceInformation	三维（3D Analyst）
95	插值 Shape	InterpolateShape	
96	表面体积	SurfaceVolume	
97	面体积	PolygonVolume	
98	填挖方	CutFill	
99	3D 图层转要素类	Layer3DToFeatureClass	

附录三　ArcGIS中一些基本的概念

1. 要素类：具体的点、线、面和注记数据，也是通常说的矢量数据。

2. 元素：注记的文本，布局的数据框、插入的图片、插入的图例、绘图工具条中画的点、线、面等。

3. 表：就是数据库属性表，是标准二维表格，列是字段，行是记录。

4. 图层：地理数据（矢量、栅格、TIN，拓扑）在 ArcMap、ArcGlobe 和 ArcScene 中的具体显示表现。

5. 数据精度：由比例尺决定，是以肉眼观察最小距离，0.1mm，乘以对应比例尺，如 1：10000，0.1mm×10000=1m，其他比例尺依此类推，1：2000 就是 0.2m，1：500 就是 0.05m，5 个 cm，我们实际项目要求可能比这个还要高一点。

6. 像元：栅格数据中最小的信息单位。每个像元都代表地球上对应单位区域位置上的某一测量值，也称像素。

7. 影像数据：一个离散的阵列代表一幅连续的图像，最小单位为像元，一个像元高度和宽度就是分辨率，一个像元有几个值，就是几个波段。影像数据可以存文件如 TIF、IMG 等，也可以放在数据库中，在 ArcGIS 中所有影像也称栅格数据，一个栅格数据也叫栅格数据集。

8. 工作空间：英文是 Workspace，对于 SHP 和 TIF 影像，它所在的文件夹就是它的工作空间，不含子文件夹；数据库的数据，地理数据库就是他的工作空间。工具箱工具参数是工作空间，选文件夹，也可以选地理数据库（可以文件数据库 GDB 或个人数据库 MDB）。

9. 数据集：英文是 Dataset，是所有数据的统一称呼，可以是要素类，也是要素数据集，也可以栅格数据。

10. 镶嵌数据集：存在地理数据中，可用于管理、显示、提供和分发栅格数据。

11. SQL：结构化查询语言（Structured Query Language）的简称，是一种数据库查询语言，分数据操作语言（DML）和数据定义语言（DDL）。DML 包括 SELECT、UPDATE、DELETE 和 INSERT INTO。DDL 包括创建、修改、删除所有的数据库、表和索引的操作。

12. 制图综合：由大比例尺地图缩编（修改）成比它小的比例尺地图的过程。

13. 默认数据库：ArcGIS 工具箱所有输出默认放在数据库，每个地图文档都有一个默认地理数据库。右击一个文件地理库可以设置默认数据库。

14. 默认工作目录：存储地图文档的文件夹位置，在 ArcCatalog 最上面，添加数据，查看数据很方便。保存地图文档，打开文档时，文档所有位置就是默认工作目录。

15. 锚点：默认是图形的几何中心，可以使用旋转按钮改变锚点，它是图形旋转基点，使用 S（Second）键，可以增加第二锚点；在移动要素时，锚点可以自动捕捉对象。

16. XY 容差：是坐标之间的最小距离，小于该距离的坐标将捕捉到一起，变成一个坐标点。

17. 拓扑容差：是坐标之间的最小距离，大于拓扑容差检查错误，小于等于拓扑容差数据自动修改。

18. 参考比例尺：一般都是地图打印比例尺和数据建库的比例尺。

19. LAS 数据集：存储对磁盘上一个或多个 LAS 文件以及其他表面要素的引用。LAS 文件采用行业标准二进制格式，用于存储机载激光雷达点云数据。

附录四 一些常见的错误和处理

1. 错误号 000210,010381：输出名字中包括无效的字符；解决方法：不要数字开头，不要有特殊字符，不要使用 SQL 的关键字，具体见 2.5.2 小节。

2. 错误号 010381：和上面第 1 条的情况一样。

3. 错误号 000060：内存不足；解决方法：加大物理内存，关闭其他不必要的应用程序。增大虚拟内存会提高融合的性能。

4. 拓扑无效（空多边形不完整）：拓扑有问题；解决方法：先备份数据，使用"修复几何（RepairGeometry）"工具，如果还不行，将面生成线，线再转面，具体见 6.3.3 小节。

5. 错误号 000499：表不可以编辑、不能加字段等，原因如 TXT、XLS、CAD 文件或内存表是只读，不能修改；解决方法：转换成 ArcGIS 的要素或表，具体见第 9 章。

6. 错误号 001156：字段长度太短；解决方法：增加字段长度或修改字段类型。

7. 错误号 000318：输出数据集已经存在；解决方法：输出数据修改名字，或者检查是否未选中"覆盖地理处理操作的输出"选项，见图 2-38 最上面选项。

8. 错误号 010248：当前没有或未启用 Spatial Analyst 或 3D Analyst 许可；解决方法：把扩展模块选中，见 1.2.5 小节。

9. 错误号 000358：无效的 SQL 语句；解决方法：自己把 SQL 语句复制在记事本中仔细观察：字符串引号是否是半角的引号、数字不能加引号、引号是否配对、函数名字和字段名是否正确以及单词前后是否有空格等。

10. 错误号 010387：无效的扩展名；解决方法：输入正确的扩展名，如要求为 XLS，不能不加扩展名，或 .XlSX。

11. 错误号 001236：无效的模型或工具，模型需要重新验证，Python 工具可能没有代码，或者代码错误。

12. 错误号 000438：裁剪时，裁剪要素，不是面要素；擦除时，擦除要素，不是面要素。

13. 错误号 010168：无法输出对应文件；解决方法：关闭 ArcMap，再次以管理员身份运行 ArcMap。

14. 错误号 010089：在运行地形转栅格工具时，若输入要素是点，类型需要选 PointElevation；若输入要素是线，需要选 Contour；如果输入要素是面，不能选 PointElevation 或 Contour。

15. 错误号 999999：不知道错误；大概解决方法：检查数据的坐标系是否正确，建议新建一个文件数据库，把数据导入，检查数据的拓扑是否有问题，将数据放入一个简单的路径下，名字、字段等最好不要有汉字，如果还是不行，换一台计算机，有时候可能是计算机的问题。

附录五　视频内容和时长列表

本书共有 163 个视频，都是 MP4 格式，计算机和手机都可以看，最长不到 15min，最短 1min，总长 890min，平均每个视频 5min，在前言扫描二维码下载。

序　号	视频名称	时　长
1	1.1　ArcGIS 10.7 Desktop的安装.MP4	4min30s
2	1.2.1　ArcGIS Desktop产品级别.MP4	2 min 1s
3	1.2.1　软件体系.MP4	4 min 36s
4	1.2.2　ArcGIS Desktop产品级别.MP4	3 min 0s
5	1.2.3　中英文切换.MP4	1 min 35s
6	1.2.4　各个模块的分工.MP4	2 min 15s
7	1.2.5　扩展模块.MP4	1 min 3s
8	1.3.1　学习方法.MP4	1 min 43s
9	1.3.2　主要操作方法.MP4	1 min 23s
10	1.3.3　界面定制.MP4	7 min 56s

序　号	视频名称	时　长
11	2.1.1　界面的基本介绍.MP4	2 min 30s
12	2.1.2　数据加载.MP4	3 min 53s
13	2.1.3　内容列表的操作.MP4	4 min 16s
14	2.1.4　数据表的操作.MP4	6 min 7s
15	2.2　ArcCatalog简单操作.MP4	4 min 22s
16	2.3.1　Toolbox界面的基本介绍.MP4	2 min 45s
17	2.3.2　查找工具.MP4	3 min 29s
18	2.3.3　工具学习.MP4	3 min 31s
19	2.3.4　工具运行和错误解决方法.MP4	1 min 59s
20	2.3.5　工具设置前台运行.MP4	1 min 13s
21	2.3.6　运行结果的查看.MP4	0 min 43s
22	2.4　ArcGIS矢量数据和存储.MP4	6 min 2s
23	2.5　数据建库.MP4	7 min 49s
24	2.5.5　修改字段高级方法.MP4	2 min 13s
25	2.6.1　数据库的维护.MP4	4 min 21s
26	2.6.2　版本的升降级.MP4	2 min 51s
27	3.1　基准面和坐标系的分类.MP4	6 min 53s
28	3.2　高斯-克吕格投影.MP4	14 min 4s
29	3.3　ArcGIS坐标系.MP4	5 min 17s
30	3.4　定义坐标系.MP4	8 min 54s
31	3.5　动态投影.MP4	6 min 51s
32	3.6　相同椭球体坐标变换.MP4	8 min 14s
33	3.7.1　不同基准面坐标系的参数法转换.MP4	7 min 32s
34	3.7.2　不同基准面坐标系的同名点转换.MP4	9 min 30s
35	3.8　坐标系定义错误几种表现.MP4	4 min 28s
36	3.9　坐标系总结.MP4	2 min 43s
37	4.1.1　数据编辑.MP4	5 min 9s
38	4.1.2　捕捉的使用.MP4	2 min 33s
39	4.1.3　画点、线、面.MP4	3 min 36s
40	4.1.4　编辑器中工具使用.MP4	3 min 43s
41	4.1.5　注记要素编辑和修改.MP4	3 min 48s
42	4.2　属性编辑.MP4	10 min 48s
43	4.3　模板编辑.MP4	3 min 4s
44	4.4.1　打断相交线.MP4	4 min 33s

序　号	视频名称	时　长
45	4.4.3　其他高级编辑.MP4	10min47s
46	4.5　共享编辑.MP4	4min45s
47	5.1　影像配准.MP4	9min7s
48	5.2　影像镶嵌.MP4	3min24s
49	5.3.1　分割栅格.MP4	6min48s
50	5.3.2　按掩膜提取.MP4	4min26s
51	5.3.3　影像裁剪.MP4	4min29s
52	5.3.4　影像批量裁剪.MP4	4min8s
53	5.4　矢量化.MP4	5min56s
54	6.2.1　建拓扑.MP4	4min21s
55	6.2.2　SHP文件拓扑检查.MP4	6min5s
56	6.3.1　点、线、面完全重合.MP4	2min9s
57	6.3.2　线层部分重叠.MP4	1min21s
58	6.3.3　面层部分重叠.MP4	1min31s
59	6.3.4　点不是线的端点.MP4	3min37s
60	6.3.5　面线不重合.MP4	3min57s
61	7.1.1　一般专题.MP4	13min35s
62	7.1.2　符号匹配专题.MP4	4min23s
63	7.1.3　两个图层覆盖专题设置.MP4	2min46s
64	7.1.4　行政区边界线色带制作.MP4	3min18s
65	7.2　点符号的制作.MP4	5min0s
66	7.3.2　面符号制作.MP4	7min26s
67	7.4.1　保存文档.MP4	4min58s
68	7.4.2　文档MXD默认相对路径设置.MP4	2min46s
69	7.4.3　地图打包.MP4	3min5s
70	7.4.4　地图切片.MP4	9min55s
71	7.4.5　MXD文档维护.MP4	3min30s
72	7.5.1　标注和转注记.MP4	10min31s
73	7.5.2　一个图层所有对象都标注.MP4	2min2s
74	7.5.3　取字段右边5位.MP4	4min5s
75	7.5.4　标注面积为亩，保留一位小数.MP4	4min21s
76	7.5.5　标注压盖处理.MP4	1min42s
77	7.6　分式标注.MP4	9min43s
78	7.7　等高线标注.MP4	8min50s

续表

序 号	视频名称	时 长
79	7.8　Maplex标注.MP4	5min26s
80	8.1　布局编辑.MP4	8min23s
81	8.2.1　固定纸张打印.mp4	5min32s
82	8.2.2　固定比例尺打印.MP4	9min30s
83	8.2.3　局部打印.MP4	4min31s
84	8.2.4　批量打印.MP4	5min40s
85	8.2.5　多比例打印.MP4	3min17s
86	8.3.1　标准分幅打印.MP4	7min27s
87	8.3.2　图框和批量分幅打印.MP4	4min55s
88	9.1.1　DAT文件生成点图形.MP4	3min0s
89	9.1.2　Excel文件生成面.MP4	4min50s
90	9.1.3　点云数据操作.MP4	6min22s
91	9.2.1　高斯正算.MP4	4min26s
92	9.2.2　高斯反算.MP4	2min38s
93	9.2.3　验证ArcGIS高斯计算精度.MP4	3min59s
94	9.3.1　面、线转点.MP4	6min51s
95	9.3.2　面转线.MP4	7min47s
96	9.3.3　点分割线.MP4	2min47s
97	9.4　MapGIS转换成ArcGIS.MP4	4min12s
98	9.5.1　CAD转ArcGIS.MP4	14min13s
99	9.5.2　ArcGIS转CAD.MP4	11min15s
100	10.1.1　面（线）节点坐标转Excel模型.MP4	9min12s
101	10.1.2　行内模型变量使用.MP4	4min38s
102	10.1.3　前提条件设置.MP4	5min35s
103	10.2　模型发布和共享.MP4	4min38s
104	10.3.1　For循环.MP4	6min49s
105	10.3.2　迭代要素选择.MP4	5min40s
106	10.3.3　影像批量裁剪模型.MP4	5min10s
107	10.3.4　迭代数据集.MP4	6min32s
108	10.3.5　迭代要素类.MP4	2min24s
109	10.3.6　迭代栅格数据.MP4	1min26s
110	10.3.7　迭代工作空间.MP4	5min49s
111	10.3.8　模型调用模型(MDB转GDB).MP4	8min6s
112	10.4　模型中仅模型工具介绍.MP4	6min4s

序　号	视频名称	时　长
113	11.1.1　属性查询.MP4	5min40s
114	11.1.2　空间查询.MP4	6min15s
115	11.2.1　属性连接.MP4	6min53s
116	11.2.2　空间连接.MP4	2min29s
117	11.3.1　裁剪.MP4	3min9s
118	11.3.2　按属性分割.MP4	2 min 2s
119	11.3.3　分割.MP4	2 min 15s
120	11.3.4　矢量批量裁剪.MP4	2 min 23s
121	11.4.1　合并.MP4	4 min 6s
122	11.4.3　融合.MP4	4 min 21s
123	11.4.4　消除.MP4	3 min 22s
124	11.5　数据统计.MP4	3 min 11s
125	12.1.1　缓冲区.MP4	8 min 50s
126	12.1.2　图形缓冲.MP4	3 min 57s
127	12.1.3　3D缓冲区.MP4	5 min 27s
128	12.2.1　相交.MP4	8 min 31s
129	12.2.1　面面相交.MP4	14 min 18s
130	12.2.1　线面相交.MP4	6 min 17s
131	12.2.1　线线相交.MP4	6 min 28s
132	12.2.2　擦除.MP4	2 min 40s
133	12.2.3　标识.MP4	4 min 13s
134	12.2.4　更新.MP4	3 min 27s
135	13.2.1　TIN创建和修改.MP4	8 min 27s
136	13.2.2　Terrain创建.MP4	3 min 27s
137	13.2.3　栅格DEM创建.MP4	9 min 55s
138	13.3.1　生成等值线.MP4	4 min 42s
139	13.3.2　坡度坡向.MP4	3 min 17s
140	13.3.3　添加表面信息.MP4	2 min 27s
141	13.3.5　计算体积.MP4	7 min 53s
142	14.1.1　使用DOM制作.MP4	2 min 22s
143	14.1.2　矢量数据三维.MP4	1 min 49s
144	14.2.1　面地物拉伸.MP4	1 min 57s
145	14.3.1　关键帧动画.MP4	2 min 24s
146	14.3.2　组动画.MP4	2 min 27s

序　号	视频名称	时　长
147	14.3.3　时间动画.MP4	3 min 17s
148	14.3.4　飞行动画.MP4	3 min 19s
149	15.1　栅格概念.MP4	4 min 45s
150	15.2　影像色彩平衡.MP4	3 min 30s
151	15.3　栅格重分类.MP4	2 min 17s
152	15.4　栅格计算器.MP4	3 min 37s
153	15.4.1　空间分析函数调用.MP4	5 min 11s
154	15.4.2　栅格计算器内置函数应用.MP4	5 min 49s
155	16.1　计算坡度大于25°的耕地面积.MP4	5 min 21s
156	16.2　计算耕地坡度级别.MP4	6 min 17s
157	16.3　提取道路和河流中心线.MP4	3 min 27s
158	16.4　占地分析.MP4	3 min 51s
159	16.5　获得每个省的经纬度范围.MP4	5 min 51s
160	16.6　填挖方计算.MP4	4 min 47s
161	16.7　计算省份的海拔.MP4	3 min 43s
162	16.8　异常DEM处理.MP4	3 min 37s
163	16.9　地形图分析.MP4	4 min 10s

参考文献

［1］闫磊，ArcGIS 从 0 到 1. 北京：北京航空航天大学出版社，2019.

［2］陈於立，李少华，史斌等. ArcGIS 开发权威指南［M］. 北京：电子工业出版社，2015.

［3］汤国安，杨昕. 地理信息系统空间分析实验教程［M］. 北京：科学出版社，2010.

［4］宋小冬. 地理信息系统实习教程［M］. 北京：科学出版社，2009.

［5］ArcGIS 帮助 . http：//desktop.arcgis.com/zh-cn/.

［6］ArcGIS 资源库 . http：//resources.arcgis.com/.

［7］ArcGIS 开发者 . https：//developers.arcgis.com/.

［8］ArcGIS 在线 . https：//www.arcgis.com/index.html.

［9］Esri 中国 . http：//www.esrichina.com.cn/.

［10］ArcGIS 官方微博 . http：//blog.sina.com.cn/u/1764448455.

［11］gisoracle 博客 . https：//www.cnblogs.com/gisoracle/.

［12］51GIS 学院 . http：//www.51gis.com.cn/.

［13］WGS 1984 坐标系概念，百度百科 .https：//baike.baidu.com/item /WGS-84%E5%9D%90%E6%A 0%87%E7%B3%BB/730443.

［14］https：//pro.arcgis.com/zh-cn/pro-app/tool-reference/analysis/clip.htm.

［15］http：//desktop.arcgis.com/zh-cn/ArcMap/10.5/tools/analysis-toolbox/intersect.htm.

［16］https：//pro.arcgis.com/zh-cn/pro-app/help/analysis/geostatistical-analyst/what-is-geostatistics-.htm.